碳排放和减碳的社会经济代价研究丛书

土地利用碳蓄积和辐射强迫效应

崔耀平　蒋　琳　周　磊　刘帅宾　刘素洁　等　著

项目支持：

国家自然科学基金面上项目：中国土地利用/覆盖变化的气温反馈效应及机制研究（42071415）

国家自然科学基金面上项目：区域下垫面和温室气体变化对气温的调节效应研究（41671425）

国家自然科学基金青年项目：京津冀地区土地利用变化对区域气温的调节机制和贡献率研究（41401504）

河南省自然科学优秀青年科学基金项目：植被生长变化的能量和温度反馈作用遥感模拟研究（202300410049）

科学出版社

北　京

内 容 简 介

　　本书系统地评估了土地利用变化及其对应的碳蓄积和辐射强迫效应，主要内容涉及土地利用/土地覆盖变化的基本概念辨析、通用的几个土地利用分类体系、全球大尺度的土地利用和土地覆盖时空动态分析及其对应的地域特征；具体到中国，特别强调了与人类活动关系密切的城市扩展和耕地的时空变化；在此基础上，在区域尺度上进一步分析土地利用变化对应的碳储量、碳封存潜量、生态效应和辐射强迫。本书不仅可以提升人们对土地利用变化影响区域气候的机理性认识，还能为全球变化研究提供理论和实证支持，并且对科学调控人类土地利用行为也具有重要意义。

　　本书可作为地理科学、遥感信息科学与技术、地理信息科学、生态学、土地资源管理、城乡规划等相关专业通用的教学和科研参考书籍。

审图号：GS（2022）2442 号

图书在版编目（CIP）数据

土地利用碳蓄积和辐射强迫效应/崔耀平等著. —北京：科学出版社，
2023.11

（碳排放和减碳的社会经济代价研究丛书）

ISBN 978-7-03-076857-5

Ⅰ.①土… Ⅱ.①崔… Ⅲ.①土地利用–影响–碳循环–研究
Ⅳ.①F301.2 ②X511

中国国家版本馆 CIP 数据核字（2023）第 212122 号

责任编辑：朱　丽　董　墨/责任校对：高辰雷
责任印制：赵　博/封面设计：蓝正设计

科学出版社 出版
北京东黄城根北街 16 号
邮政编码：100717
http://www.sciencep.com
北京建宏印刷有限公司印刷
科学出版社发行　各地新华书店经销
*
2023 年 11 月第 一 版　　开本：787×1092　1/16
2024 年 8 月第二次印刷　　印张：13 3/4
字数：324 000

定价：148.00 元
（如有印装质量问题，我社负责调换）

丛 书 序

"十四五"时期，我国生态文明建设进入了以降碳为重点战略方向、推动减污降碳协同增效、促进经济社会发展全面绿色转型、实现生态环境质量改善由量变到质变的关键时期。应对气候变化与生态环境保护协同政策研究，碳排放与减碳的社会经济影响及代价评估等科学议题日益受到学术界和决策部门关注。在我国首批国家重点研发计划"全球变化及应对"重点专项支持下，"碳排放和减碳的社会经济代价研究丛书"得以结集出版。该丛书介绍了基于全球大气 CO_2 浓度非均匀动态分布的客观事实研发的气候变化经济影响评价的理论方法和技术体系，评估了碳排放和减碳对社会经济系统的影响与代价。该丛书的出版为践行"碳达峰碳中和"国家战略、减缓气候变化并实现经济社会可持续转型、提升我国在应对气候变化领域的国际话语权和应对气候变化外交谈判提供科学依据。

"碳排放和减碳的社会经济代价研究丛书"具体探讨了全球 CO_2 非均匀动态分布与全球地表升温过程的关系，全新构建了气候变化经济影响评估技术体系并开展了综合应用研究，综合评价了全球 CO_2 非均匀动态分布状况下主要国家碳排放空间变化及影响，预测分析了温控 1.5℃ 和 2℃ 阈值情景下我国碳排放和减碳的社会经济代价及影响。该系列丛书图文并茂，详细介绍了项目组构建的长时间序列全球 CO_2 非均匀动态分布浓度数据，系统展示了项目组研发并估算的模式变量与模型参数，示例体现了项目组设计并封装的气候变化经济影响及社会代价评估的技术方法，为全球变化及其应对研究提供了具有较高时空分辨率的参考信息及模型与模式工具。

当前，全球气候变化深层次影响日益凸显，碳排放和减碳的社会经济代价研究方兴未艾，相信该丛书的出版能为广大读者了解碳排放和减碳影响社会经济发展的机理、认识气候变化应对的意义、共同践行"碳中和"国家战略提供决策参考。

葛全胜

2021 年 8 月

序

　　土地利用与土地覆盖变化(LUCC)是在全球变化研究中受到广泛关注的重要领域。全球变化科学领域的研究机构先后发起并组织实施了国际地圈-生物圈计划(international geosphere-biosphere programme, IGBP)和全球环境变化的人文因素计划(international human dimension programme on global environmental change, IHDP)等,并通过组织地球系统科学联盟(Earth System Science Partnership, ESSP)倡导开展地球系统变化及其对可持续发展的影响研究。在上述计划框架中,全球土地计划(global land programme, GLP)已经成为核心研究计划的重要组成部分。GLP强调对多尺度土地利用与土地覆盖变化及其生态与气候效应的准确把握与评估,分析人类与环境耦合系统的作用机制,从而支撑人类社会对气候变化的应对,促进全球可持续发展。

　　土地利用与土地覆盖变化综合反映了人类活动对自然环境的影响,土地资源利用和地表覆盖变化承载着"人口-资源-环境"问题,也是人类活动影响地表环境的集中体现。温室气体增加和土地利用/覆盖变化对地球系统的水热平衡构成了持续的影响。人类活动的加剧既影响温室气体排放,又通过改变地表覆盖,影响陆地生态系统的碳循环和下垫面的物理性质。人类化石燃料燃烧是导致大气中 CO_2 浓度增大的主要原因,政府间气候变化专门委员会(Intergovernmental Panel on Climate Change, IPCC)评估报告指出,20世纪中期以来,由人类社会经济活动所造成的温室气体排放,引起全球气候变暖的可信度高达95%以上,而且这种温室气体浓度的异常升高将导致全球变暖持续数千年。与此同时,整个地球已有超过 1/2 的地区被人类土地开发利用活动所影响,从而影响陆地与大气之间的能量交换与平衡。因此,该书涉及的相关内容是关系全球变化研究和可持续发展的重要科学问题,值得深入探索。

　　该书作者采用多源数据在多尺度上剖析土地利用变化,并重点剖析了直接反映人类活动本身的城市扩展和耕地变化情况,开展了全球主要国家的对比分析,进而分析了典型土地利用变化区域的碳储量变化和辐射能量变化,从生物地球化学和生物地球物理机制出发剖析了土地利用变化引起的区域生态与气候效应。

　　该书对促进地球科学发展、促进人地关系的多尺度研究具有重要意义,对地理学、生态学、遥感和地理信息科学等交叉学科的相关人员也具有重要的参考价值。谨此向作者表示祝贺,并期待更多的产出。

中国科学院地理科学与资源研究所

2023 年 5 月 17 日

前　言

在全球气候变化大背景下，土地利用和人类活动密切相关，土地利用变化对生态环境和气候系统都有重要影响。研究土地利用变化的生态和气候效应已经成为当前以全球变暖为核心的全球变化研究中的热点领域。土地利用通过排放温室气体(如二氧化碳等)和改变土地下垫面物理性质(如反照率等)，带来不同的升/降温效应。

作者一直以来聚焦于土地利用变化相关研究，分别从生物地球化学和生物地球物理机制方面探讨土地利用与土地覆盖变化对生态和气候的影响，特别是在中国科学院地理科学与资源研究所攻读博士学位期间，深度参与了刘纪远先生主持的国家重点基础研究发展计划(973 计划)项目"大尺度土地利用变化对全球气候的影响"，并完成了博士论文《城市扩展对城市热岛及区域气候的影响》。随后，作者开展了"中国东部典型城市群 LUCC 的增温效应及机制分析"课题研究。工作以来，作者于 2014 年和 2016 年分别申请并主持了国家自然科学基金青年项目"京津冀地区土地利用变化对区域气温的调节机制和贡献率研究"、国家自然科学基金面上项目"区域下垫面和温室气体变化对气温的调节效应研究"、"中国土地利用/覆盖变化的气温反馈效应及机制研究"以及河南省自然科学优秀青年科学基金项目"植被生长变化的能量和温度反馈作用遥感模拟研究(202300410049)"进一步探索土地利用与全球变化的相互作用。

土地利用变化方面已经有很多成果，相关的研究也较多。受益于前人的诸多研究成果推广，土地利用变化的概念不仅是业内的通识，同时也已经成为媒体公众、政府决策人员等都熟知的一个科普概念。因此，单纯的土地利用变化现象及特征研究在大多情况下只能作为一个基础性的科普之作。鉴于此，作者在从事土地利用变化研究时，注重从现象、特征、规律、机理、模型、效应等几个方面开展土地利用变化的生态和气候效应研究。

近些年的研究显示，在土地利用变化下，生物地球化学和生物地球物理这两种不同的机制对全球或区域的气候作用会出现博弈甚至相互抵消的情况。针对此问题，本书尝试科学揭示 LUCC 对区域生态和气候的作用，并系统评估土地利用变化的生态和气候效应。

全书共 9 章，可分为两个部分：第一部分为第 1～5 章，主要内容包括绪论和土地利用变化；第二部分为第 6～9 章，主要内容包括土地利用变化对应的碳储量以及生态和气候效应评估。本书总体思路和逻辑框架由崔耀平提出，秦耀辰对本书的提纲和部分内容进行了指导和讨论，之后与蒋琳、刘帅宾、周磊等人及各章节负责人商讨，确定各章节分工。第 1、2 章由崔耀平和付一鸣撰写；第 3 章由周磊、付一鸣和崔耀平撰写；第 4、5 章由崔耀平、陈良雨和周磊撰写；第 6 章由蒋琳、崔耀平和付一鸣撰写；第 7 章由张帅帅和崔耀平撰写；第 8 章由刘帅宾、鲁丰先和崔耀平撰写；第 9 章由刘素洁、李楠和崔耀平撰写。刘小燕、李梦迪、刘朋、谭美秋等参与了部分数据和图件资料的整理和书稿通读工作。

全体作者在前期研究中参阅了大量文献，对主要观点做了引用标注，如有疏漏和不妥，在此表示歉意。由于作者水平和能力有限，本书不足之处在所难免，敬请读者批评指正！

作 者

2023 年 6 月 28 日

目　　录

第1章 绪 论

地表环境正在发生着显著的变化，这主要是世界人口增长和人类活动范围扩大带来的。土地使用的集约化和多样化以及技术的进步导致生物地球化学循环、水文过程和景观动态迅速变化(Melillo et al., 2003)。人类生态系统和景观的转变是地球自然系统变化的主要来源，极大地影响了生物圈维持生命的能力(Steffen et al., 2013)。因此，有必要更好地了解人类活动影响陆地生物圈的过程，并评估这些变化所带来的后果。

当今全球环境变化研究领域中，土地利用与土地覆盖变化(land use and land cover change, LUCC)是核心主题之一。LUCC 是人类活动与自然环境相互作用最直接的表现形式(刘纪远等, 2014)。科学界对全球环境变化的研究逐渐深入，LUCC 研究也日益成为全球环境变化研究的核心组成部分(刘纪远等, 2009)。随着全球气候变化、环境污染、能源紧缺等问题日趋凸显，一系列针对全球环境变化的研究相继展开。

国外对土地利用的研究可追溯到 19 世纪前期 Thünen 对德国土地利用模式的研究(杨立民和朱智良, 1999)。20 世纪 20 年代，Lee(1922)表述了利用遥感手段研究自然景观与人类活动关系的可行性与重要性；50 年代，人们便开始利用卫星所获取的遥感影像进行大范围土地覆盖和土地利用分析(Anderson, 1976)；70 年代，卫星遥感技术开始大规模应用在土地利用研究中；90 年代，国际上才开始大规模地展开真正意义上的 LUCC 研究(Loveland et al., 2000)。

国际科学界先后发起并组织实施了世界气候研究计划(world climate research programme, WCRP)、国际地圈-生物圈计划(international geosphere-biosphere programme, IGBP)、全球环境变化的人文因素计划(international human dimension programme on global environmental change, IHDP)、国际生物多样性科学研究规划(DIVERSITAS)，并通过组织地球系统科学联盟(earth system science partnership, ESSP)倡导就地球系统变化及其对可持续性发展的影响开展综合研究，与此同时，联合国在《21 世纪议程》中明确提出将加强 LUCC 研究作为 21 世纪工作的重点(刘纪远等, 2009)。1994 年，联合国环境规划署启动了"土地覆被评价和模拟(LCAM)"项目，旨在为区域可持续发展提供服务。1995 年，国际应用系统分析研究所(IIASA)开展了"欧洲和北亚 LUCC 模拟"研究，并预测全球变化背景下未来 50 年 LUCC 的变化趋势，为相关区域制定对策服务(Fischer et al., 1996)。同年，IGBP 与 IHDP 两组织共同发起了 LUCC 研究计划，并就 LUCC 的研究方法提出了概念性框架(Turner et al., 1995)。此后，由两大组织联合发起的全球土地计划(global land programme, GLP)成为聚焦土地系统变化研究的新一轮全球环境变化核心研究计划。GLP 关注人类行为与陆地生态系统之间的相互作用，强调从局部到区域尺度的人地耦合关系研究，衡量与模拟陆地系统中人类与环境的相互作用关系，从而增进人类对地球系统运行状态变化及其造成的社会、经济与政治后果的理解。

1.1 土地利用和土地覆盖的概念

土地利用与土地覆盖在广义的理解上有很多相似之处，但狭义上，"土地覆盖"与"土地利用"仍有所区别。狭义上，土地覆盖包括农田、森林、湿地、草地等情况，而土地利用则显示了人类对土地这一自然资源的利用情况，即人类管理或使用不同覆盖类型土地的状况；土地覆盖是指地球表层的自然属性与生物物理属性的加和，而土地利用则是指土地的使用状况或土地的社会、经济属性，土地覆盖与土地利用共同构成了土地的两种属性(王秀兰和包玉海，1999)。

土地利用是对人类如何利用土地和社会经济活动的描述，在任何一个点或地方，均可能存在多种混合的土地用途(李秀彬，1996)。

土地覆盖包括土地表面的物理和生物覆盖：水、冰、植被、裸地及人造地表等包括土壤层在内的陆地表层(Graetz，1993)。土地覆盖变化反过来又作用于土地利用：通过土地覆盖数据信息，管理人员可以评估过去的管理决策，并在实施之前深入了解当前决策的可能影响(陈佑启和杨鹏，2001)。联合国粮食及农业组织(Food and Agriculture Organization, FAO)对土地覆盖的定义是，地球表面观测到的(生物)物理覆盖。IGBP和IHDP中将土地覆盖定义为"地球陆地表层和近地面层的自然状态，是自然过程和人类活动共同作用的结果"(Turner et al., 1995)；美国全球环境变化委员会(USSGCR)将其定义为"覆盖着地球表面的植被及其他特质"。

很多学者用"土地覆盖"一词，而有学者认为"土地覆被"更为接近其科学定义(李秀彬，1996)。从非常纯粹和严格的意义上考虑土地覆盖时，应将其仅限于描述植被和人造景观，此外，水面是否属于土地覆盖的范畴也有争议(Lutzenberger et al., 2014)。由于当代的土地覆盖变化主要是人类对土地的利用造成的，所以认识土地利用变化是了解土地覆盖变化的首要条件。本书土地利用/土地覆盖的概念我们同等对待，不予特别区分。

1.2 全球土地利用数据集

1993年，国际科学院联合会与国际社会科学联合会成立了土地利用/土地覆盖变化相关计划委员会之后，吸引了很多国际组织与国家投入相关研究，启动了各自的相关研究项目。目前多数学者在进行全球土地利用变化相关研究中所使用的数据集主要有以下几种。

中分辨率成像光谱仪(Moderate Resolution Imaging Spectro Radio-meter, MODIS) Terra和Aqua联合土地覆盖产品：包含五种不同的土地覆盖分类标准及分类结果，通过监督决策树分类方法得出。主要土地覆盖分类方案使用IGBP中定义的17个类别，包括11个自然植被类别、3个人工土地类别和3个非植被类别。其中还标记出了植被生长的季节周期，以及成熟和衰老时间的层次。其提供每年两次的植被物候估算，允许生长季节的半球差异，并使产品在必要时捕获两个生长周期。

美国马里兰大学(The University of Maryland, UMD)基于NOAA系列卫星的甚高分

辨率扫描辐射计(AVHRR)数据的 5 个波段及植被指数数据,经过重新组合建立数据矩阵,用分类树的方法进行了全球土地覆盖分类。分类系统很大程度上采用了 IGBP 中的土地覆盖分类方案(Hansen et al., 1998)。

国际地圈-生物圈计划-数据和信息系统(IGBP-DIS)使用 AVHRR 数据开发全球陆地数据集,制作成土地覆盖产品"DISCover"。DISCover 基于 IGBP 的 17 级土地覆盖数据,采用非监督分类的方法并加入辅助数据进行分类后细化(Loveland and Belward, 1997)。

GlobCover 是由欧洲太空署(European Space Agency, ESA)主导,与欧盟委员会联合研究中心(JRC)、FAO、IGBP 等共同于 2005 年开始的一项全球土地覆盖研究项目。该项目利用 Envisat 卫星上搭载的中分辨率成像光谱仪 MERIS 数据开发,提供一种全球土地覆盖图服务。为了响应联合国气候变化框架公约(The United Nations Framework Convention on Climate Change, UNFCCC)和全球气候观测系统对气候数据的需求,ESA 开展了气候变化倡议计划(climate change initiative program, CCI)。CCI 的目标是挖掘 ESA 与其成员方在过去 30 年中所建立的全球观测数据潜在信息,并服务于 UNFCCC。该计划分为两个阶段,第一阶段为 3 年期,此期间的工作包括气候建模、土地覆盖产品的规则制订和算法的选择、系统原型设计和 ECV 生产、生产与产品质量评估。第一阶段于 2010 年 8 月 1 日启动,并于 2014 年 10 月 1 日正式关闭。第二阶段于 2014 年 3 月 1 日启动,继续第一阶段(Schapelier, 2010)。

随着遥感大数据和云平台计算的发展,基于全球范围的中高分辨率遥感数据近几年逐渐增多,清华大学、中国科学院等也均推出了自己的土地利用/土地覆盖数据集。

1.3　土地利用与生态系统

土地利用和土地覆盖与生态系统关系密切,一定程度上,可以用土地利用或土地覆盖来替代生态系统类型开展分析。土地利用变化能够深刻影响陆地生态系统的生物多样性以及水、碳和养分循环与能量平衡等一系列生态环境问题。土地所覆盖的植被决定了太阳辐射在地球表面的分配,这一分配即形成了气候系统的边界环境(张新荣等, 2014;张润森等, 2013);而能量分配因土地利用变化而变化,从而也影响了气候(Jr Changnon and Semonin, 1979)。在全球环境变化研究中,以土地利用动态为核心的人类-环境耦合系统研究逐渐成为土地变化科学研究的新方向(刘纪远等, 2009)。

土地利用变化显著影响陆地生态系统的结构和功能,造成生态系统碳储量的变化(汪业勖等, 1999)。土地利用变化可引起土壤养分变化,改变土壤质量与自然土壤的生产力。土壤中包含碳,土壤汇集碳的能力与其结构、物理和生物性状相关(杨景成等, 2003)。土壤营养成分的迁移过程与土地利用格局的变化密不可分(傅伯杰和张立伟, 2014),不同土地利用构成的异质景观影响了土壤中养分的分布与迁移,同时也对陆地生态系统碳循环造成了深刻的影响,如由高生物量的森林转化为低生物量的草地、农田或城市后,大量的二氧化碳会释放到大气中(陈广生和田汉勤, 2007)。此外,全球土地利用变化具有很强的空间变异性,这种空间差异在生态系统碳循环中同样存在。应当采用合理的管理措施增加土地利用变化过程中的碳存储量,降低碳释放量(于兴修和杨桂山, 2002)。土地利用变化也对陆地水交换、地表矿质元素的侵蚀堆积、生物循环等诸多生态过程产生了深远影响(郭旭东等, 1999)。

1.4 土地利用与气候变化

全球变化和人类活动密切相关, LUCC 对气候系统有重要影响, 研究 LUCC 的气候效应是当前以全球变暖为核心的全球变化研究中的热点领域。LUCC 通过排放温室气体(greenhouse gas, GHG)和改变土地下垫面(land underlying surface, LUS)带来不同的升/降温效应。

LUCC 可以有效表征人类活动对地球表层系统的影响范围和程度, 也一直是开展人类活动影响全球变化研究的重点。人类活动改变土地利用的范围和强度在不断加大, 其累积的气候效应也随之不断扩大。

土地利用变化在全球变化过程中占据着十分重要的地位。近百年来, 人类活动极有可能(>95%)是导致全球变暖的最明确因素(王绍武等, 2013)。地表是人类活动的基础范围, LUCC 作为人类大范围改变地表覆盖的主要活动体现, 对气候系统有重要影响(刘纪远等, 2009)。很多研究已证实, LUCC 已经在局地、区域甚至全球尺度上影响到了气候变化(李巧萍等, 2006; Bounoua et al., 2002; Chase et al., 2000)。在局地尺度上, 对观测资料的分析表明, 地表覆被变化对地表气温有显著影响(王介民, 1999)。在区域尺度上, Bonan 利用 LSM-CCM2 模型重点模拟了美国不同地表覆盖情形下的气候效应(Bonan, 1997); Lin 等用 MM5 在 1990 年和 2000 年两个时段的土地利用/土地覆盖数据支持下, 量化了 LUCC 对区域地表热通量、气温的影响和作用; Grossman-Clarke 等利用区域气候模式 WRF 模拟分析 LUCC 对夏季极端高温事件的贡献程度。在全球尺度上, Christidis 等利用地球系统模式模拟了土地利用变化在日极端气温增暖过程中发挥的作用; Brovkin 等利用多个气候模式, 在不同的排放情景下开展的模拟结果显示, LUCC 影响能量平衡, 对区域的年均近地表气温有显著作用(Lin et al., 2009; Grossman-Clarke, 2010; Christidis, 2013; Brovkin et al., 2013)。在国际上, IGBP 及全球能量与水循环实验计划(GEWEX)联合设置"土地利用/气候: 影响识别(land use and climate, identification of robust impacts, LUCID)"项目来探讨 LUCC 对气候的影响和贡献。Pitman 等总结 LUCID 项目的关键产出得到了 LUCC 对北半球夏季的潜热通量和气温具有统计意义的显著影响, 且部分模拟结果表明仅单独 LUCC 对气候的作用强度就超过了海表面温度及海冰范围变化等的影响(Pitman et al., 2009; De Noblet-Ducoudré et al., 2012)。

土地利用变化的气候效应在持续扩大。当前, 全球 1/3～1/2 的地表覆盖已经受到人类的影响而发生变化, 并且地表覆盖变化及其累积效应仍在持续扩大(Ellis, 2011; Vitousek et al., 1997)。Miles 和 Kapos(2008)的研究显示, 全球 1/4 的 GHG 排放来自土地利用变化和农业。仅热带森林砍伐排放的 CO_2 就约占全球矿物燃料排放的 40%(Pan et al., 2011)。IPCC AR4 也认为, 相对于 1750 年, 大气中温室气体 CO_2 增加导致的辐射强迫全球平均值为(1.66 ± 0.17) W/m^2, 其中 1/3 的强迫源为 LUCC 的贡献(Du, 2007)。而最新的研究显示, 1750 年以来 CO_2 的辐射强迫已达到了(1.82 ± 0.19) W/m^2, 且 2000～2010

年辐射强迫每 10 年提高 0.2W/m^2，而长波辐射对应下降 10% (Feldman et al., 2015)。

LUCC 既影响 GHG 排放，又改变 LUS 的物理性质，其通过生物地球化学和生物地球物理机制持续影响气候系统。在生物地球化学方面，LUCC 主要通过改变大气中 GHG 浓度来影响地表-大气相互作用过程(Brovkin et al., 2013)。自工业时代开始，土地利用变化导致的 CO_2 排放量占人为 CO_2 排放量的近 1/3 之多(Devaraju et al., 2015)。并且，地表可作为 GHG 排放的碳存储有很多，地上部分约有 466Gt，土壤中 (>1m) 约有 2011Gt(Watson et al., 2000)，其潜在 GHG 排放可以产生强大的气候强迫效应(Lightfoot and Mamer, 2014)。实际上，在采用典型浓度路径(representative concentration pathway, RCP)表述人类活动的辐射增温效应之前，GHG 特别是 CO_2 浓度一直被用来表示人类影响气候的程度(Barker et al., 2007)。而最新的研究从观测和模拟角度也分别证实了温室气体效应的理论预测：CO_2 浓度的增大与对流顶层平均辐射强迫的增大一致，并有观测数据显示，云、水蒸气或太阳辐射的变化并不是大气升温的主因(仅贡献升温趋势值的 10%)，CO_2 浓度增大才显著增强了观测地点的温室效应(Feldman et al., 2015)。在生物地球物理方面，LUS 强烈影响着辐射和能量平衡过程，直接通过改变反照率、比辐射率和地表粗糙度等地表参量影响短波、长波、净辐射、显热和潜热，进而作用在热收支项的再分配和温度变化(崔耀平等, 2012, 2015; Defries et al., 2004)。气候模拟的敏感性研究已经表明，对比无植被生长的地表，当前全球范围 LUS 的植被可提供约 8℃的降温作用(Kleidon et al., 2000; Claussen et al., 2001)。

整体而言，当前对土地利用的气候效应研究日益增多，一些研究已经从单一的温室气体、单一的生物地球化学或生物地球物理机制上开展，跨越到了联立化学和物理两种机制开展相关研究，本书的部分章节也正是从化学和物理两个方面对土地利用变化的气候效应进行了探讨。

参 考 文 献

陈广生, 田汉勤. 2007. 土地利用/覆盖变化对陆地生态系统碳循环的影响. 植物生态学报, (2): 189-204.

陈佑启, 杨鹏. 2001. 国际上土地利用/土地覆盖变化研究的新进展. 经济地理, (1): 95-100.

崔耀平, 刘纪远, 胡云锋, 等. 2012. 城市不同下垫面辐射平衡的模拟分析. 科学通报, 57(6): 465-473.

崔耀平, 刘纪远, 张学珍, 等. 2015. 京津唐城市群土地利用变化的区域增温效应模拟. 生态学报, 35(4): 993-1003.

傅伯杰, 张立伟. 2014. 土地利用变化与生态系统服务:概念、方法与进展. 地理科学进展, 33(4): 441-446.

郭旭东, 陈利顶, 傅伯杰. 1999. 土地利用/土地覆被变化对区域生态环境的影响. 环境科学进展, (6): 66-75.

李巧萍, 丁一汇, 董文杰. 2006. 中国近代土地利用变化对区域气候影响的数值模拟. 气象学报, 64(3): 257-270.

李秀彬. 1996. 全球环境变化研究的核心领域——土地利用／土地覆被变化的国际研究动向. 地理学报, (6): 553-558.

刘纪远, 邓祥征. 2009. LUCC 时空过程研究的方法进展. 科学通报, 54(21): 3251-3258.

刘纪远, 匡文慧, 张增祥,等. 2014. 20 世纪 80 年代末以来中国土地利用变化的基本特征与空间格局. 地理学报, 69(1): 3-14.

刘纪远, 张增祥, 徐新良, 等. 2009. 21 世纪初中国土地利用变化的空间格局与驱动力分析. 地理学报, 64(12): 1411-1420.

汪业勋, 赵士洞, 牛栋. 1999. 陆地土壤碳循环的研究动态. 生态学杂志, (5): 29-35.

王介民. 1999. 陆面过程实验和地气相互作用研究——从 HEIFE 到 IMGRASS 和 GAME-Tibet/TIPEX. 高原气象, (3): 280-294.

王绍武, 罗勇, 赵宗慈, 等. 2013. IPCC 第 5 次评估报告问世. 气候变化研究进展, 9(6): 436-439.

王秀兰, 包玉海. 1999. 土地利用动态变化研究方法探讨. 地理科学进展, (1): 83-89.

杨景成, 韩兴国, 黄建辉, 等. 2003. 土地利用变化对陆地生态系统碳贮量的影响. 应用生态学报, (8): 1385-1390.

杨立民, 朱智良. 1999. 全球及区域尺度土地覆盖土地利用遥感研究的现状和展望. 自然资源学报, (4): 340-344.

于兴修, 杨桂山. 2002. 中国土地利用/覆被变化研究的现状与问题. 地理科学进展, (1): 51-57.

张润森, 濮励杰, 刘振. 2013. 土地利用/覆被变化的大气环境效应研究进展. 地域研究与开发, 32(4): 123-128.

张新荣, 刘林萍, 方石, 等. 2014. 土地利用、覆被变化(LUCC)与环境变化关系研究进展. 生态环境学报, 23(12): 2013-2021.

Anderson J R. 1976. A land use and land cover classification system for use with remote sensor data. https://www.docin.com/p-1443924142.html[2022-10-21].

Barker T, Bashmakov I, Bernstein L, et al. 2007. Contribution of Working Group I to the Fourth Assessment Report of the IPCC.https://xueshu.baidu.com/usercenter/paper/show?paperid=a43815a1d842d354491 dee986dc07d19[2022-1-29].

Bonan G B. 1997. Effects of land use on the climate of the United States. Climatic Change, 37(3): 449-486.

Bounoua L, Defries R, Collatz G J, et al. 2002. Effects of land cover conversion on surface climate. Climatic Change, 52(1-2): 29-64.

Brovkin V, Boysen L, Arora V K, et al. 2013. Effect of anthropogenic land-use and land-cover changes on climate and land carbon storage in CMIP5 projections for the twenty-first centur. Journal of Climate, 26(18): 6859-6881.

Chase T N, Pielke Sr R, Kittel T, et al. 2000. Simulated impacts of historical land cover changes on global climate in northern winter. Climate Dynamics, 16(2-3): 93-105.

Christidis N, Stott P A, Hegerl G C, et al. 2013. The role of land use change in the recent warming of daily extreme temperatures. Geophysical Research Letters, 40(3): 589-594.

Claussen M, Brovkin V, Ganopolski A. 2001. Biogeophysical versus biogeochemical feedbacks of large-scale land cover change. Geophysical Research Letters, 28(6): 1011-1014.

De Noblet-Ducoudré N, Boisier J P, Pitman A, et al. 2012. Determining robust impacts of Land-Use-Induced land cover changes on surface climate over north america and Eurasia: Results from the first set of LUCID experiments. Journal of Climate, 25(9): 3261-3281.

Defries R S, Foley J A, Asner G P. 2004. Land-use choices: Balancing human needs and ecosystem function. Frontiers in Ecology and the Environment, 2(5): 249-257.

Devaraju N, Bala G, Nemani R. 2015. Modelling the influence of land-use changes on biophysical and biochemical interactions at regional and global scales. Plant Cell & Environment, 38(9): 1931-1946.

Du T J. 2007. The fourth assessment report of the Intergovernmental Panel on Climate Change (IPCC). Political Science & Politics, 36(3): 423-426.

Ellis E C. 2011. Anthropogenic transformation of the terrestrial biosphere. Philosophical Transactions of the Royal Society, 369(1938): 1010-1035.

Feldman D R, Collins W D, Gero P J, et al. 2015. Observational determination of surface radiative forcing by CO_2 from 2000 to 2010. Nature, 519(7543): 339-343.

Fischer G, Ermoliev Y, Keyzer M A, et al. 1996. Simulating the socio-economic and biogeophysical driving forces of land-use and land-cover change: The IIASA land-use change model. Springer Science & Business Media, (WP-96-010) : 83.

Graetz D. 1993. Land Cover: Trying to Make the Task Tractable. New York: Proceedings of the Proceeding of the Workshop on Global Land Use/Cover Modelling.

Grossman-Clarke S, Zehnder J A, Loridan T, et al. 2010. Contribution of land use changes to near-surface air temperatures during recent summer extreme heat events in the Phoenix Metropolitan Area. Journal of Applied Meteorology & Climatology, 49(8): 1649-1664.

Hansen M, Defries R, Townshend J, et al. 1998. UMD Global Land Cover Classification, 1 Kilometer, 1.0, 1981-1994. Maryland: Department of Geography, University of Maryland, College Park.

Jr Changnon S A, Semonin R G. 1979. Impact of man upon local and regional weather. Reviews of Geophysics, 17(7): 1891-1900.

Kleidon A, Fraedrich K, Heimann M. 2000. A green planet versus a desert world: Estimating the maximum effect of vegetation on the land surface climate. Climatic Change, 44(4): 471-493.

Lee W T. 1922. The face of the earth as seen from the air: A study in the application of airplane photography to geography. American Geographical Society.

Lightfoot H D, Mamer O A. 2014. Calculation of atmospheric radiative forcing (Warming Effect) of carbon dioxide at any concentration. Energy & Environment, 25(8): 1439-1454.

Lin W, Lu Z, Du D, et al. 2009.Quantification of land use/land cover changes in Pearl River Delta and its impact on regional climate in summer using numerical modeling. Regional Environmental Change, 9(2): 75-82.

Loveland T R, Belward A. 1997. The IGBP-DIS global 1km land cover data set, DISCover: First results. International Journal of Remote Sensing, 18(15): 3289-3295.

Loveland T R, Reed B C, Brown J F, et al. 2000. Development of a global land cover characteristics database and IGBP DISCover from 1 km AVHRR data. International Journal of Remote Sensing, 21(67): 1303-1330.

Lutzenberger A, Brillinger M, Pott S. 2014. Global Land Use Analysis. Lüneburg: Leuphana Universität Lüneburg.

Melillo J M, Field C B, Moldan B. 2003. Interactions of the major biogeochemical cycles: Global change and human impacts. Washington, DC: Island Press.

Miles L, Kapos V. 2008. Reducing greenhouse gas emissions from deforestation and forest degradation: Global land-use implications. Science, 320(5882):1454-1455.

Moran E , Ojima D S , Buchmann B , et al. 2005.Global Land Project: science plan and implementation strategy. https://digital.library.unt.edu/ark:/67531/metadc12009/m2/1/high_res_d/report-53.pdf[2022-3-16].

Pan Y, Birdsey R A, Fang J, et al. 2011. A Large and persistent carbon sink in the world's forests. Science, 333(6045): 988-993.

Pitman A J, De Noblet-Ducoudré N, Cruz F T, et al. 2009. Uncertainties in climate responses to past land cover change: First results from the LUCID intercomparison study. Geophysical Research Letters, 36(14): 171-183.

Schapelier. 2010. ESA climate change initiative. http:// www.esa-cci.org[2021-5-30].

Steffen W, Sanderson A, Tyson P, et al. 2013. Global change and the earth system. Eos Transactions American Geophysical Union, 85(35): 333-335.

Turner B L, Skole D, Sanderson S, et al. 1995. Land-Use and Land-Cover Change: Science/Research Plan. Stockholm: International Geosphere-Biosphere Programme.

Vitousek P M, Mooney H A, Lubchenco J, et al. 1997. Human domination of earth's ecosystems. Science, 277(5325): 494-499.

Watson R T, Noble I R, Bolin B, et al. 2000. Land Use, Land-Use Change and Forestry: A special Report of the Intergovernmental Panel on Climate Change. Cambridge: Cambridge University Press.

第 2 章　土地利用分类

土地利用分类是研究 LUCC 的基础性工作。土地利用分类既影响分类结果的表达，也决定分类数据的应用领域。不同的应用目的、审视角度、分类理念，以及进行分类的地域对象的自然与社会经济状况不同，均可以产生风格和内容各具特色的土地利用分类体系。通过土地利用/土地覆盖分类，不仅可以了解各种土地利用/土地覆盖的区域结构与分布特点，也能为进一步分析 LUCC 的区域差异奠定基础。

20 世纪以来，各国学者对土地利用/土地覆盖的分类体系进行了不同角度的研究，但迄今为止并没有一个被国际社会广泛认可且具有普适性的土地利用分类体系，这也导致了几乎无法对土地利用分类所得到的结果直接进行对比分析。此外，土地利用/土地覆盖分类系统中经常使用各种因素，也会导致潜在的和实际的土地利用/土地覆盖存在诸多不同。

2.1　联合国土地利用和土地覆盖分类体系

FAO 在 1996 年建立了一个标准的、全面的土地覆盖分类系统(land cover classification system, LCCS)。该分类系统主要分为两个阶段：第一阶段是二分法分类(dichotomous)，定义了 8 个主要的土地覆盖类型；第二阶段是"模块化-分层阶段"(modular-hierarchical)，在第一阶段的基础上使用预先定义的分类标准，以得到进一步的分类。LCCS 中几乎涵盖所有可能的地类组合，这一分类系统是开放性的，每个用户都可以根据实际需求而扩充第一阶段中的分类，从而与实际应用更为贴切(Di Gregorio, 2005)。因此，这一土地利用分类系统被普遍适用于不同数据源、不同地区的研究(Gregorio et al., 2016)。

FAO 的土地覆盖分类系统建立后，对世界范围相关研究产生了较大影响。这一系统首先在 FAO 的非洲土地覆盖计划(africover project, AP)中得以应用，该项目建立了尼罗河流域各国土地覆盖地理信息数据库，并为流域内各国的环境保护和土地规划提供决策支持(http://www.fao.org/geospatial/projects)。ESA 的 GlobCover 全球土地覆盖产品、美国联邦地理数据委员会的土地覆盖分类标准是按照 FAO 的分类系统建立起来的，其设计思想与 FAO 分类系统基本一致。FAO 土地覆盖分类系统见表 2-1。

表 2-1 LCCS 土地覆盖分类系统

(a)二分法分类系统		(b)"模块化-分层"分类系统			
序号	土地覆盖分类系统	序号	土地覆盖分类系统	序号	土地覆盖分类系统
1	人工耕作管理地	1	常绿阔叶林	13	封闭或开放的草本覆盖
2	自然和半自然陆地植被	2	封闭的落叶阔叶林	14	稀疏的草本或灌木覆盖
3	栽培水生植物或定期水淹地	3	开放的落叶阔叶林	15	定期淹没的灌木和/或草本覆盖
4	自然和半自然水生或定期被淹的植被	4	常绿针叶林	16	人工耕作和管理地
5	人造表面和其相关区域	5	落叶针叶林	17	农田/树木覆盖/其他自然植被的混合
6	裸地	6	混合叶型林	18	农田/灌木或草本的混合
7	人造的水体、雪和冰	7	经常被淡水(淡盐水)淹的树林	19	裸地
8	天然的水体、雪和冰	8	被每日水位不定的淡水(咸水)淹的树林	20	水体
		9	树林和其他自然植被混合	21	冰或雪
		10	烧焦的树林	22	人造表面和其他相关区域
		11	封闭或开放的常绿灌木		
		12	封闭或开放的落叶灌木		

注:淡水(fresh water)一般指含盐量少于 0.05%或少于 1%;淡盐水(brackish water)指含盐量少于 3%;盐水(saline water)的含盐量在 3%～5%。

2.2　国际地圈-生物圈计划土地利用和土地覆盖分类体系

　　IGBP 项目启动于 1987 年,该项目的目标是研究全球范围的地球物理、化学和生物过程与人类系统之间的相互作用关系,以帮助和引导全球快速变化的社会在今天走上可持续发展道路(http://www.igbp.net/)。

　　IGBP 从地球的自然物理、化学和生物循环与过程以及社会和经济方面理解地球系统。1994 年 LUCC 项目正式作为 IGBP 的核心项目启动,其研究目的在于从根本上了解土地利用变化和人类与生物物理过程的关系,以及这些变化对土地覆被的影响,并制定稳健的全球 LUCC 模型,提高预测 LUCC 的能力。由于植被在土地覆盖中的重要性,IGBP 的分类系统更着重对地表生理参数特征的反映,但由于其分类结果对应定量化的物理指标,故此分类系统较为简单,且兼容性较差(张景华等,2011)。IGBP 利用 NOAA-AVHRR 遥感数据,将全球各大洲的土地覆盖类型划分为 17 个类别。以 MODIS 遥感数据为基础的全球覆盖产品——MOD12 也采用了 IGBP 中的分类系统(https://modis.gsfc.nasa.gov)。IGBP 中的 LUCC 项目于 2005 年结束,其分类系统见表 2-2。

2.3　欧洲土地利用和土地覆盖分类体系

　　英国是最先开始系统地调查并编制国家尺度土地利用图的欧洲国家。20 世纪 30 年代,全英土地被分为耕地、休耕地、森林和林地、草地或草场以及永久草地等类。1949
年,国际地理联合会(International Geographical Union, IGU)下设世界土地利用调查专业
委员会,推进世界各国 1∶100 万土地利用图的编制。欧洲各国在 IGU 的启发下,开始
了自己国家的土地利用调查。意大利编印了全国 1∶20 万土地利用图,将土地利用分为
21 类。苏联结合地区综合开发,将土地利用分为农业用地、非农业用地、林业用地、城
市居民点用地和水利资源用地五大类(吴传钧和郭焕成, 1994)。

欧盟委员会下属的联合研究中心(Joint Research Centre, JRC)开展了土地利用调查和
监测,JRC 联合其他研究小组协调并实施了全球土地覆盖 2000 计划(global land cover
2000 project, GLC 2000),其目的是在 2000 年建立一个统一的全球范围土地覆盖数据库,
该数据库包含两个级别的土地覆盖信息, GLC 主要是通过 SPOT-4 卫星上的
VEGETATION 仪器获取的数据集等综合分类而成。该项目的土地利用分类基于联合国
LCCS(表 2-2)(Bartholomé and Belward, 2005), GLC 2000 所使用的分类系统见表 2-3。

表 2-2　UMD 和 IGBP 分类体系对比

序号	UMD 分类	序号	IGBP 分类
0	水体	1	落叶针叶林
1	常绿针叶林	2	常绿阔叶林
2	常绿阔叶林	3	落叶针叶林
3	落叶针叶林	4	落叶阔叶林
4	落叶阔叶林	5	混交林
5	混交林	6	封闭的灌木丛
6	林地	7	开放的灌木丛
7	树木繁茂的草原	8	热带稀树草原(多树木的)
8	封闭的灌木丛	9	热带稀树草原
9	开放的灌木丛	10	草原
10	草原	11	永久湿地
11	农田	12	农田
12	裸地	13	城市和建筑用地
13	城市与建筑	14	农田/自然植被镶嵌体
		15	冰雪地
		16	裸地
		17	水体

表 2-3　GLC 2000 全球土地覆盖产品分类

分类	类型
常绿阔叶林	
落叶阔叶林(郁闭的)	
落叶阔叶林(稀疏的)	林地
常绿针叶林	
落叶针叶林	
混交林	

续表

分类	类型
经常被淡水(咸水)淹的木本湿地	
经常被咸水淹的木本湿地	林地
树木与其他自然植被混合地	
烧焦的树木	
常绿灌木丛	
落叶灌木丛	
草本	草地、灌木地
稀疏的草本或稀疏的灌木	
经常被水淹的灌木或草本	
人工耕作管理地	
农田和自然植被混合地	农业用地
农田和灌木、草本混合地	
裸地	未利用地
水体(自然的或人工的)	湿地/水体
冰和雪(自然的或人工的)	
人工建筑地	不透水地面

资料来源：https://forobs.jrc.ec.europa.eu。

2.4　美国国家土地覆盖数据分类体系

1972 年，美国发射了第一颗陆地资源卫星——Landsat-1；1976 年，美国地质调查局利用高轨道飞行数据发展出一套适用于遥感数据的土地覆盖分类系统。该分类系统由四个层次构成：一级分类和二级分类适用于全国或州范围，一级分类是根据当时的卫星遥感影像可直接目视解译的地物，如城镇、农业用地、湿地、林地等；二级分类是根据比例尺小于 1∶8 万的航空像片可以判读的地物，共 37 类。三级、四级分类依据需求在二级分类基础上灵活扩展，适用于县级或更小区域范围的研究，其中三级分类适用于比例尺大于 1∶8 万小于 1∶2 万的航空遥感，四级分类适用于比例尺大于 1∶2 万的航空遥感(Anderson, 1976)。该分类体系结构清晰，并且三级、四级分类较为灵活，易于与实际问题结合，但在一级分类层次上既考虑了土地利用状况又兼顾了土地自然生态背景，使得类别间的关系过于复杂且易于混淆(张景华等，2011)。

多分辨率土地特征联盟(The Multi-Resolution Land Characteristics, MRLC)是一个由美国联邦政府建立的组织，旨在为美国国内各种环境、土地管理和建模的应用与研究提供统一的土地覆盖信息，协助联邦和地方管理者解决生态系统、农业、土地利用规划等问题，绘制了 48 个国家土地覆盖图(https://www.mrlc.gov/)。1992 年 MRLC 在建立美国国家土地覆盖数据库之初采用的是 Anderson 系统的二级类派生的 21 类土地覆盖分类方案。Anderson 系统的次级类别，尤其是三级类别，适用于较大比例尺的航空遥感，这些类别在 TM 影像上可能无法识别,因此国家土地覆盖数据库(NLCD)系统取消了 Anderson 系统的三级类(Vogelmann et al., 2001)。NLCD 使用 Landsat TM/ETM+ 30m 影像数据,提供全美土地覆盖数据。

美国马里兰大学在 1998 年创建了一套独立的分类体系,该体系以 1991~1993 年的 NOAA-AVHRR 遥感数据为基础,采用监督分类树的方法,在全球建立了 14 个类别的分类系统。UMD 分类系统和 IGBP 分类系统大体一致,仅仅去除了永久湿地、农田与自然植被镶嵌体、冰雪分类(Hansen et al., 1991)。UMD 和 IGBP 分类系统的对比见表 2-2。

2.5 中国土地利用和土地覆盖分类体系

我国对土地利用问题的研究开始于 20 世纪 30 年代,胡焕庸等对土地利用进行了较为系统的调查研究,当时的调查制图以区域性为主。直到 20 世纪 70 年代我国卫星遥感技术开始起步,大范围的调查制图才开始被国内学者广泛研究(梅安新等,2002)。在科学需求的推动下,我国的土地利用/土地覆盖产品开始迅速发展,如中国科学院 5 年为一期的全国尺度土地利用变化遥感数据(Liu et al., 2014),国家基础地理信息中心的 GlobeLand 30 全球土地覆盖遥感产品(Chen et al., 2015)和清华大学的 FROM-GLC 土地覆盖产品(Gong et al., 2013)等土地利用/土地覆盖产品。其中,研制出的以 2000 年和 2010 年为两个基准年的全球 30m 地表覆盖产品在国际上尚属首次(www.globallandcover. com)。

1984 年,国务院开展了第一次全国土地调查,为了规范调查成果,全国农业区划委员会制定了《土地利用现状调查技术规程》,规定了土地利用现状这套分类体系采用的两级分类方案,一级类包括耕地、林地、交通用地等 8 类,二级类 46 个。该分类标准主要以土地生产力作为划分依据,强调对农业用地的详细分类而弱化了对其他用地的深入研究。1989 年,国家土地管理局发布了《城镇地籍调查规程》,制定了城镇土地分类及其含义。按照土地用途的差异,将城镇用地细分为商业及金融用地、市政用地等 10 个一级类,24 个二级类。2001 年,国土资源部制定了《全国土地分类(试行)》。该标准实行三级分类,其中一级类分为农业用地、建设用地和未利用地 3 类,二级类分为耕地、园地等 15 类,以及 71 个三级类。2007 年,在国务院开展的第二次全国土地调查中,国家质量监督检验检疫总局和国家标准化管理委员会联合发布了《土地利用现状分类》(GB/T 21010—2007)国家标准。最新的全国土地利用分类国家标准即 2017 年修订的《土地利用现状分类》(GB/T 21010—2017)(表 2-4)。该土地利用分类体系采用一级、二级两个层次,共 12 个一级类、73 个二级类(引用)。新的国标中完善了一级分类的含义,补充并细化了二级分类。

中国科学院地理科学与资源研究所完成了 1∶10 万基于遥感影像的土地利用/土地覆盖分类系统的制作,该系统采用了二级分类,第一级由综合的土地利用/土地覆盖类型构成,包含耕地、草地、林地、城乡工矿居民用地、水域、未利用地。第二级根据土地利用条件,分为 25 个类型,如细化了的耕地,包括水田、旱地等(表 2-5)。

表 2-4　《土地利用现状分类》（GB/T 21010—2017）

一级类		二级类		含义
编码	名称	编码	名称	
01	耕地	—	—	指种植农作物的土地，包括熟地，新开发、复垦、整理地，休闲地(含轮歇地、轮作地)；以种植农作物(含蔬菜)为主，间有零星果树、桑树或其他树木的土地；平均每年能保证收获一季的已垦滩地和海涂。耕地中包括南方宽<1.0m，北方宽<2.0m 的固定的沟、渠、路和地坎(埂)；临时种植药材、草皮、花卉、苗木等的耕地，以及其他临时改变用途的耕地
		011	水田	指用于种植水稻、莲藕等水生农作物的耕地，包括实行水生、旱生农作物轮种的耕地
		012	水浇地	指有水源保证和灌溉设施，在一般年景能正常灌溉，种植旱生农作物的耕地。包括种植蔬菜等的非工厂化的大棚用地
		013	旱地	指无灌溉设施，主要靠天然降水种植旱生农作物的耕地，包括没有灌溉设施，仅靠引洪淤灌的耕地
02	园地	—	—	指种植以采集果、叶、根、茎、汁等为主的集约经营的多年生木本和草本作物，覆盖度大于 50%或每亩株数大于合理株数的 70%的土地。包括用于育苗的土地
		021	果园	指种植果树的园地
		022	茶园	指种植茶树的园地
		023	其他园地	指种植桑树、橡胶、可可、咖啡、油棕、胡椒、药材等其他多年生作物的园地
03	林地	—	—	指生长乔木、竹类、灌木的土地，以及沿海生长红树林的土地。包括迹地，不包括居民点内部的绿化林木用地，铁路、公路征地范围内的林木，以及河流、沟渠的护堤林
		031	有林地	指树木郁闭度≥0.2 的乔木林地，包括红树林地和竹林地
		032	灌木林地	指灌木覆盖度≥40%的林地
		033	其他林地	包括疏林地(指树木郁闭度≥0.1、<0.2 的林地)、未成林地、迹地、苗圃等林地
04	草地	—	—	指以生长草本植物为主的土地
		041		指以天然草本植物为主，用于放牧或割草的草地
		042		指人工种植牧草的草地
		043		指树木郁闭度<0.1，表层为土质，以生长草本植物为主，不用于畜牧业的草地
05	商服用地	—	—	指主要用于商业、服务业的土地
		051	批发零售用地	指主要用于商品批发、零售的用地。包括商场、商店、超市、各类批发(零售)市场，加油站等及其附属的小型仓库、车间、工厂等用地
		052	住宿餐饮用地	指主要用于提供住宿、餐饮服务的土地。包括宾馆、酒店、饭店、旅馆、招待所、度假村、餐厅、酒吧等
		053	商务金融用地	指企业、服务业等办公用地，以及经营性的办公场所用地。包括写字楼、商业性办公场所、金融活动场所和企业厂区外独立的办公场所等用地
		054	其他商服用地	指上述用地以外的其他商业、服务业用地。包括洗车场、洗染店、废旧物资回收站、维修网点、照相馆、理发美容店、洗浴场所等用地

续表

一级类		二级类		含义
编码	名称	编码	名称	
06	工矿仓储用地	—	—	指主要用于工业生产、物资存放的土地
		061	工业用地	指工业生产及直接为工业生产服务的附属设施用地
		062	采矿用地	指采矿、采石、采砂(沙)场，盐田，砖瓦窑等地面生产用地及尾矿堆放地
		063	仓储用地	指用于物资储备、中转场所的土地
07	住宅用地	—	—	指主要用于人们生活居住的房基地及其附属设施的土地
		071	城镇住宅用地	指城镇用于生活居住的各类房屋土地及其附属设施土地。包括普通住宅、公寓、别墅等用地
		072	农村宅基地	指农村用于生活居住的宅基地
08	公共管理与公共服务用地	—	—	指用于机关团体、新闻出版、科教文卫、风景名胜、公共设施等的土地
		081	机关团体用地	指用于党政机关、社会团体、群众自治组织等的土地
		082	新闻出版用地	指用于广播电台、电视台、电影厂、报社、杂志社、通信社、出版社等的土地
		083	科教用地	指用于各类教育，独立的科研、勘测、设计、技术推广、科普等的土地
		084	医卫慈善用地	指用于医疗保健、卫生防疫、急救康复、医检药检、福利救助等的土地
		085	文体娱乐用地	指用于各类文化、体育、娱乐及公共广场等的土地
		086	公共设施用地	指用于城乡基础设施的土地。包括给排水、供电、供热、供气、邮政、电信、消防、环卫、公用设施维修等用地
		087	公园与绿地	指城镇、村庄内部的公园、动物园、植物园、街心花园和用于休憩及美化环境的绿化用地
		088	风景名胜设施用地	指风景名胜(包括名胜古迹、旅游景点、革命遗址等)景点及管理机构的建筑用地。景区内的其他用地按现状归入相应地类
09	特殊用地	—	—	指用于军事设施、涉外、宗教、监教、殡葬等的土地
		091	军事设施用地	指直接用于军事目的的设施土地
		092	使领馆用地	指用于外国政府及国际组织驻华使领馆、办事处等的土地
		093	监教场所用地	指用于监狱、看守所、劳改场、劳教所、戒毒所等的建筑土地
		094	宗教用地	指专门用于宗教活动的庙宇、寺院、道观、教堂等土地
		095	殡葬用地	指陵园、墓地、殡葬场所用地
10	交通运输用地	—	—	指用于运输通行的地面线路、场站等土地。包括民用机场、港口、码头、地面运输管道和各种道路用地
		101	铁路用地	指用于铁道线路、轻轨、场站的土地。包括设计内的路堤、路堑、道沟、桥梁、林木等用地
		102	公路用地	指用于国道、省道、县道和乡道的土地。包括设计内的路堤、路堑、道沟、桥梁、汽车停靠站、林木及直接为其服务的附属用地
		103	街巷用地	指用于城镇、村庄内部公用道路(含立交桥)及行道树的土地。包括公共停车场等、汽车客货运输站点及停车场等用地
		104	农村道路	指公路用地以外的南方宽≥1.0m、北方宽≥2.0m 的村间、田间道路(含机耕道)

续表

一级类		二级类		含义
编码	名称	编码	名称	
10	交通运输用地	105	机场用地	指用于民用机场的土地
		106	港口码头用地	指用于人工修建的客运、货运、捕捞及工作船舶停靠的场所及其附属建筑物的土地，不包括常水位以下的部分
		107	管道运输用地	指用于运输煤炭、石油和天然气等管道及其相应附属设施的地上部分土地
11	水域及水利设施用地	—	—	指陆地水域、海涂、沟渠、水工建筑物等用地。不包括滞洪区和已垦滩涂中的耕地、园地、林地、居民点、道路等用地
		111	河流水面	指天然形成或人工开挖河流常水位岸线之间的水面。不包括被堤坝拦截后形成的水库水面
		112	湖泊水面	指天然形成的积水区常水位岸线所围成的水面
		113	水库水面	指人工拦截汇集而成的总库容≥$10\times10^4\text{m}^3$的水库正常蓄水位岸线所围成的水面
		114	坑塘水面	指人工开挖或天然形成的蓄水量<$10\times10^4\text{m}^3$的坑塘常水位岸线所围成的水面
		115	沿海滩涂	指沿海大潮高潮位与低潮位之间的潮浸地带。包括海岛的沿海滩涂。不包括已利用的滩涂
		116	内陆滩涂	指河流、湖泊常水位至洪水位间的滩地；时令湖、河洪水位以下的滩地；水库、坑塘的正常蓄水位与洪水位之间的滩地。包括海岛的内陆滩地。不包括已利用的滩地
		117	沟渠	指人工修建，南方宽≥1.0m、北方宽≥2.0m，用于引、排、灌的渠道，包括渠槽、渠堤、取土坑、护堤林
		118	水工建筑用地	指人工修建的闸、坝、堤路林、水电厂房、扬水站等常水位岸线以上的建筑物用地
		119	冰川及永久积雪	指表层被冰雪常年覆盖的土地
12	其他土地	—	—	指上述地类以外的其他类型的土地
		121	空闲地	指城镇、村庄、工矿内部尚未利用的土地
		122	设施农用地	指直接用于经营性养殖的畜禽舍、工厂化作物栽培或水产养殖的生产设施用地及其相应附属用地，农村宅基地以外的晾晒场等农业设施用地
		123	田坎	主要指耕地中南方宽≥1.0m、北方宽2.0m的地坎
		124	盐碱地	指表层盐碱聚集，生长天然耐盐植物的土地
		125	沼泽地	指经常积水或渍水，一般生长沼生、湿生植物的土地
		126	沙地	指表层为沙覆盖，基本无植被的土地。不包括滩涂中的沙地
		127	裸地	指表层为土质，基本无植被覆盖的土地；或表层为岩石、石砾，其覆盖面积≥70%的土地

表 2-5 中国科学院土地利用和土地覆盖分类及编码

一级类型		二级类型		含义
编号	名称	编号	名称	
1	农田	—	—	指种植农作物的土地,包括熟耕地、新开荒地、休闲地、轮歇地、草田轮作地;以种植农作物为主的农果、农桑、农林用地;耕种三年以上的滩地和滩涂
		11	水田	指有水源保证和灌溉设施,在一般年景能正常灌溉,用以种植水稻、莲藕等水生农作物的耕地,包括实行水稻和旱地作物轮种制度的耕地
		12	旱地	指无灌溉水源及设施,靠天然降水而生长作物的耕地;有水源及浇灌设施,在一般年景下能正常灌溉的旱作物耕地;以种菜为主的耕地,正常轮作的休闲地和轮歇地
2	森林	—	—	指乔木、灌木、竹类以及沿海红树林地等林业用地
		21	有林地	指郁闭度>30%的天然林和人工林,包括用材林、经济林、防护林等成片林地
		22	灌木林	指郁闭度>40%、高度在 2m 以下的矮林地和灌丛林地
		23	疏林地	指疏林地(郁闭度为 10%~30%)
		24	其他林地	未成林造林地、迹地、苗圃及各类园地(果园、桑园、茶园、热作林园地等)
3	草地	—	—	指以生长草本植物为主,覆盖度在 5%以上的各类草地,包括以牧为主的灌丛草地和郁闭度在 10%以下的疏林草地
		31	高覆盖度草地	指覆盖度>50%的天然草地、改良草地和割草地。此类草地一般水分条件较好,草被生长茂密
		32	中覆盖度草地	指覆盖度在 20%~50%的天然草地和改良草地,此类草地一般水分不足,草被较稀疏
		33	低覆盖度草地	指覆盖度在 5%~20%的天然草地,此类草地水分缺乏、草被稀疏、牧业利用条件差
4	水体与湿地	—	—	指天然陆地水域和水利设施用地
		41	河渠	指天然形成或人工开挖的河流及主干渠常年水位以下的土地,人工渠包括堤岸
		42	湖泊	指天然形成的积水区常年水位以下的土地
		43	水库坑塘	指人工修建的蓄水区常年水位以下的土地
		44	永久性冰川雪地	指常年被冰川和积雪所覆盖的土地
		45	滩涂	指沿海大潮高潮位与低潮位之间的潮侵地带
		46	滩地	指河、湖水域平水期水位与洪水期水位之间的土地
5	聚落	—	—	指城乡居民点及县镇以外的工矿、交通等用地
		51	城镇用地	指大、中、小城市及县镇以上建成区用地
		52	农村居民点	指农村居民点
		53	其他建设用地	指独立于城镇以外的厂矿、大型工业区、油田、盐场、采石场等用地以及道路、机场和特殊用地
6	荒漠等	—	—	目前还未利用的土地,包括难利用的土地
		61	沙地	指地表为沙覆盖,植被覆盖度在 5%以下的土地,包括沙漠,不包括水系中的沙滩

续表

一级类型		二级类型		含义
编号	名称	编号	名称	
		62	戈壁	指地表以碎砾石为主，植被覆盖度在5%以下的土地
		63	盐碱地	指地表盐碱聚集，植被稀少，只能生长耐盐碱植物的土地
6	荒漠等	64	沼泽地	指地势平坦低洼，排水不畅，长期潮湿，季节性积水或常积水，表层生长湿生植物的土地
		65	裸土地	指地表土质覆盖，植被覆盖度在5%以下的土地
		66	裸岩石砾地	指地表为岩石或石砾，其覆盖面积在5%以下的土地

资料来源：资源环境科学与数据中心 http://www.resdc.cn/。

目前，我国具有代表性的土地利用分类方案有《全国土地分类》试行标准、《土地利用现状分类》（GB/T 21010—2017）、《中国1∶100万土地利用图》的分类系统和《土地利用现状调查技术规程》等（张景华等，2011）。

2.6　现有土地覆盖存在的问题

2.6.1　分类体系不通用

当前全球正在使用的土地分类系统大多是针对特定区域、特定目的或特定数据源设计的，其应用受限，还没有一个能够在全球范围内得到共识并广泛应用的统一分类体系（蔡红艳等，2010）。对于我国来说，目前各种全球土地覆盖数据产品在应用中都有一定的局限性，并不能很好地服务于我国的土地利用研究。

2.6.2　分类概念模糊

针对我国的土地利用分类、土地利用类型与土地资源/土地覆盖类型之间无规律的混杂交错情况，不仅难以区分主次，甚至有时也难以区分类型属性。例如，"林地""有林地""灌木林地""疏林地"等类型，严格地说都是土地资源/土地覆盖类型，而并非土地利用类型，将它们作为土地利用类型，尤其是将"林地"作为一级类型与"耕地"等土地利用类型并列在一起欠妥（岳健和张雪梅，2003）。

2.6.3　遥感监测的混合像元问题

由于地球表面覆盖组成的复杂性，很难有真正意义上的纯地类，复合类型是土地覆盖的固有属性，而遥感监测的空间识别能力有限，必然会带来混合像元的存在（蔡红艳等，2010）。

2.6.4　遥感大数据与新技术融合

遥感数据的种类和数量会在不久的将来飞速增长，对地观测的深度与广度也在不断扩大，但是现有的遥感影像分析技术和数据处理技术难以满足海量的遥感数据应用需求。土地利用变化监测亟须与大数据和人工智能紧密结合，如何高效地处理遥感大数据并与其他多源数据融合分析,将遥感的大数据转化为知识是主要的理论挑战和技术瓶颈(李德仁等, 2014)。在专题土地利用变化监测中,深度学习算法在图像分析的应用中也得到了快速发展,如何借鉴机器学习与深度学习领域的技术以提高土地覆盖信息提取能力也是一个需要解决的问题(Xu et al., 2017)。

传统的人工目视解译分类需要较多的经验与知识的准备,并不能适应当下遥感数据量级的快速增长,从而在海量遥感数据中快速提取所需信息,也很难与现有系统化、模型化的地学决策分析系统集成(王圆圆和李京, 2004)。新型传感器的应用为土地利用/土地覆盖的调查与制图提供了更佳的信息源与分类特征,同时也对传统计算机分类方法提出了挑战。开发能够模仿人类目视解译判读过程的人工智能系统是遥感影像分类的重要发展趋势。

2.6.5　高频年际变化

目前,全球或区域土地覆盖产品仍然多是基于单个或几个时间节点的瞬时观测,并不能很好地体现土地覆盖年内或年际动态变化的过程。应当充分利用更高时空分辨率的遥感大数据实现对全球土地利用/土地覆盖过程的综合连续的监测,以提升对陆地系统时空过程认知水平,并支撑陆地表面多要素相互作用过程的模拟(董金玮等, 2018)。

参 考 文 献

蔡红艳, 张树文, 张宇博. 2010. 全球环境变化视角下的土地覆盖分类系统研究综述. 遥感技术与应用, 25(1): 161-167.

董金玮, 匡文慧, 刘纪远. 2018. 遥感大数据支持下的全球土地覆盖连续动态监测. 中国科学（地球科学）, 48(2): 259-260.

李德仁, 张良培, 夏桂松. 2014. 遥感大数据自动分析与数据挖掘. 测绘学报, 43(12): 1211-1216.

梅安新, 彭望琭, 秦其明. 2002. 遥感导论. 北京: 高等教育出版社.

王圆圆, 李京. 2004. 遥感影像土地利用/覆盖分类方法研究综述. 遥感信息, (1): 53-59.

吴传钧, 郭焕成. 1994. 中国土地利用. 北京: 科学出版社.

岳健, 张雪梅. 2003. 关于我国土地利用分类问题的讨论. 干旱区地理, (1): 78-88.

张景华, 封志明, 姜鲁光. 2011. 土地利用/土地覆被分类系统研究进展. 资源科学, 33(6): 1195-1203.

Anderson J R. 1976. A land use and land cover classification system for use with remote sensor data. https://www.docin.com/p-1443924142.html[2022-10-21].

Bartholomé E, Belward A S. 2005. GLC2000: A new approach to global land cover mapping from earth observation data. International Journal of Remote Sensing, 26(9): 1959-1977.

Chen J, Jin C, Liao A, et al. 2015. Global land cover mapping at 30 m resolution: A POK-based operational approach. ISPRS Journal of Photogrammetry and Remote Sensing, 103:7-27.

Di Gregorio A. 2005. Land cover classification system (LCCS): Classification concepts and user manual. Rome:Food & Agriculture Organization of the United Nations.

Gong P, Wang J, Yu L, et al. 2013. Finer resolution observation and monitoring of global land cover: First mapping results with Landsat TM and ETM+ data. International Journal of Remote Sensing, 34(7): 2607-2654.

Gregorio A D, Henry M, Donegan E, et al. 2016. Land cover classification system classification concepts software version 3. http://www.fao.org/3/a-i5232e.pdf.[2021-5-30].

Hansen M, Defries R, Townshend J R G, et al. 1991. UMD Global Land Cover Classification, 1 Kilometer, 1.0. Maryland: University of Maryland, College Park .

Liu J, Kuang W, Zhang Z, et al. 2014. Spatiotemporal characteristics, patterns, and causes of land-use changes in China since the late 1980s. Journal of Geographical Sciences, 24(2): 195-210.

Vogelmann J E, Howard S M, Yang L, et al. 2001. Completion of the 1990s national land cover data set for the conterminous United States from Landsat Thematic Mapper data and ancillary data sources. Photogrammetric Engineering Remote Sensing, 67(6):650-652.

Xu G, Zhu X, Fu D, et al. 2017. Automatic land cover classification of geo-tagged field photos by deep learning. Environmental Modelling and Software, 91:127-134.

第3章 全球土地利用分析

3.1 全球土地利用情况

3.1.1 研究数据

本章使用的主要数据为，3 期(1992 年、2000 年和 2015 年)全球土地覆盖数据，来源于 ESA 气候变化计划，空间分辨率为 300m；1km 分辨率的全球数字高程模型(DEM)数据来自美国国家海洋和大气管理局(National Oceanic and Atmospheric Administration, NOAA)；下行短波辐射数据来自韩国首尔国立大学环境生态实验室的短波辐射产品，本章使用的原始数据时间范围为 2000~2015 年，空间分辨率为 0.05°，时间分辨率为月度短波辐射产品。此外，世界人口、经济等统计数据来自世界银行、国家统计局和联合国经济和社会事务部。

3.1.2 研究方法

ESA 所提供的 1992~2015 年土地覆盖产品，坐标参考系是基于 1984 年世界大地坐标系(WGS84)参考椭球的地理坐标系。为了减少统计过程中面积变形所带来的误差，在分析该土地利用数据时为数据添加一个等积投影——四次等积投影，采用最近邻分配法将像元大小重采样为 300m×300m。

最终统计结果与世界银行所统计的全球各国领土面积相比，不考虑由投影等导致的空间统计面积与世界银行所统计的面积误差大于 10%的部分国家，纳入统计范围的国家和地区共 222 个，总面积约为 1.3 亿 km^2。

本书在分析全球各个地类覆盖变化的同时，也分析了全球耕地与太阳辐射之间的关系。

1. 数据归一化

数据归一化是将数据按比例缩放，使之落入一个小的特定区间。在某些比较和评价的指标处理中常会用到，去除数据的单位限制，将其转化为无量纲的纯数值，便于对不同单位或量级的指标进行比较和加权。

数据归一化是最典型的标准化处理方法，可以使得数据统一映射到一定的数值区间。本书采用常用的归一化方法：最大值-最小值标准化，即离差标准化，是对原始数据的线性变换，使结果落到[0,1]，具体公式如下

$$X = (x - \min)/(x - \max) \tag{3-1}$$

式中，max 为样本数据的最大值；min 为样本数据的最小值；X 为归一化前的数值；x 为归一化后的数值。

2. 变化速率

本章主要对全球主要国家、区域进行城市和耕地等扩展变化趋势分析，并依据联合国所公布的 GDP、HDI 等指标对全球国家进行土地利用分类，统计各区域的城镇、农业、自然与农业、自然用地的变化趋势。

对于城市的分析，综合考虑并计算了下列两个扩张的指标：①1992～2015 年扩张的总面积；②1992～2015 年扩张的年平均增长率。

将这些指标转换为标准度量，即为该类土地的年扩张速率，计算式为

$$\frac{(UE_{end} - UE_{start})}{UE_{start}} \times 100\% \tag{3-2}$$

式中，UE_{start} 为初始时间段的区域范围；UE_{end} 为最后时间段的研究范围。

3. 线性趋势分析法

线性趋势（Slope）可以用式（3-3）表示：

$$Slope_i = \frac{n\sum xy_i - \sum x\sum y_i}{n\sum x^2 - (\sum x)^2} \quad (i = 1, 2, 3) \tag{3-3}$$

式中，x 为年份，对应辐射年份为 2000～2015 年；y_1、y_2 及 y_3 分别为气温、降水及辐射因子；n 为研究年数，对应辐射年数为 16 年。

3.2 ESA-CCI 重分类

ESA-CCI 的全球土地覆盖数据的分类系统由 UN-LCCS 定义，它将全球分为 23 个大类、37 个小类。为了更好地进行研究并与中国土地利用现状遥感监测数据相匹配进行研究，本节对该数据进行了重分类（表 3-1）。

根据土地受人类活动的影响程度一级类分为城镇、农业、自然与农业、自然四大类，根据植被种类以及受人类活动影响程度两种依据综合划分，二级类分为城镇用地、农田/耕地、植被与农田混合用地、林地、草地、湿地/水、荒地、未利用地八个二级类。

LCCS 的分类系统中共有四大类属于农业用地范畴，分别为雨养农田、灌溉农田、混合农田 1（农田面积>50%，自然植被面积<50%）、混合农田 2（农田面积<50%，自然植被面积>50%）。将雨养农田、灌溉农田两类合为"农业"一类；两种混合用地类合并为半自然半人类社会的"自然与农业"类；郁闭度 >15% 的常绿阔叶林、落叶阔叶林、常绿针叶林、落叶针叶林以及阔叶针叶混合林、树木/草本混合覆盖和灌木丛划分为"林地"；水淹的树林、灌木、草被与水体划分为"湿地/水"一类；植被覆盖度 <15% 的土地与裸地划分为"荒地"；地衣、苔藓覆盖以及永久冻土划分为"未利用地"。

表 3-1　ESA-CCI-LC 重分类方案

重分类后一级类	重分类后二级类	值	ESA-CCI-LC 二级类
城镇	城镇用地	10	城镇地区
农业	农田/耕地	20	雨养农田
			灌溉农田
自然与农业	植被与农田混合用地	30	混合覆盖(农田面积>50%)，自然植被面积(树、灌木和草本覆盖)<50%
			混合覆盖(农田面积<50%)，自然植被面积(树、灌木和草本覆盖)>50%
自然	林地	40	常绿阔叶林郁闭度>15%
			落叶阔叶林郁闭度>15%
			常绿针叶林郁闭度>15%
			落叶针叶林郁闭度>15%
			阔叶针叶混合林
			混合覆盖(树木>50%)/(草本覆盖<50%)
			混合覆盖(树木<50%)/(草本覆盖>50%)
			灌木丛
	草地	50	草地
	湿地/水	60	淡水或淡咸水淹没的树木
			咸水淹没的树木
			淡水、咸水或苦咸水淹没的灌木或草本覆盖
			水体
	荒地	70	稀疏的植被(树、灌木、草本覆盖<15%)
			裸地
	未利用地	80	永久冻土
			无数据
			地衣和苔藓

3.3　全球土地利用概况

据联合国统计，全球目前有 200 多个国家和地区，总面积约 1.34 亿 km²，2018 年全球人口约 76.32 亿。农业人口占比 26%，与 2005 年相比减少了 9.2%，城市人口占比 55.3%，与 2005 年相比增加了 6.1%（http://data.un.org）。

全球农田、牧场、种植园和城市地区面积不断扩大，以及伴随着的巨大能源、水和化肥的消耗，导致全球生物多样性大幅减少，Newbold 等(2015)研究了人类活动对全球生物多样性的影响后发现，由于人类耕种、侵占自然栖息地和工业污染，物种灭绝风险正在逐步增大。全球平均物种丰富度减少了 13.6%，预计到 2100 年，全球范围内的样本丰富度将进一步下降 3.4%，而减少的这一部分主要集中在生物多样性丰富且经济贫困的国家。土地覆盖变化使年地面蒸发量减少了约 3500km³，而由植被减少和地面硬化所造成的地面蒸散发量减少，可能导致更加频繁的洪水和干旱(Sterling et al., 2013)。

经济全球化加上迫在眉睫的全球土地稀缺增大了未来土地利用变化途径的复杂性，对国家政策对土地利用影响的预测变得更加不确定。在一个相互联系不断加强的世界中，农业集约化可能会导致农田扩张而不是减少（Lambin and Meyfroidt, 2011）。保护自然生态系统的土地使用法规可能仅通过增加商品和服务的进口来取代某些地方的土地利用变化。而通过强制在一个地方使用生物燃料来缓解气候变化可能会因为偏远地区间接的土地使用变化而增加全球温室气体排放。一些发展中国家通过不同的战略组合设法实现了向更有效的土地利用过渡。通过空间管理低竞争土地的使用，可以最大限度地平衡农业与环保。

分析全球土地面积排名前 100 名的国家和地区，将这些国家和地区在 1992～2015 年的变化总量做一对比，并挑选国土面积为前十名的国家（表3-2）进行对比，展示并分析在这 23 年间，四种土地覆盖大类（城镇用地、植被与农田混合用地、农田/耕地、自然覆盖地）在五大洲的变化情况。

表 3-2　国土面积前十名国家

国家	国土面积/万 km²	GDP（1992 年）/百万美元	GDP（2015 年）/百万美元	HDI*（1992 年）	HDI（2015 年）	城镇面积变化率（CCI 数据统计）/%	耕地面积变化率（CCI 数据统计）/%
俄罗斯	1709.8	460291	1368401	0.718	0.813	77.15	2.17
加拿大	998.5	592388	1559623	0.856	0.92	58.86	1.40
中国	960.1	426916	11064666	0.521	0.743	257.32	0.66
美国	952.51	6539299	18120714	0.867	0.92	72.44	0.81
巴西	851.6	400599	1802214	0.622	0.757	93.88	5.16
澳大利亚	774.1	324878	1349034	0.868	0.936	54.66	3.91
印度	328.7	284364	2102391	0.438	0.627	233.58	−0.21
阿根廷	278.0	228788	594749	0.72	0.822	67.89	6.58
哈萨克斯坦	272.5	24906	184388	0.68	0.797	127.16	13.53
阿尔及利亚	238.1	48003	165979	0.587	0.749	145.23	12.47

*人类发展指数。

3.3.1　城镇用地的变化

全球城镇面积在 1992～2015 年这 23 年间扩张了约 39.2 万 km²，全球国土面积排名前 100 名国家的城镇扩张面积为 36 万 km²，在全球范围内均呈上升态势。城镇用地扩张的主要贡献者为中国（8.8 万 km²）、美国（5.8 万 km²）、印度（1.9 万 km²）等国家。

美国在 20 世纪 90 年代初期城镇总面积就有约 40 万 km²，而在 23 年间仍然扩张了 72.4%。东亚地区，尤其是中国东部地区以及印度半岛、中欧地区和美国东部大城市的边缘扩张趋势尤为明显。欧洲诸多国家在城镇面积扩张方面也发展较快，罗马尼亚、葡萄牙和西班牙等国城镇扩张速率都超过了 100%。印度、巴西、伊朗等发展中国家也为全球城镇面积扩张做出了较多贡献。其中印度全国的城镇扩张面积近 2 万 km²，城镇扩张速率达到了 233.58%，接近中国的 257.32%。

中印两大发展中国家以及欧美发达国家和地区城镇的扩张是最为明显的，但四个地区的扩张模式并不相同，美国的城镇扩张较为均匀，印度则主要在新德里周围的印度中北部地区有大面积扩张，其南部和东部地区变化不明显。中国较为明显的扩张集中于华北平原和江浙一带，长三角地区为城镇面积变化最为明显的地区。此外，东南亚等国，如泰国、柬埔寨、印度尼西亚也有较为明显的城镇扩张趋势。

Seto 等（2011）选择 1970～2000 年进行分析，结果显示全球范围内所能观察到的城镇面积增加了 58000km^2，其中中国、印度及部分非洲国家的城镇用地扩张速率最快，欧洲、北美和大洋洲的城市扩张速率最为缓慢。在城镇快速扩张的中国，其增长率也因地域而存在较大差异，沿海地区的城镇扩张速率达 13.3%，而西部地区仅为 3.9%；发达国家的增长速率较为均匀，北美的城镇扩张速率为 2.3% ～ 3.9%，相比于中国发展更为均衡。可以看出，在快速前进的城镇化步伐中，发展中国家仍存在发展不平衡、不协调等诸多问题，需要及时提出相应的解决方案。以优势互补、支援建设、优化产业结构等一系列措施弥补快速发展所带来的发展不均衡问题。

3.3.2   植被与农田混合用地的变化

2015 年，全球植被与农田混合用地面积约为 740 万 km^2，相比于 1992 年增加了 25.7 万 km^2。植被与农田混合用地变化最大的国家是巴西，增长了约 22 万 km^2。而主要增长的地类是农田面积 >50% 的混合覆盖，且在土地覆盖图上可清晰地看出人工改造地表的规则痕迹。该地类在哈萨克斯坦也有明显的增长，巴西在 23 年间植被与农田混合用地增长了 28.7%，主要集中在西部的马托格罗索州和北部的帕拉州，而哈萨克斯坦增长了 40.9%，扩张区域主要在该国北部。与之相对应的纯自然植被覆盖面积则大幅减少。当地的农业产业近几十年来迅速发展，但也因此付出了相当大的代价。

在哈萨克斯坦东北部地区、巴西中部以及巴西与玻利维亚交界、澳大利亚的东部地区，植被与农田混合用地有明显的增加，尤以巴西为最。在巴西中部，有非常明显的人类活动痕迹表现在土地利用上，且以 1992～2000 年变化量最多，2000～2015 年增长率有所减缓。

3.3.3   农田/耕地的变化

农田和牧场是地球上最大的生态系统之一，与森林的覆盖面积相当，占全球土地面积的 40%。FAO 统计的 1995 年和 2016 年的农业数据显示，全球总人口在 21 年间增加了 17.99 亿。农作物收获面积 21 年间增长了 2.159 亿 hm^2，增长率为 18.4%；农业就业率在 21 年间下降了 14.6%，含氮、磷酸盐、碳酸钾的化肥使用量从 2005 年的 15815.34 万 t 增长到 2016 年的 19750.45 万 t，11 年间化肥使用率增长了 24.88%。全球农村人口总数 21 年间增长了 1.997 亿，增长率为 6.2%（http://www.fao.org/faostat/）。

全球人类对土地的利用程度不断加深，各类经济、贸易、政治合作组织使得国家和地区之间的往来愈加密切，带给人类更多的可能和发展契机，但同时也带来了诸如生态环境、粮食安全等一系列全球性问题。耕地数量减少、土壤质量受人类工业污染而下降、城市用地过快扩张不断侵蚀着森林覆盖以及跨国贸易中农作物出口国权益受损等问题，阻碍了人类社会的可持续发展(李树枝和郭瑞雪，2016)。

受限于地理环境等资源禀赋，耕地具有很强的地域性特征。在诸多国家中，农业用地面积都是处于增长态势的。统计结果显示，全球耕地面积在 1992~2015 这 23 年间扩张了约 53.2 万 km^2，仅巴西一国的雨养农田与灌溉农田总面积扩大了约 5 万 km^2；其次在哈萨克斯坦北部和俄罗斯西南地区也出现了农田大面积扩张；在中国中东部地区的城市边缘，大面积的农田被以城镇用地为主的其他地类侵占，但在东北地区则有所扩张，总体耕地面积有所增长。

巴西、哈萨克斯坦、尼日利亚、俄罗斯、阿根廷的农业用地变化面积最多，分别为 5.5 万 km^2、4.7 万 km^2、3.3 万 km^2、2.8 万 km^2、2.8 万 km^2。俄罗斯和巴西两国的农业面积基础量(即 1992 年农业面积)较大，变化率仅为 2.17% 和 5.16%，而变化排名第二的哈萨克斯坦增长率为 13.53%。

中国的农业用地减少与城镇用地扩张有较高的契合度，多为斑点外扩的情况，即城镇用地的扩张占据了农业用地。这一现象主要集中在中国东部地区和四川盆地。而在非洲的马里、尼日尔、乍得南部以及尼日利亚东北部等地区，农业用地均有增长。

3.3.4　自然覆盖地的变化

自然覆盖包括林地、草地、湿地/水、荒地和未利用地五小类。自然覆盖变化在全球范围内总量上是减少的。在全球范围内变化较大的有中国南部地区、印度北部和中部地区以及巴西中南部地区。尤其在巴西，林地大面积缩减，林地边缘地区呈现诸多规则的排列，明显是人类活动所造成的。总体来看，在全球范围内林地、草地等自然覆盖都呈现减少的趋势。

所有纯自然植被像元缩减的面积总和达近 30 万 km^2，除了中国、美国、俄罗斯、加拿大等大国以外，哈萨克斯坦、印度尼西亚、尼日利亚等国自然覆盖面积缩减较多，哈萨克斯坦减少了 28.2%，约为 11 万 km^2，而印度尼西亚和尼日利亚分别减少了约 5.2 万 km^2 和 4.2 万 km^2，变化速率分别为 –28.2% 和 –22.5%。大面积的林地、草地和湿地被人类所侵占，人口的增长和全球经济发展造成了自然覆盖大面积减少。

就变化最大的巴西而言，其自然覆盖变化最大的为林地，在亚马孙河的入海口以及中北部地区呈现十分规则的人类活动侵占痕迹。美国的水体面积减少较为明显，集中表现在南塔哈拉国家森林地区，林地减少量较多的地区为美国中部地区的密苏里州和伊利诺伊州。印度东部地区林地减少明显，集中在切蒂斯格尔和奥里萨邦地区。中国东部和南部地区的林地减少量占主要地位，四川盆地西部的阿坝藏族羌族自治州地区草地的减少量较大。

3.4　各地类经纬度和海拔分布情况

3.4.1　纬度带内各地类变化

为了明确全球资源在空间上的变化趋势，制作了 1° 纬度带和 1° 经度带，以此来进行分纬度和经度带的分析(图 3-1)。城镇用地总体是增加的态势，但增加的区域相对于其他地类更为集中，22°N～60°N 是城镇用地增长最为明显的区间，相比之下，在其他纬度带上仅有少量的增长。

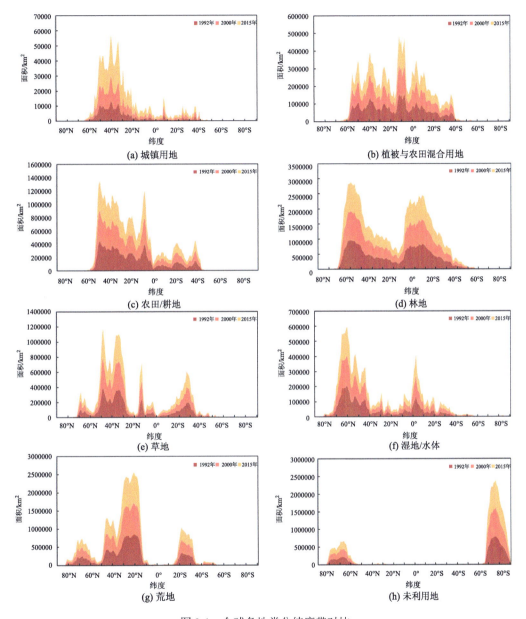

图 3-1　全球各地类分纬度带对比

植被与农田混合用地的变化没有太多规律，在全球纬度带上呈波动状。但在 5°S～14°S 纬度带有大幅上升，综合上文分析，该条带上植被与农田混合用地陡然增长的主要贡献者是中非、哥伦比亚等。

自然资源方面，尽管其在整体上是大幅度减少的，但不同的类别减少的幅度相差较大。林地在总量上减少了约 90 万 km²，除了 60°N～71°N 有所增加以外，其他条带上林地的面积不断减少，且 45°N～60°N、8°S～17°S 下降幅度最大；草地也呈现出不规则的波动状，且在总量上有所增加。湿地/水的减少多集中在 55°N～60°N、43°N～47°N（ESA-CCI-LC 数据中，水体包括全球所有江河湖海，在计算纬度带地类变化中，剔除了海洋水体，仅计算陆地水体的变化情况），减少量约为 16 万 km²，加上其他条带的增加，全球陆地水体在总量上减少了约 10 万 km²。荒地的减少主要集中在 6°N～20°N，减少量约 29 万 km²，占荒地减少总量的 75%。未利用地主要为永久冻土和地衣苔藓覆盖地带，鲜有人类活动影响，近几十年没有太大的变化。

在年际对比方面，2000～2015 年与 1992～2000 年的城镇面积相比变化较大，在整个时间尺度上占很大比重，且集中于 20°N～60°N 这一纬度带内，而南半球的增长相比于北半球差距巨大（图 3-2）。这一明显的差距主要由北半球的各大发达国家和发展中国家贡献，但植被与农田混合用地南半球多于北半球，集中于 10°S～20°S 纬度带上，不同于城镇用地，1992～2000 年的贡献量远多于后 15 年，这一特征也体现在农田/耕地上。农田/耕地的增长集中于三个纬度带，分别是 40°N～50°N、2°N～15°S、10°S～20°S，北半球部分纬度带在前期有所减少，但总量上仍处于增长态势。林地 10°N～60°S 皆明显减少，且远远高于北半球部分纬度带的增长量。草地的纬度带变化呈现不规则的变化趋势，在某些纬度带上出现了急剧增长和减少趋势。湿地的变化集中于 52°N～70°N 和 2°N～10°S，前者的减少量远大于后者，并且迁移纬度带内的减少也集中于 1992～2000 年这一时间跨度内。荒地在大部分纬度带上均有所减少，主要在 25°N～70°N 上。未利用地的减少集中于北半球，但总面积并没有太多变化。

3.4.2　经度带内各地类变化

经度带的分类统计较之纬度带有着更为清晰的空间分异（图 3-3）。在 50°E～80°E 和 10°W～40°W 内，林地面积有较大幅度的提升。而湿地/水在 0°～40°E 减少幅度最大。

城镇用地的变化集中于东半球，在 120°E 左右经度带内出现明显的增长极（图 3-4）。农田/耕地的经度带变化也出现了类似的分化现象，集中增长于 20°W～70°W。林地的增长和减少在经度带上出现了规律性的变化，以 0° 经度带为分界线对称，80°E～70°W 的经度带呈现交替增长与减少，而主要变化的贡献年份为 1992～2000 年，后 15 年的林地没有太大变化。草地与纬度带类似，在年际变化上没有明显的增减极，湿地主要减少量集中于 0°～45°E 地带，而 0°～50°W 有明显的增长，与林地类似，变化量的贡献主要来自 1992～2000 年。荒地的减少量较为明显，主要在西半球有所减少，而东半球没有太大变化。

3.4.3　海拔带内各地类变化

为了分析各地类在海拔尺度上的变化情况，获取了 NOAA 提供的全球范围 1km 经度的 DEM 数据，并对其进行重分类，每个分类的间隔为 300m，据此对各个分区内的地类变化进行分析（表 3-3）。

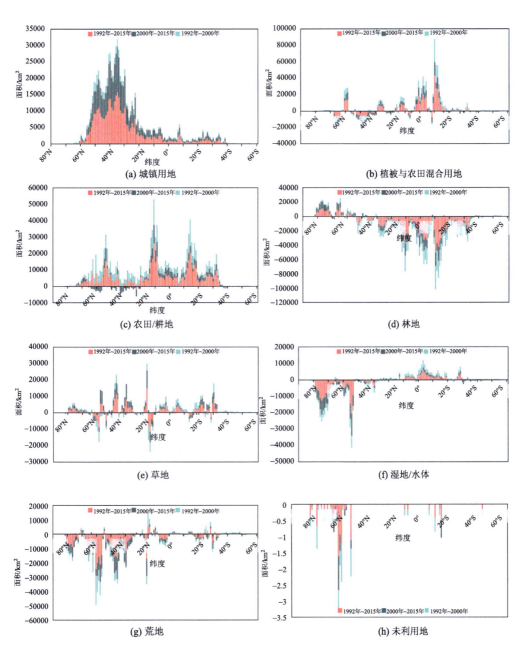

图 3-2　全球各地类分纬度带年际变化对比

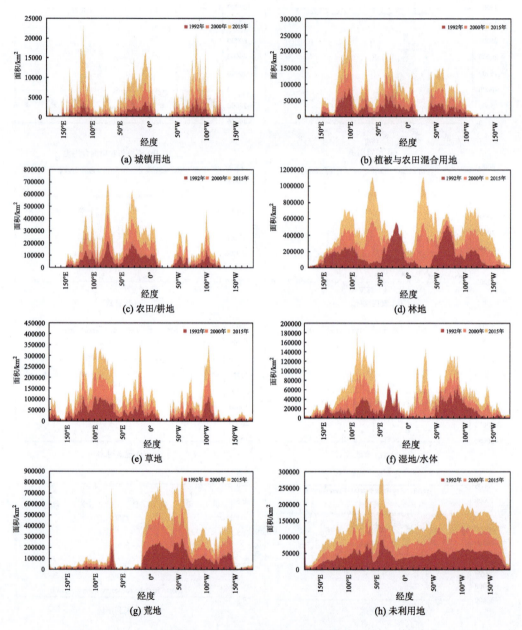

图 3-3　全球各地类分经度带对比

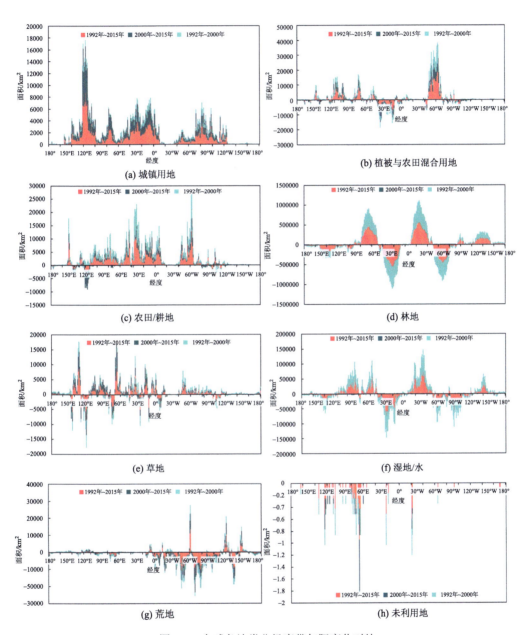

图 3-4　全球各地类分经度带年际变化对比

表 3-3   海拔分带对照表   (单位：m)

序号	海拔	序号	海拔	序号	海拔
1	−407～−107	11	2593～2893	21	5593～5893
2	−107～193	12	2893～3193	22	5893～6193
3	193～493	13	3193～3493	23	6193～6493
4	493～793	14	3493～3793	24	6493～6793
5	793～1093	15	3793～4093	25	6793～7093
6	1093～1393	16	4093～4393	26	7093～7393
7	1393～1693	17	4393～4693	27	7393～7693
8	1693～1993	18	4693～4993	28	7693～7993
9	1993～2293	19	4993～5293	29	7993～8293
10	2293～2593	20	5293～5593	30	8293～8752

城镇用地的增长主要集中在海拔−107～493m，且 2000～2015 年的增长明显多于前 8 年的增长(图 3-5)；植被与农田混合用地除了在海拔−107～493m 有明显增长以外，在更高的海拔分区内均有不同程度的减少；农田/耕地在各个海拔分区内大体呈增加态势，在 2000～2015 年的−107～193m 海拔内有所减少。自然植被中林地是减少量最大的一类，且与植被与农田混合用地的增加区间相对应；草地则表现出较不规则的增长趋势，主要集中在海拔 193～493m 和 1093～1393m，而在海拔 4093～4993m，草地覆盖量则减少了约 5000km^2；湿地/水的减少主要集中在低海拔地区，而在海拔 3493～5293m 则有少量增长；荒地的减少主要集中于海拔−107～493m，在此区间上减少了约 20 万 km^2，在其他海拔减少了约 15 万 km^2；未利用地在 23 年间没有大面积的变化。

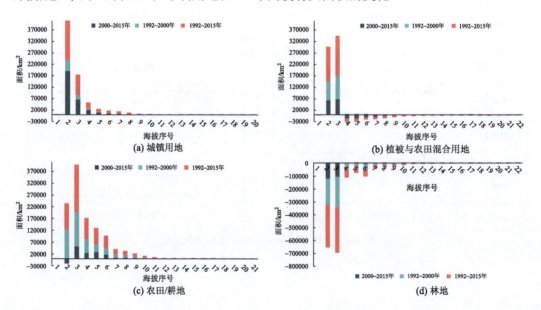

(a) 城镇用地   (b) 植被与农田混合用地
(c) 农田/耕地   (d) 林地

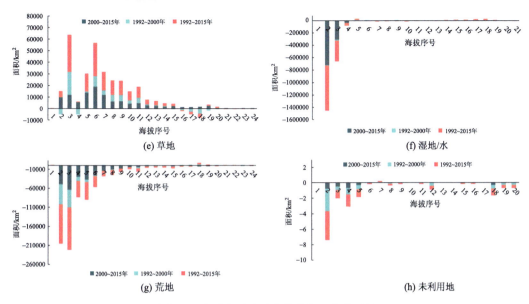

图 3-5　全球各地类分海拔带年际变化对比

3.5　耕地资源变化对应能量供给

2000 年的太阳辐射与 2015 年相比，在整体均值上有所增加，2000 年全球太阳辐射均值为 154.13W/m²，2015 年为 155.77W/m²。在巴西东部地区和非洲南部地区太阳辐射值有所增加，而在印度北部、中国四川盆地等地太阳辐射有所减少(图 3-6)。全球太阳辐射在 16 年间整体上没有太大变化，处于平稳波动状态(图 3-7)。

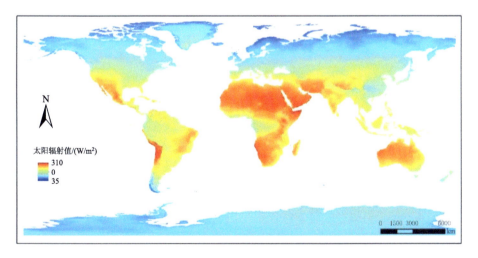

(a) 2000 年

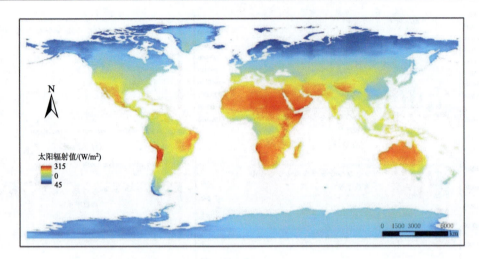

(b) 2015 年

图 3-6 全球太阳辐射值

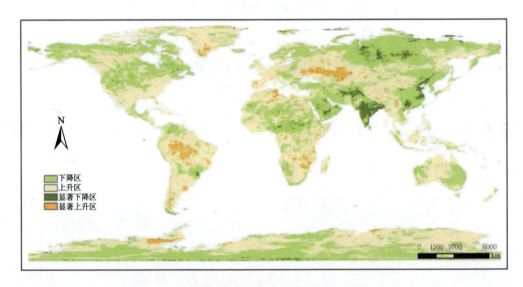

图 3-7 全球 2000～2015 年太阳辐射趋势的空间分布

本书在太阳辐射的空间变化情况分析基础上,依据太阳辐射的年际变化,以 0.05 作为显著性评判标准,制作 2000～2015 年太阳辐射的空间趋势分布图。具体而言,考虑趋势正负值(阈值为 0)和显著性检验 P 值(阈值取 0.05),分为显著上升区、显著下降区、下降区、上升区。太阳辐射显著上升区面积占 4.56%,上升区占 47.47%,显著下降区占 4.22%,下降区占 43.75%。

进一步分析统计四个分区内的耕地面积变化情况发现,在太阳辐射上升区、下降区以及显著上升区内,2000～2015 年的耕地面积均有所上升,而在显著下降区内,耕地面积有所减少。

3.6　结　　语

全球经济快速发展和人口的快速增长极大地改变了全球土地覆盖状况和土地资源的分配,同时也在改变着全球生态系统整体结构和功能,深刻地了解全球土地资源在时间尺度上的分配变化,对于了解世界各国发展状况、分析土地利用变化对气候的影响机制和效应是极其重要的。本章以全球为尺度,通过对全球各国各地类的面积变化和变化速率进行分析,并分经度带、纬度带和海拔带对各个土地利用分类进行分析,得到了 1992~2015 年全球土地资源的变化情况,可为全球生态系统变化、气候变化等方面的研究提供支持和参考。目前针对全球范围的土地资源分布状况的研究尚不充分,有待对全球范围的各类自然和人类社会土地资源进行全面而深刻的调查。

参 考 文 献

李树枝, 郭瑞雪. 2016. 2015 年全球土地利用现状分析及启示. 国土资源情报, (12): 3-9.

Lambin E F, Meyfroidt P. 2011. Global land use change, economic globalization, and the looming land scarcity. Proceedings of the National Academy of Sciences, 108(9): 3465-3472.

Newbold T, Hudson L N, Hill S L, et al. 2015. Global effects of land use on local terrestrial biodiversity. Nature, 520(7545): 45.

Seto K C, Fragkias M, Güneralp B, et al. 2011. A meta-analysis of global urban land expansion. PLOS ONE, 6(8): e23777.

Sterling S M, Ducharne A, Polcher J. 2013. The impact of global land-cover change on the terrestrial water cycle. Nature Climate Change, 3(4): 385.

第4章 中国耕地资源变化研究

随着人口、资源和环境问题的日益突出，LUCC 为全球环境变化研究的前沿和热点领域。其中，耕地变化是土地资源利用变化的核心。耕地作为一种最重要的土地利用方式，担负着为人类提供食物保障的重任，是国家安全的重要保障(许婧雪和曹银贵，2016)。我国是一个耕地资源相对短缺的国家，人均耕地面积不足 1.4 亩[①](林英，2007)。中国自改革开放以来，随着经济发展和人口的激增，尤其是在城镇化快速推进下，大量的耕地资源被占用。因此分析中国耕地的变化对经济发展和人地和谐有着重要意义。本章主要阐述了中国 1990～2015 年耕地变化状况，以及中国耕地动态面临的水热和辐射条件压力等。

4.1 中国耕地覆盖变化研究进展

改革开放以来，我国进入快速城镇化阶段，人口的激增及人民群众对住房的需求不断递增，城市建设用地的持续增加对耕地资源造成了巨大的压力。2000 年之后，耕地资源大幅度减少，其中 2002 年和 2003 年连续 2 年突破历史最高水平，分别达到了 168.62hm^2 和 253.74hm^2(彭凌等，2011)。根据 2002～2014 年《中国统计年鉴》的数据资料可知，中国耕地资源持续减少源于生态退耕、农业结构调整、建设占用、灾毁 4 个方面(许丽丽等，2015)。2002～2006 年即退耕还林全面实行前期，生态退耕成了导致耕地减少的主要因素(宋蕾和曹银贵，2018)，而 2007～2014 年由于城镇化进程加剧、东南的部分发达地区经济增长快速且后备土地资源不足，该区域建设用地占用耕地资源的比例大幅度上升。与此同时，自然灾害、人为撂荒等现象使得农业结构调整和灾毁耕地等逐渐成为耕地减少影响因素的重要组成部分(李升发和李秀彬，2016；赵连武，2009)。

4.1.1 中国耕地覆盖的政策

针对全国耕地面积变化的不同特征，我国政府出台了一系列耕地保护政策和管理对策，1998～2003 年是我国改革开放之后建立耕地保护政策体系的初期。其中 1998 年 3 月 29 日中央办公厅和国务院办公厅联合发布《关于继续冻结非农业建设项目占用耕地的通知》；同年国土资源部也发布了《关于坚决贯彻执行中央继续冻结非农业建设项目占用耕地决策的通知》，决定继续冻结非农业建设项目占用耕地(代兵等，2008)；同年 8 月 29 日颁布了新修订的《中华人民共和国土地管理法》，首次以立法形式确认了"十分珍惜、合理利用土地和切实保护耕地是我国的基本国策"(贾改凤，2010)。之后的几年，为了在保护耕地的情况下促进社会经济的发展，我国国务院和国土资源部又相继颁布了一系列

---

① 1 亩≈666.67m^2。

条例、办法、通知和意见，来督促、确保政策的实施。2003 年之后，我国的耕地保护政策体系初见成效。这一阶段的标志是耕地保护上升到国家战略高度，中央政府开始从"三农"的大视角来实现耕地保护(杨立等，2015)。2006 年 3 月 14 日，第十届全国人民代表大会第四次会议批准的"十一五"规划纲要指出，"18 亿亩耕地是一个具有法律效力的约束性指标，是不可逾越的一道红线"。这是"红线"一词首次出现在官方公开的文件中。鉴于耕地资源面临的诸多影响，国家提出要坚守 18 亿亩耕地红线，将粮食安全作为底线。

为此也出台了一系列诸如"占补平衡""基本农田保护"等限制耕地资源流失的措施，并组织了大规模的土地调查，耕地资源调查更被列为重中之重(刘彦随和乔陆印，2014；谭永忠等，2017)。2012 年国土资源部在严格保护耕地方面出台了《全国土地整治规划(2011—2015 年)》《关于加快编制和实施土地整治规划大力推进高标准基本农田建设的通知》《关于提升耕地保护水平全面加强耕地质量建设与管理的通知》《高标准基本农田建设标准》等政策性文件，对加强耕地保护、保护基本农田做出了进一步严格、具体的规定，在实践中发挥了较好的作用(贾文涛，2012；吕苑娟，2012；王发荣，2013；张丽茜等，2013)。2013 年国土资源部办公厅发布《关于严格管理防止违法违规征地的紧急通知》(国土资电发〔2013〕28 号)，要求处理好"保发展、保红线、保权益"的关系，不得强行实施征地，杜绝暴力征地。征地程序不规范、补偿不到位、安置不落实的地区，必须立即进行整改；存在违法违规强行征地行为的地区，要严肃查处；凡整改、查处不到位的地区，不得继续实施征地(国土资源部办公厅，2013)。2014 年的土地政策仍然延续以往保发展、保红线、保权益的方向，国土资源部发布了《关于强化管控落实最严格耕地保护制度的通知》《节约集约利用土地规定》《关于推进土地节约集约利用的指导意见》等政策性文件，进一步强化耕地保护和集约用地(唐健，2015；程秀娟，2014；董祚继和田春华，2014)。为了更进一步严格耕地占补平衡制度，2015 年国土资源部和农业部联合下发《关于切实做好 106 个重点城市周边永久基本农田划定工作有关事项的通知》，重点强调永久基本农田划定要与土地利用总体规划调整完善工作协同推进，确保城市(镇)周边、交通沿线优质耕地和已建成的高标准农田优先划定为永久基本农田，确保调整完善后的规划中确定的市(县)城基本农田保护目标任务全部上图入库、落地到户。2016 年国土资源部印发了《关于补足耕地数量与提升耕地质量相结合落实占补平衡的指导意见》，要求规范开展提升现有耕地质量、将旱地改造为水田，以补充耕地和提质改造耕地相结合方式落实耕地占补平衡工作(王庆日和唐健，2016；帅文波，2017)。

4.1.2　耕地资源信息的获取

受社会经济发展的影响，中国的耕地资源面积变化较为频繁，诸多原因造成中国耕地资源面积在不同时期的统计数量范围等差异较大。

当前，国际上获取耕地资源的遥感数据源主要有 AVHRR、MODIS、TM/ETM+、CBERS、SPOT、IKONOS、QuickBird 和航空遥感影像等(刘炜，2012)。其中用于研究大尺度地区耕地变化的数据主要是 AVHRR 影像数据，但其缺点是空间分辨率较低，随着遥感卫星的发展，一系列中分辨率和高分辨率遥感影像已经逐渐成为研究耕地面积的主流数据。

当前主流的提取方法是统计法的信息提取、面向对象信息提取和多源信息提取。其中统计法的信息提取主要以神经网络、最大似然法、支持向量机、K-means 等为支撑；面向对象信息提取通常在高分辨率遥感影像中适用(王波, 2011)；多源信息提取方法主要涉及光谱信息提取、纹理结构信息提取、植被指数法信息提取和基于专家知识的信息提取。其中纹理结构信息提取是利用图像的纹理特征，如粗细度、对比度、方向性、规则性、粗糙度、凹凸性等指标，采用一定的图像处理技术抽取不同地物的纹理特征，获得地物纹理的定量或定性描述指标(李文莉等, 2013)。

虽然对于耕地资源信息使用遥感所能获取的方法众多，但是在不同情景下不同的方法有其适用的情景，当前不存在一种普适性的方法。在实际提取中，要基于具体研究区和具体情境，综合不同数据应用环境，选择最佳的方法。

4.1.3 耕地变化及驱动力研究方法

关于耕地利用动态建模的研究，国内研究很多着眼于土地利用动态变化模型，从而可以更加深入、有效地探讨耕地利用动态变化的整个过程(王秀兰和包玉海, 1999)。

当前学术界一般使用土地利用动态度、转移矩阵、相对变化率、重心转移的计算和土地利用程度变化模型来反映耕地动态变化。使用具体的模型能够得到大时间尺度上耕地的性质、使用类型和空间分布的动态变化过程。国外学者也建立了各种模型来研究土地变化与全球变化之间的相互关系。在驱动力上，研究者普遍选用主成分分析法和线性回归模型的组合对驱动机制进行研究，基于人工神经网络等非线性方法的研究逐渐增多(于天等, 2016)。

当下学术界公认耕地利用的变化是在两大系统共同作用下所产生的结果，包括自然系统和社会经济系统。自然系统驱动力包括的内容较广泛，其中土壤、水文、地质、气候等自然因素是主要构成部分，也是影响耕地变化的决定性因素，但在短时间内社会经济驱动力更为活跃、明显，经济因素和政策因素是社会经济驱动力的两大组成部分(于天等, 2016)。耕地变化的研究区一般分为四个尺度，即国家尺度、区域尺度、省域尺度及市县(区)尺度。国家尺度的研究通常使用长时间序列的数据，研究方法众多且相对复杂，一般研究成果认为耕地变化与经济发展、城市化、政策等关系较大；区域尺度的研究一般是将研究区归为生态脆弱区、农牧交错区、粮食主产区和重大工程建设区等；省域尺度的研究一般使用线型研究方法，普遍认为经济、人口、科技是耕地变化的重要原因；市县(区)尺度相对于其他尺度来说，因研究区域较小，所以能够选择更符合实际且结果明显的模型和影响因子，普遍认为人口、经济及发展规划是耕地变化的主导因素(刘旭华等, 2005; 张希彪等, 2006; 郑筠和张兆安, 2014)。

4.2 1990～2015 年中国耕地变化情况分析

中国耕地资源的时空动态得到了很多关注。很多学者基于遥感等多源数据构建了中国长时间序列的系列土地利用数据集，并开展了中国耕地资源的时空变化及其驱动因素研究(D'amour et al., 2017; 刘纪远等, 2018; Liu et al., 2014)。而耕地动态也一直受到多种因素的影响。近年来，随着城市扩展，城市周边的大量优质耕地被侵占(D'amour et al., 2017)。Chen(2007)和闫慧敏等(2012)从城市化对粮食安全的影响角度出发，研究了城市化对粮食安全的多重影响。此外，一系列生态工程的实施、退耕还林还草等措施也导致了耕地的流失(Qin et al., 2013)。并且，由于农村劳动力转移和农村空心化，有些区域也因此出现人为的弃耕现象(Deng et al., 2018)。

土地利用和土地覆盖数据集(land use and land cover dataset, LULC)是基于 Landsat 等卫星光学影像数据重建的中国耕地的时空格局数据集。数据采用 6 个 LULC 大类和 25 个子类的层次分类系统。本节使用空间分辨率为 1km 的最新版本的 LULC 数据[从资源环境科学与数据中心获取(http://www.resdc.cn/)]，确定了中国耕地多年的时空变化格局。

研究结果表明，受限于地理环境等资源禀赋，耕地具有很强的地域性特征(图 4-1)。区域上，中国的耕地资源除了青海和西藏，其他主要分布在中部和东部第二、三级阶梯上，主要集中在华北平原的河南、河北、山东、安徽及江苏等省份。往上在东北三省，往下在湖北和四川、重庆一带也具有集中分布的耕地资源。此外，西北部的陕西、甘肃、宁夏和新疆部分区域也分布有大量连片耕地。

时间上，1990～2015 年中国耕地整体面积变化波动不大，耕地面积从 1990 年的 17715 万 hm^2 增加到 2015 年的 17851 万 hm^2，平均每年增加 5.44 万 hm^2，每年增幅只有 0.03%。以 2000 年为研究界限，1990～2000 年耕地面积增加 280 万 hm^2；2000～2015 年耕地面积减少 144 万 hm^2(图 4-1)。新增的耕地主要集中在西北和东北地区，多为林地和草地被开发成耕地。东部沿海地区流失了大量耕地。

全国不同时期新增耕地的主要来源为草地、林地和未利用地。1990～2000 年新增的耕地主要来自草地和林地，而 2000～2015 年新增的耕地主要来自草地和未利用地，1990～2015 年建设用地转为耕地的面积与其他类型转为耕地的面积相比非常少。全国不同时期流失耕地的主要去向为建设用地、草地和林地。2000～2015 年耕地飞速转向建设用地，尤其是 2010～2015 年，流失的耕地中有 80% 以上都转为建设用地(程维明等, 2018)。

中国耕地沿纬度带具有明显的"南减北增"，即"北移"的动态分布特征。通过图 4-2(a)可以发现，绝大部分耕地分布在 23°N～47°N，占比约 95%。其中，在 30°N～37°N 分布最为集中，每个纬度带耕地面积均超过 8 万 km^2。1990 年，31°N 的耕地面积最多，达到 10.14 万 km^2，而 2015 年其耕地面积下降为 9.59 万 km^2，该年最大的耕地面积出现在 31°N，达 9.67 万 km^2。耕地面积在 22°N 和 29°N 各有一个明显的升高趋势，而在 38°N 和 48°N 又各有一个明显的下降趋势。图 4-2(a)中两个椭圆区域表示两个耕地面积变化非常明显的纬度带。相对于 1990 年，30°N～32°N，耕地面积逐年减少；而在 40°N 以上，则有一个相对明显的耕地面积增加过程。

通过分析图 4-2(b)逐纬度带中国耕地的面积变化情况，计算了 1990～2015 年的耕地在每一纬度带的面积变化。结果显示，25 年来，中国耕地面积在 18°N～37°N 纬度带呈现下降趋势；而在 38°N～48°N 纬度带呈现上升的趋势。以 38°N 线为界，往高纬度耕地增加了 5.7 万 km^2，而该线以南区域耕地面积减少了 4.2 万 km^2。结合图 4-1 的 38°N

线位置可以发现，整个中南部的耕地面积均处于减少趋势。而耕地规模很好地对应着粮食产量，事实上，东北三省也已经是中国最大的粮仓；黑龙江的粮食产量也超过了河南，成为中国最大的粮食生产大省；新疆等地的耕地资源开垦也呈现规模性增长（刘纪远等，2018；田光进等，2003）。

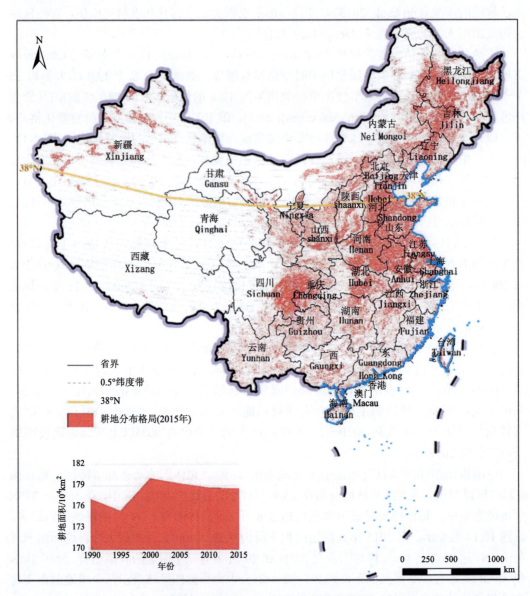

图 4-1　中国 1990～2015 年耕地变化图

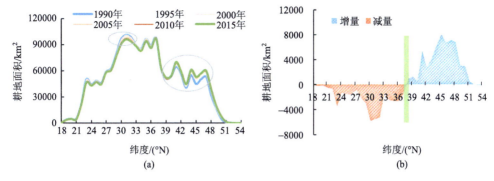

图 4-2　中国耕地面积的纬度带分布特征及其变化

4.3　中国耕地动态与水热和辐射压力变化

影响作物生产和耕地产出的因素有很多,其中水热和辐射资源等是最为基础的自然因素(Wang et al., 2017; Zhai and Tao, 2017)。作物的光合作用对气温、降水和太阳辐射均具有很高的敏感性。通常而言,在一定范围内,水热资源越充足、光辐射强度越大,对应的作物生产力和产量就越高(Li et al., 2013; 陈斌等, 2007)。全球变化大背景下,中国的水热和辐射条件也对应发生了很多变化(Cui et al., 2016; 李小军等, 2017)。同时,在科学技术进步的影响下,我国耕地也出现了很多新特征(刘纪远等, 2018; Dong et al., 2016)。但是,耕地空间分布格局对应的水热和辐射资源条件如何变化却鲜有系统的研究和明确的结论。

鉴于此,在 1990~2015 年的长时间序列气象数据支持下,系统分析了中国耕地动态及其对应的气温、降水和太阳辐射条件变化。研究耕地变化下的水热和辐射条件,对评估需要人为参与的资源供给也具有很强的参考价值。

本节用到的水热资源栅格插值数据来自资源环境科学与数据中心提供的 1990~2015 年逐年年平均气温、年降水量空间插值数据集。该数据集是基于全国 2400 多个气象站点日观测数据,通过整理、计算和空间插值处理生成的。气候要素的插值应用 ANUSPLIN 插值。ANUSPLIN 是一种使用函数逼近曲面的方法,其采用平滑样条函数对多变量数据进行分析和插值。它能够对数据进行合理的统计分析和数据诊断,并可以对数据的空间分布进行分析进而实现空间插值功能(Hutchinson, 1998a, 1998b)。太阳辐射栅格数据来自韩国首尔国立大学环境生态实验室(http://environment. snu.ac.kr/)。该数据的时间跨度为 2000~2015 年,其空间分辨率为 0.05°,时间分辨率为月。该数据在全球范围内已得到了广泛的验证和应用(Jiang and Ryu, 2016)。

4.3.1　研究方法

根据中国 LULC 数据,本节首先提取出 1990~2015 年每隔 5 年一期的耕地类型数据,包括水田和旱田;其次,利用线性趋势分析法分析温度、降水和辐射逐栅格的时空变化趋势;最后,利用空间统计等方法综合分析中国耕地时空动态下的水热和辐射条件变化。其中，线性趋势(Slope)可以用式(3-3)表示，见第 3 章式(3-3)。

4.3.2 水热条件时空变化

研究时段内中国的气温变化呈现明显的升高趋势，而降水量变化趋势则相对复杂。这里分两个方面探究中国水热条件的年际变化，一是看其 25 年来的总体变化，该方法对应研究整体时段的年际变化趋势情况(图 4-3 虚线)；二是以 1990 年为起始，采用 13 年时间尺度为滑动窗口分析其后续的趋势情况；该滑动趋势分析结果可以明确得到水热条件在各个时段内的趋势变化情况(图 4-3 实线)。

总体上，气温升高明显，升温幅度达 0.02℃/a。但是，就不同时段而言，升温趋势在前期非常明显，尤其在 1990~2000 年；1990~2008 年的 7 个滑动窗口内的升温趋势也均在 0.5℃以上。随后则开始下降，1998~2010 年和 1999~2011 年趋势为正(~0.01℃/a)，而 2000 年以后的 4 个滑动窗口内均显示出了不同程度的降温趋势[图 4-3(a)]。这个结果一方面说明气温变化具有很强的时间尺度依赖性，另一方面也对应说明了 1998 年以来全球范围内的"增温减缓"或"增温停滞"现象在中国也切实存在。相对于气温的变化，降水量的变化情况更为复杂，在整体研究时段内虽然有下降趋势，却并没有表现出明显的线性特征。然而，不同时段的滑动窗口分析也对应显示出在大部分时段内降水量仍为下降趋势，但在 2000 年以后的几个时段内，降水量呈现一定的增加趋势。

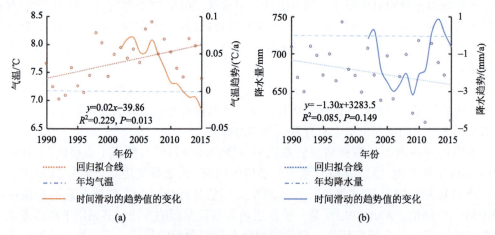

图 4-3 中国 1990~2015 年的气温和降水量年际变化

本节同时分析了气温和降水量的空间变化情况。依据气温和降水量不同的年际变化情况，以 0.1 作为显著性评判标准，本节制作出 1990~2015 年中国水热条件的空间趋势分布图。具体而言，气温和降水量均同时考虑趋势正负值(阈值为 0)和显著性检验 P 值(阈值取 0.1)，分为暖区/冷区和湿区/干区。其中，气温和降水量同时通过显著性检验的为"暖干区"等，仅气温或降水量一个因素通过显著性检验的为"暖区(降水量变化非显著)"等，而气温和降水量均未通过显著性检验的为"温湿度无显著变化区"。对以上情况进行排列组合，叠加分析后，有 9 种情况(图 4-4)。

中国的气候类型多样，其水热条件变化趋势也具有很强的空间分异性。由图 4-4 可以发现，中国大部分区域呈现出增温现象，这也与时间变化趋势一致[图 4-3（a）]。但是，在青藏高原、新疆、辽宁和内蒙古东北一带等还是出现了连片的降温区。其余的东南沿海和北部、东北部区域的水热条件均呈现出无明显变化情况。单纯从降水量变化趋势的空间分布格局来看，变干的区域主要分布在青藏高原、云贵高原、内蒙古中部、新疆北部准噶尔盆地及台湾省等区域。联立气温和降水量可以发现，中国 25 年来的水热特征整体呈现出"增温明显，趋于干化"的特征。除了青藏高原和东南沿海区域，整个中部和南部的大部分区域均呈现不同程度的暖干化或暖化（图 4-4）。

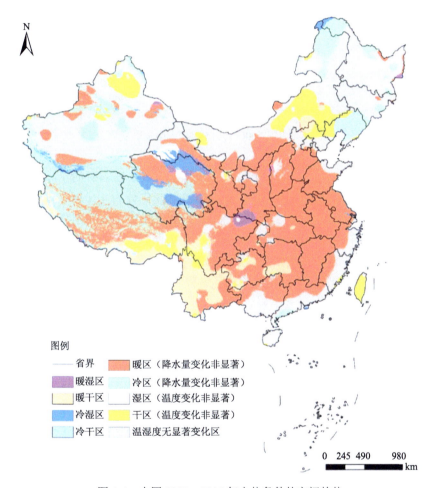

图 4-4　中国 1990~2015 年水热条件的空间趋势

4.3.3　太阳辐射时空变化

　　太阳辐射是地球上最主要的能量来源，其微小的变化浮动总能带来温、湿、风、压等其他气象因素的变化，且其与植被和作物关系非常密切，直接决定了植被或作物的光能利用和光合作用。中国的太阳辐射多年来整体呈现出一定的下降趋势，每年下降–0.11 W/m²，且年际波动很大。最大值和最小值分别出现在 2004 年和 2012 年，分别为

184.17 W/m² 和 176.67W/m²。以 13 年为滑动窗口得到的趋势变化值显示，其辐射趋势虽然保持为下降(趋势值均小于 0)，但下降趋势明显快速减弱，从 2000~2012 年时段趋势的−0.30 W/(m²·a) 一直到 2003~2015 年时段趋势的−0.05W/(m²·a) (图 4-5)。

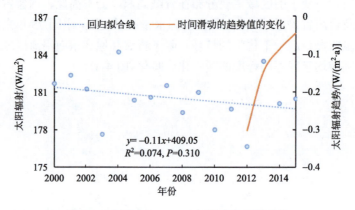

图 4-5 中国 2000~2015 年的太阳辐射变化

为了分析太阳辐射 2000~2015 年的变化格局，本节依据辐射的年际变化制作了中国辐射条件的空间趋势分布图(图 4-6)。这里把辐射变化分为 4 个区，显著上升区和上升区分别占国土面积的 8.92%和 36.24%；而显著下降区和下降区则分别占国土面积的 18.90%和 35.95%。整体上，中国辐射变化特征具有非常强的空间特征：中东部下降而西部上升。具体而言，太阳辐射在云南和青藏高原地带呈现显著上升趋势，且在新疆、青海、四川及内蒙和甘肃的西部等区域上升趋势明显，而环渤海区域、中东部、东北和南部部分地区的辐射量则显著下降，且其余的中东部省份均呈现出一定程度的下降趋势。

4.3.4 耕地动态下的水热和辐射变化

对比不同水热和辐射条件下的耕地可以有效揭示耕地随水热和辐射条件的变动规律。就气温而言，耕地面积随气温升高有明显的位移[图 4-7(a)]。耕地主要分布温度为 8.0~12.5℃。具体而言，在−2.0℃左右时，耕地面积有所增加；特别地，在 5.0℃以上时，耕地面积在 5.0~9.0℃时呈现大幅减少，而后又大幅增加，有一个明显向高温移动的情况，这其实反映出耕地在升温背景下的动态。耕地面积随着降水的增加也有明显的特征[图 4-7(b)]。耕地面积峰值区域集中分布在 490~650mm 的降水区域。与气温不同的是，耕地面积峰值却向降水的低值区移动。此外，在 1300~1800mm 的降水高值区，耕地面积却呈现下降趋势。因此，整体来看，耕地是朝着高温少雨的区域移动的，耕地当前面临的干旱形式将比之前更为严峻。

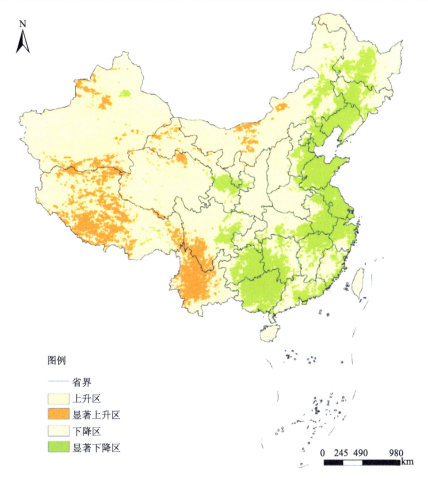

图 4-6 中国 2000～2015 年辐射趋势的空间分布

就耕地分布对应的辐射条件变化进行分析，发现耕地面积随着太阳辐射的增加也同样存在一个明显位移的情况[图 4-7(c)]。耕地面积集中分布在 135～170W/m²。2000 年耕地面积峰值对应的辐射在 153 W/m² 左右，而在 2015 年转移至 145 W/m²。整体的耕地朝着辐射减少的趋势移动。因此，联立以上分析，中国耕地动态对应的水热和辐射条件变化可以总结为高温少雨、辐射减少。

更进一步地，结合耕地动态和对应的耕作条件变化，本节可以得到耕作时耕地对应的水热和辐射资源供给情况，或者说是耕地的耕作条件面临的水热及辐射压力情况。通过分析中国不同水热变化趋势下的耕地面积变化，发现 1990～2015 年中国的耕地在暖区减少非常多，达 2.79 万 km²，而在温湿度无显著变化区则呈现出明显的增长态势，增加了 3.52 万 km²。此外，在暖干区、冷湿区和湿区(温度变化非显著)，耕地面积呈现一定的减少趋势；而暖湿区、冷干区、冷区(降水量变化非显著)和干区(温度变化非显著)的耕地面积则增加，尤其是在冷区(降水量变化非显著)和干区(温度变化非显著)[图 4-8(a)]。对应地，中国的太阳辐射 4 个区分别对应的耕地资源在 2000～2015 年的变化也较为明显。辐射显著上升区域内的耕地面积基本没有变化，而在辐射显著下降区域内，耕地面积减少了 2.05 万 km²。同时，在辐射不显著下降区域，耕地也有所减少；而耕地面积在辐射不显著上升区域增加了 0.96 万 km²[图 4-9(b)]。

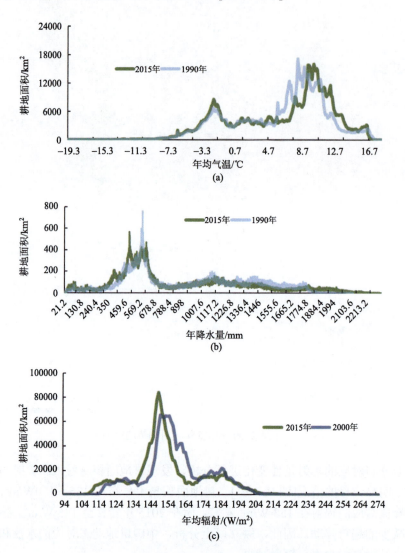

图 4-7　中国耕地对应的水热及辐射条件转移情况

本节结合中国耕地北移的特征，同时逐纬度带分析其水热及辐射变化情况(图 4-8)。对比温湿度变化曲线可以发现，在纬度带上水热情况整体并不同步。在研究时段内，气温在大部分纬度带均呈上升趋势，而在 18°N~22°N 及 47°N~52°N 两个区带内则呈现出下降趋势。结合耕地分布的纬度带特征(图 4-2)，发现 18°N~22°N 区带的耕地面积比重较少，而 47°N~52°N 区带地处南方，本地气温也相对较高。此外，以 38°N 线为界来看，往南的区域升温趋势明显高于往北的区域(图 4-8)。降水的情况与温度不同，整体趋势值均在 0 值左右波动。并且，降水趋势在高纬度的 18°N~21°N 区带有一个明显的波动，在 21°N~26°N 区带内则呈现出明显下降趋势。联立气温趋势可知，该纬度带的暖干化趋势明显。太阳辐射变化趋势的情况较为一致，其趋势值除了在 38°N 及 52°N～54°N 大于 0 之外，其余均小于 0，为下降趋势。值得注意的是，辐射与温度的变化趋势在高纬度和低纬度较为一致，如在 18°N～21°N 及 43°N～54°N 纬度带的波动情况。整体而言，南方区域的耕地部分受到降水量和辐射下降的影响；而当前情况是，越往北新增耕地越多，这将会或已经面临着比往年更为严峻的气温、降水量和辐射等多重压力。

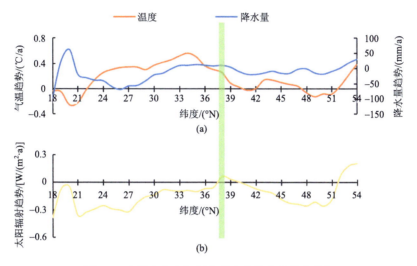

图 4-8 中国水热和辐射条件变化趋势的纬度特征

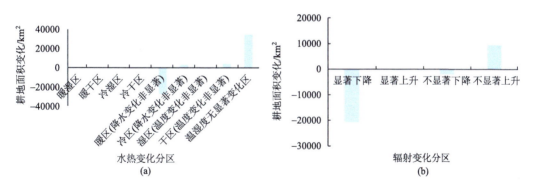

图 4-9 中国不同水热和辐射趋势下的耕地面积变化

4.4 结 语

(1)中国的耕地在 25 年间存在明显的北移。以 38°N 带为界线，耕地面积南减北增。但就耕地总面积而言，变化不大，多年来均保持在 177 万～180 万 km²。

(2)新增耕地区高程相对较大，坡度相对陡峭，而流失耕地区高程相对较低，坡度相对平缓。这说明，我国在城市化加速进程中占用了优质的耕地资源，而在对耕地资源进行补偿过程中，往往不能做到等质等量的耕地补偿，尤其是占用了大量连片耕地，而补偿过程中又以零散地块补偿为主，大大削弱了耕地的生产能力，降低了耕地的规模化生产价值，增加了农业的投入-产出比。

（3）全国不同时期新增耕地的主要来源为草地、林地和未利用地。1990～2000 年新增的耕地主要来自草地和林地，而 2000～2015 年新增的耕地主要来自草地和未利用地。1990～2015 年由建设用地转为耕地的面积与其他类型转为耕地的面积相比较少。全国不同时期流失耕地的主要去向为建设用地、草地和林地。2000～2015 年，耕地飞速转向建设用地，尤其是 2010～2015 年，流失的耕地中有 80% 以上都转为建设用地。

（4）中国的水热条件具有明显的时空变化特征。整体表现为气温升高明显，但前期升温趋势明显，尤其是在 1990～2008 年的滑动窗口内。随后升温趋势开始下降，甚至出现不同程度的负趋势。相对于气温变化，降水的情况更为复杂，整体研究时段内有下降趋势；而中国太阳辐射多年来整体呈现出一定的下降趋势，但年际波动很大。

（5）耕地面积随气温、降水量和辐射升高均表现出了明显的位移规律。其中，耕地在 5.0～9.0℃时，面积大幅减少，而后又大幅增加，有一个明显向高温移动的情况。与气温不同，耕地面积峰值向降水量低值区移动，而整体的耕地面积也朝着辐射减少的趋势移动。联立以上分析，中国耕地动态对应的水热和辐射条件变化可以总结为，高温少雨、辐射减少，北方耕地比南方耕地将承受更多的气温、降水和辐射压力。

耕地作为一种重要的自然资源和社会资源，不仅对于保障粮食安全具有重要意义，而且还具有一定的生态系统服务价值。改革开放以来，随着中国工业化、城市化进程的不断推进，耕地保护面临着前所未有的压力。在保护耕地与经济发展的矛盾日益突出的背景下，加强耕地变化驱动力研究意义重大。

参 考 文 献

陈斌, 王绍强, 刘荣高, 等. 2007. 中国陆地生态系统 NPP 模拟及空间格局分析. 资源科学, 29(6): 45-53.

程维明, 高晓雨, 马廷, 等. 2018. 基于地貌分区的 1990-2015 年中国耕地时空特征变化分析. 地理学报, 73(9): 1613-1629.

程秀娟. 2014. 《节约集约利用土地规定》发布. 西部资源, (3): 58.

代兵, 谷晓坤, 陈百明. 2008. 基于 GIS 的新疆后备耕地资源评价. 农业工程学报, (7): 60-64.

董祚继, 田春华. 2014. 以节约集约用地统领土地管理工作《国土资源部关于推进土地节约集约利用的指导意见》解读. 青海国土经略, (5): 48-49.

国土资源部办公厅. 2013. 国土资源部办公厅关于严格管理防止违法违规征地的紧急通知. 国土资源通讯, (10): 33.

贾改凤. 2010. 新疆耕地保护政策绩效评价研究. 乌鲁木齐: 新疆农业大学.

贾文涛. 2012. 土地整治有了新目标——《全国土地整治规划(2011-2015 年)》解读. 中国土地, (4): 12-14.

李升发, 李秀彬. 2016. 耕地撂荒研究进展与展望. 地理学报, 71(3): 370-389.

李文莉, 杨泽元, 李瑛, 等. 2013. 基于分区和纹理特征的伊犁河谷遥感影像土地利用分类. 测绘与空间地理信息, 36(8): 68-71.

李小军, 辛晓洲, 彭志晴. 2017. 2003～2012 年中国地表太阳辐射时空变化及其影响因子. 太阳能学报,

38(11): 3057-3066.

林英. 2007. 我国耕地面积人均不足 1.4 亩. 经济研究参考, (36): 27-29.

刘纪远, 宁佳, 匡文慧, 等. 2018. 2010-2015 年中国土地利用变化的时空格局与新特征. 地理学报, 73(5): 789-802.

刘炜. 2012. 土地利用/覆被变化信息遥感图像自动分类识别与提取方法研究. 咸阳: 西北农林科技大学.

刘旭华, 王劲峰, 刘纪远, 等. 2005. 国家尺度耕地变化驱动力的定量分析方法. 农业工程学报, (4): 56-60.

刘彦随, 乔陆印. 2014. 中国新型城镇化背景下耕地保护制度与政策创新. 经济地理, 34(4): 1-6.

吕苑娟. 2012. 4 亿亩高标准基本农田怎么建——《关于加快编制和实施土地整治规划大力推进高标准基本农田建设的通知》解读. 国土资源, (5): 37-38.

彭凌, 丁恩俊, 谢德体. 2011. 中国耕地数量变化与耕地保护政策关系的实证分析. 西南大学学报(自然科学版), 33(11): 103-110.

帅文波. 2017. "土地管理主要政策回顾暨 2017" 重点土地政策展望. 中国土地, (1): 8-13.

宋蕾, 曹银贵. 2018. 中国耕地变化文献分析:数量特征、研究区域与文献来源. 中国农业资源与区划, 39(1): 31-40.

谭永忠, 何巨, 岳文泽, 等. 2017. 全国第二次土地调查前后中国耕地面积变化的空间格局. 自然资源学报, 32(2): 186-197.

唐健. 2015. 一年来土地政策回顾与展望. 中国土地, (1): 15-20.

田光进, 庄大方, 刘明亮. 2003. 近 10 年中国耕地资源时空变化特征. 地球科学进展, (1): 30-36.

王波. 2011. 基于面向对象的高分辨率遥感影像人工地物信息提取. 赣州: 江西理工大学.

王发荣. 2013. 重视"移土培肥"提升耕地质量. 中国土地, (11): 37-38.

王庆日, 唐健. 2016. "主要土地政策回顾暨 2016" 土地政策展望. 中国土地, (1): 14-19.

王秀兰, 包玉海. 1999. 土地利用动态变化研究方法探讨. 地理科学进展, (1): 83-89.

许婧雪, 曹银贵. 2016. 基于文献数据统计的中国耕地变化研究. 浙江农业科学, 57(9): 1365-1370.

许丽丽, 李宝林, 袁烨城, 等. 2015. 2000-2010 年中国耕地变化与耕地占补平衡政策效果分析. 资源科学, 37(8): 1543-1551.

闫慧敏, 刘纪远, 黄河清, 等. 2012. 城市化和退耕还林草对中国耕地生产力的影响. 地理学报, 67(5): 579-588.

杨立, 王博祺, 韩锋. 2015. 改革开放以来我国耕地保护绩效定量研究——基于数量保护的视角. 农机化研究, 37(3): 1-6.

于天, 曹银贵, 许婧雪. 2016. 基于不同尺度的中国耕地变化驱动力研究进展. 中国农学通报, 32(24): 194-198.

张丽茜, 赵国存, 吴荣涛. 2013. 对《高标准基本农田建设标准》的解读与建议. 农学学报, 3(5): 62-65.

张希彪, 周天林, 上官周平, 等. 2006. 黄土高原耕地变化趋势及驱动力研究——以甘肃陇东地区为例. 干旱区地理, (5): 731-735.

赵连武. 2009. 陕西省米脂县耕地动态变化与粮食安全研究. 咸阳: 西北农林科技大学.

郑筠, 张兆安. 2014. 湖南省耕地变化的驱动力筛选和驱动机制分析. 国土资源科技管理, 31(1): 48-54.

Chen J. 2007. Rapid urbanization in China: A real challenge to soil protection and food security. Catena, 69(1): 1-15.

Cui Y, Ning X, Qin Y, et al. 2016. Spatio-temporal changes in agricultural hydrothermal conditions in China from 1951 to 2010. Journal of Geographical Sciences, 26(6): 643-657.

D'amour C B, Reitsma F, Baiocchi G, et al. 2017. Future urban land expansion and implications for global croplands. Proceedings of the National Academy of Sciences, 114(34): 8939-8944.

Deng X, Xu D, Qi Y, et al. 2018. Labor off-farm employment and cropland abandonment in rural China: Spatial distribution and empirical analysis. International Journal of Environmental Research and Public Health, 15(9): 1808.

Dong J, Xiao X, Zhang G, et al. 2016. Northward expansion of paddy rice in northeastern Asia during 2000-2014. Geophysical Research Letters, 43(8): 3754-3761.

Hutchinson M F. 1998a. Interpolation of rainfall data with thin plate smoothing splines. Part I: Two dimensional smoothing of data with short range correlation. Journal of Geographic Information and Decision Analysis, 2(2): 139-151.

Hutchinson M F. 1998b. Interpolation of rainfall data with thin plate smoothing splines. Part II: Analysis of topographic dependence. Journal of Geographic Information and Decision Analysis, 2(2): 152-167.

Jiang C, Ryu Y. 2016. Multi-scale evaluation of global gross primary productivity and evapotranspiration products derived from Breathing Earth System Simulator (BESS). Remote Sensing of Environment, 186:528-547.

Li J, Cui Y, Liu J, et al. 2013. Estimation and analysis of net primary productivity by integrating MODIS remote sensing data with a light use efficiency model. Ecological Modelling, 252(1): 3-10.

Liu J, Kuang W, Zhang Z, et al. 2014. Spatiotemporal characteristics, patterns, and causes of land-use changes in China since the late 1980s. Journal of Geographical Sciences, 24(2): 195-210.

Qin Y, Yan H, Liu J, et al. 2013. Impacts of ecological restoration projects on agricultural productivity in China. Journal of Geographical Sciences, 23(3): 404-416.

Wang J, Dong J, Yi Y, et al. 2017. Decreasing net primary production due to drought and slight decreases in solar radiation in China from 2000 to 2012. Journal of Geophysical Research: Biogeosciences, 122(1): 261-278.

Wu D W, Huang J C, Zhang X L, et al. 2009. Cultivated Land Change and Its Human Driving Forces Based on RS and GIS in Fuzhou, China. Wuhan: 2009 International Conference on Environmental Science and Information Application Technology.

Zhai R, Tao F. 2017. Contributions of climate change and human activities to runoff change in seven typical catchments across China. Science of The Total Environment, 6(5):219-229.

第5章 中国城市用地与耕地的关系分析

自18世纪以来，人类开启了史无前例的城市化/城镇化工程，大量人口涌入城市、城市面积持续扩展(Grimm et al., 2008)。城镇化发展是当前中国经济社会转型升级、加快推进现代化的重大战略议题，是未来几十年中国发展的一大引擎(何应伟等，2016)。中国作为世界上最大的发展中国家，正处于高速发展期，城市和建设用地扩展将会在未来几十年内持续发生(李双成等，2009)。基于此，本章围绕城镇用地扩展及其对耕地的影响等多个方面阐述，以期为有序推进城镇化发展提供土地政策科学引导，为提高土地城镇化发展效率提供参考。

5.1 城市扩展研究进展

城镇/城市空间是城镇人口、产业经济和基础设施等相对集中布局而形成的建成区地域空间，是人类社会各种生产、生活活动的场所空间和城市景观的地域载体(孙平军等，2012; 郭月婷等，2009)。20世纪90年代以来，中国城市化以年均1%的速度和1300万人次的规模而成为21世纪人类社会最具影响力的显著性事件之一(周一星，2005)。毫无疑问，城市化伴随一系列城市问题，如城市蔓延、生态环境恶化、周边高产农田不断被吞噬等，这些情况极大地制约了城市快速发展的进程(黄普和王蕾，2009; 苏建忠等，2005)。

虽然随着遥感与GIS方法和技术手段的发展更新，对城市发展的研究变多，但当前城市空间扩展研究还是有相对不足的地方，如影像图片和方法技术的限制等(乔林凰等，2008)。由于当前定性分析和参数分析占主导，对于能否揭示规律性还有待验证；对于不同区域、不同类型的比较分析相对较少，目前大多数文章都显示一些规模性、大尺度行政级别的扩展特征，而对于中小尺度和功能性扩展规律归纳总结有些欠缺(李加林等，2007; 张利等，2011; 姚士谋等，2009; 乔林凰等，2008)。

5.1.1 国外城市扩展研究

国外对城市土地利用扩张的研究最初开始于19世纪末，而较系统的城市土地利用扩张理论则始于20世纪20年代。当前随着社会科学理论的不断发展和研究技术的不断提高和多样化，空间经济学、行为分析学以及政治经济学等学科的研究方法被引进，形成了经济区位学派、社会区位学派和政治区位学派等(刘盛和和周建民，2001; 刘盛和，2002)。21世纪以来，随着城市蔓延现象的加剧，如何抑制城市空间扩张成为研究的焦点，出现了"增长管理"(growth management)、"精明增长"(smart growth)、"新城市主义"(new urbanism)、"都市更新"(urban renewal)、"区域城市"(region city)、"紧凑城市"(compact city)等理念(史守正，2017)。

国外通常把城市土地利用扩张的空间模式分为历史形态模式、区位经济模式、决策行为模式(刘盛和, 2002; 杨晓娟, 2008; Liu et al., 2014a)。一般情况下, 认为影响城市土地利用扩张的动力是自然和社会经济两大类, 其中社会经济的影响为主要因素(Devine et al., 2013)。

5.1.2　国内城市扩展研究进展

国内对于城市土地利用扩张的研究起步相对较晚, 绝大多数研究是关于城市扩张类型、土地利用效率、耕地资源、环境资源等的问题, 研究的问题一般是如何优化城市土地配置、提高城市建设用地利用效率、节约利用城市土地等。随着空间技术、传感器技术以及数字图像处理技术的发展, 形态学、系统学、生态学等研究方法以及 GIS、RS 等技术手段不断地被应用到城市土地扩张分析中, 使得我国对城市土地扩张的过程研究和机理了解得更加深入(周国华和贺艳华, 2006)。对于城市土地利用扩张动力的认识跟国外一致, 也认为动力因素包括自然因素和社会经济因素两大类, 其中又以社会经济因素的影响为主。

整体而言, 国内一致认为经济增长是城市空间扩张的最根本因素, 其中影响城市建设用地增加的直接动力也是经济的发展; 交通在城市空间扩展中起到了指向性的作用; 政策的制定和规划对城市扩张起到了调控作用(谈明洪等, 2003; 陈本清和徐涵秋, 2005; 王秋兵和卢娜, 2008; 张新乐等, 2007; 黄孝艳等, 2012; 牟凤云等, 2007)。然而城市在空间上的扩张是不同因素综合影响的结果, 只是不同的城市在不同的时期不同因素的作用强度互不相同, 从而产生了不同的城市空间扩张特征和扩张模式(闫梅等, 2013)。

信息技术的迅速发展丰富了研究城市空间扩张的方法和模型, 当前国内模拟城市扩张的模型一般为: ①元胞自动机(CA)模型; ②MAS 模型; ③SLEUTH 模型; ④CLUE-S(Conversion of Land Use and its Effects)模型; ⑤LTM(Land Transformation Model)模型; ⑥系统动力学、逻辑回归、人工神经网络、分形理论等方法(刘沁萍, 2013)。

整体而言, 自然、社会经济发展和政策因素等均对中国城镇化产生了重要影响。自然环境条件是城市空间扩展的重要基础条件, 在很大程度上影响乃至决定着当时当地城市空间扩展的方向、区位、速度、规模及扩展模式和扩展效益等(王厚军等, 2008), 而地形地貌、坡度、地下水文条件等复杂的自然基质不仅对城市的形成与发展具有重要影响, 而且决定了城市空间扩展的总体趋势(乔林凰等, 2008)。社会经济对城市空间扩展的影响是不同于自然环境条件的, 学术界通常认为社会经济对城市扩张的影响远大于自然环境(廖和平等, 2007)。其中社会经济又是以 GDP、固定资产投资和道路交通等作为支撑, 学术界通常选取这 3 个要素和非农人口规模作为社会经济发展的驱动因子, 定性、定量地分析这两者之间的内在关联等(孙平军等, 2013; 陈本清和徐涵秋, 2005)。政策因素对中国城市空间扩展的影响主要表现在制度安排映射着一个国家或地区城市空间扩展的特征和模式, 其通过对行为主体的作用而影响城市空间扩展的速度、规模、模式等, 成为城市空间扩展的基础动力, 对于中国而言, 大多数城市的发展是以政策为导向的, 其中地方政府的行政绩效考核体系、土地有偿使用制度、农村集体土地征用制度等也刺激了地方政府的"扩张冲动"(Wei and Li, 2002; 王厚军等, 2008; 孙平军等, 2013)。

5.1.3　城市空间扩展的社会经济效益和生态环境效益分析

当前与城市空间扩展社会经济效益直接挂钩的研究并不多,研究都是间接地反映城市空间扩展的社会经济效益,且多从某个侧面予以反映(赵淑玲,2004)。一般研究重点是在城市空间扩展和城市经济竞争力之间,得出的结论是城市空间扩展能够促进城市经济竞争力的提升或是从经济增长与城市建设用地的回归分析、扩展弹性系数来得出土地资源的利用效率(张晓青和李玉江,2009;孙平军等,2013)。

城市空间扩展效益研究是一个复杂的系统工程,城市空间的扩展对生态环境的影响主要是由城市空间扩展模式和扩展进程中土地覆盖类型变化所引起的。与城市空间扩展经济效益的研究相比,生态环境效应的研究内容较多,基本集中在研究生态安全格局、生态环境效应,基于生态系统服务价值的角度,实证分析、农用地的胁迫视角、历史视角也都是生态环境效应研究所用到的研究方法(李月辉等,2007;韦亮英,2008;杨乐,2011;卢远等,2007;韦燕飞等,2011;吴俊范,2007)。我国当前的基本态势是,城市化的快速发展一方面推进了人口、产业的集聚,促进了社会经济的增长;另一方面也刺激了土地城镇化的激增。这也是国内城市空间扩展效益研究相对重视生态环境效益和生态安全格局的原因。

5.2　中国城市空间扩展情况分析

文中使用到的主要数据为:3 期(1992 年、2000 年和 2015 年)全球土地覆盖数据,来源于欧空局气候变化计划,空间分辨率为 300m;1km 分辨率的全球 DEM 数据,来自美国国家海洋和大气管理局(National Oceanic and Atmospheric Administration, NOAA)。

城镇建设用地面积发生很大变化,总体呈不断扩大的趋势,1992~2015 年城镇建设用地由 1992 年的 3.4 万 km² 增加到 2015 年的 12 万 km²,增长了约 2.5 倍。但受中国城镇化发展需求的影响,城镇建设用地增长率在不同时期表现出不同的变化特征,1992~2000 年城市建设用地面积增加了约 0.9 万 km²,总体增长了 26.02%,但年均增长率仅为 3.25%,增长较为缓慢;2000~2015 年城市建设用地面积增加了约 8 万 km²,增长了 183.9%,年均增长率达到 12.26%,因此可以看出相较于 2000 年之前的城市建设用地增长量和增长速度,2000 年之后的城市建设用地发展速度在进一步加快。

中国地域广阔,人口、气候、地形、资源等分布状况较为复杂,造成社会及经济发展不平衡,中国的城镇建设用地变化在空间上存在较大差异。中国城镇建设用地空间变化表现为沿海地区快于中西部地区、东部地区南部大于北部,呈现出沿海向内陆递减、大城市向小城市蔓延的趋势。受不同省份地域面积及经济发展状况不同的影响,中国 1992~2015 年省际间城市建设用地变化也存在很大差异,广东、河北、山东等省城市建设用地增长较为明显,重庆、甘肃等省城市建设用地增长相对缓慢。1992~2000 年浙江省建设用地明显高于其他省份,当时经济发展较差的偏远地区如青海、西藏、海南等建设用地数量远低于其他省份。

从更为具体的城市组团来看,中国的城市扩张主要集中在几个较为成熟的城市群或者城市带。据统计，1992～2000 年京津冀、长三角、珠三角等三大城市群中城市建设用地扩张总面积约占全国扩张总规划的 48.74%。在不同的地理条件和社会经济发展水平下，城市扩张也将呈现不同的特征和模式。

近年来，中国城市建设用地的扩张日趋加剧，造成了大量农用地流失，加之城市周边多为土壤肥沃、生产力较高的耕地，城市扩张必然会导致优质耕地损失，进一步加剧原本就紧张的耕地供需矛盾，从而影响中国未来的粮食安全。因此，城市扩张要科学、有序规划，同时注重三生空间用地的优化和调控。

5.3　中国城市扩张与耕地之间的相互影响关系

许多地区的城市化与粮食系统之间存在着密切联系，快速城市化通过占用耕地来发展城市，直接导致城市空间的扩张(Seto and Ramankutty, 2016; Christopher et al., 2017)。作为世界上最大的新兴国家，中国正在实施改革开放政策，以此来加速发展城市化(Huang et al., 2015)。中国日益增长的城市已经大大改变了土地利用的时空格局(Deng et al., 2008)。城市扩张直接影响城市周边的耕地，间接影响农民的福利、粮食系统和自然环境(Guo et al., 2012; Long, 2014)。因此，许多研究关注城市扩张和耕地动态。

当前中国是加速城市化阶段。根据诺瑟姆的城市化理论，城市化遵循"S"形逻辑方程，并将城市化发展分为三个阶段：初始阶段、加速阶段和终端阶段。关于中国的城市化状态，虽然众多研究报告都表明城市扩张在全国范围非常广泛，但仍没有明确说明其开始和结束的时间以及对土地利用模式的影响(刘纪远等, 2005; Liu et al., 2005)。根据历史城市发展数据，许多研究模拟了未来土地利用变化和城市扩张情况，这些模拟基于众多方法和模型，如元胞自动机、马尔可夫链、Agent 模型和 CLUE-S 模型。此外，还有学者开发了路径依赖型工业土地转变的通用框架，甚至还有商业软件，如 Metronamica 和 Land Use Scanner，用来分析土地利用变化。在这些研究中，当涉及城市土地时不同模型的模拟结果总是一致的，即城市地区将会持续、不可逆转地扩张。因此，尽管影响耕地资源的因素众多，但城市扩张对耕地的影响比重将会不断加大。在可预见的未来，中国大规模的城市扩张将会一直存在。

这里使用多年数据对中国耕地和城市扩张进行空间上的直观分析。该研究基于1990～2015 年的土地利用数据和2000～2030 年的城市扩展数据，分析了 1990～2015 年城市地区、城市扩张区(非农业)、农田区以及耕地转为城市地区的区域这四种土地利用类型的总体变化趋势。为了进一步分析城市扩张对耕地的影响，还利用两个具有独立来源的数据分别预测了 2030 年的未来城市扩张和耕地动态。

将全国划分为六个地理区域：华东(EC)、华北(NC)、东北(NEC)、西北(NWC)、中南(SCC)和西南(SWC) (图 5-1)。考虑到地区比例，将华南和中部地区合并为一个新的地区 SCC。在此为了关注研究对象，选择了 1990 年、1995 年、2000 年、2005 年、2010年和 2015 年这 6 期遥感数据对耕地和城市区域进行描述。

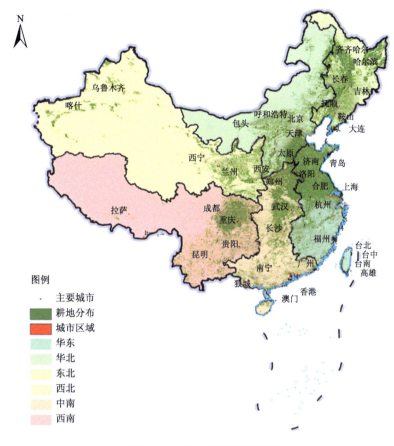

图 5-1　六个地理区域的地图

5.3.1　1990～2015 年城市扩张和耕地面积的变化

1990 年耕地总面积为 177.2 万 km², 2000 年为 1800 万 km²。2000～2015 年, 耕地面积略有下降, 2015 年耕地面积是 1786.0 万 km²。

1990～2015 年, 耕地面积呈现明显向北移动的特征, 尽管在研究期间略有波动 (图 5-2)。但以 38°N 纬度线作为分界线, 耕地面积向北增加向南减少的整体趋势不变。 1990～2000 年, 耕地面积持续增加, 相应地, 1990～2015 年城市面积迅速增加。1990 年市区面积为 25.0 万 km², 2015 年为 52.1 万 km²。总体而言, 耕地总面积基本保持稳定, 而城市总面积急剧增加, 1990～2015 年的增长率超过 109.0%。

两个耕地面积最大的地区分别是 NWC 和 SWC, 面积比例分别为 30.9% 和 25.4%; 两个耕地面积最小的地区分别是 EC 和 NEC, 面积比例分别为 9.0% 和 7.9%。由于六个地区的原始面积和地理条件不同, 研究期间的耕地面积遵循的顺序(从最大到最小)为 EC> SCC> NEC> NC> SWC> NWC, 但耕地面积变化最大的区域出现在 NEC(图 5-2)。 NEC、NC 和 NWC 的耕地面积增加, 但 EC、SCC 和 SWC 的耕地面积减少。六个地区的城市和农田的变化趋势不同, 但总体而言, 六个地区的城市面积从 1990 年开始趋于增加。2015 年城市面积在研究期间遵循的顺序(从最大到最小)为 EC> SCC> NC> NEC> NWC> SWC，城市面积变化量与耕地相似，表明城市面积较大的区域仍然保持着城市化的优势。在六个地区中，EC 和 SCC 的增幅比其他地区更为明显，城市地区的年均增长量分别为 429.0km² 和 284.8km²。如上所述，在中国城市扩张的背景下，北方三个地区(NEC、NC 和 NWC)的耕地面积增加导致 1990～2015 年中国农田面积增长缓慢，尽管耕地在其他三个地区(SCC、EC 和 SWC)减少。这些地区正面临着城市地区的快速增长。

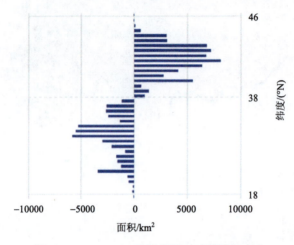

图 5-2　1990～2015 年中国沿纬度耕地的变化

5.3.2　城市扩张对中国耕地面积的影响

中国城市周边存在着大量耕地。选择每个地区一个主要城市，详细地研究土地利用类型的变化，得到 1990～2015 年城市扩张和周边耕地的基本空间分布图。显然，城市周围的大部分地区都被耕地覆盖。因此，耕地很容易被城市扩张所占据。大多数主要城市，如郑州和北京，在过去 20 年中城市面积都增加了几倍，不同城市的扩张比例不同。一些城市的扩张速度较慢，如沈阳和西安。2000～2015 年的城市总体扩张率为 57.8%，1990～2000 年的比率为 32.4%，表明城市扩张速度从 2000 年开始加快。

耕地对城市扩张的贡献可通过其所占贡献比例得到，这一比例代表了过去是耕地的新增加的城市地区的份额(即直接由农田转为市区的面积)。对每个地区多年来的贡献率进行平均，发现整个中国耕地对城市的贡献率为 72.2%(图 5-3)。这意味着在中国，大多数新的城市地区直接由耕地转变而来。此外，这六个地区之间的特点和差异也很明显。其中，SWC 的贡献率最高(83.86%)，SCC 的贡献率最低(59.90%)。造成区域贡献差异的原因是多方面的。从 LULC 的角度来看，SWC 的最大贡献在于，虽然扩张的方向可能不是主观的，但区域或城市区域的周边有大量耕地向城市扩张。与此相反，在 SCC，不仅农田分布在城市周围，而且还有许多其他的 LULC 类。造成这种差异的深层因素可能是 LULC 的分布格局以及相应的资源禀赋、环境条件或土地政策。

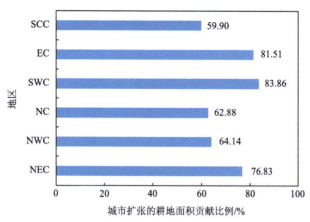

图 5-3　六个地区农田对城市扩张的贡献比例

5.3.3　2015～2030 年城市扩张对耕地的影响预测

城市扩张将持续影响耕地。根据多年 LULC 数据和空间城市扩张数据，计算有关城市扩张及其对耕地面积的直接影响的基本信息，能够得到在 2030 年可能发生的两种情况。再对其进行精度分析，可知马尔可夫链模型的精度相对稳定。耕地的预测误差分别为–0.2%和 2.2%，而城市地区的预测误差分别达到–9.1%和 9.3%（表 5-1），这表明虽然城市周边的耕地面积大但其误差值小，而城市的面积虽小但其误差较大。本节使用 2000 年和 2015 年的 LULC 数据来预测 2030 年的未来 LULC 数据。

表 5-1　两个独立数据集及方法对未来耕地和城市地区（2030 年）的影响

名称	基于数据和方法	耕地	城市
统计分析数据	历史空间 LULC 数据（2000～2015 年），马尔可夫链模型	177.2 万 km²（–0.2%～2.2%）*	71.6 万 km²（固定值，–9.1%～9.3%）*
空间城市扩张数据	2000 年的空间城市数据，荟萃分析		87.0 万 km²（概率为 100%） 113.0 万 km²（概率为 95%） 118.1 万 km²（概率为 90%） 126.2 万 km²（概率为 75%）

*表示根据1990 年和2000 年的LULC 数据,应用马尔可夫链模型估算的2010 年耕地和城市面积误差分别为2.2%和9.3%,而根据1995 年和2005 年的LULC 数据估计的2015 年的误差为分别为–0.2%和–9.1%。

根据历史 LULC 数据，预计到 2030 年耕地将达到 177.2 万 km²（表 5-1）。2015～2030 年，预测将减少 1.4 万 km² 的耕地。而 NWC 将产生 16.4 万 km² 的耕地，这是六个研究区唯一增加的地区。EC 是城市扩张趋势最快的，其耕地面积也减少最多。与 2015 年的 35 万 km² 相比，2030 年 EC 的耕地面积将减少到 33.38 万 km²（图 5-4）。相应地，2030 年 EC 城市面积可能约为 26.4 万 km²（图 5-4）。

1990～2015 年中国城市面积增加了 2.09 倍,预计未来 15 年城市面积将增加 1.37 倍。2030 年新的城市面积可能达到了 1.9 万 km²,预计六个研究区城市扩张应当是持续发生的。EC、SCC 和 NC 将增加大部分城市地区面积，而 NEC 和 NWC 将扩张最快。特别是，EC 和 SCC 将拥有 7.13 万 km^2 和 0.44 万 km^2 的新城区；NEC 和 NWC 将扩大 54.8% 和 44.9%的新城区。而根据贡献比例数据，2030 年城市扩张占用的耕地面积将比 2015 年增加 19.4 万 km^2。

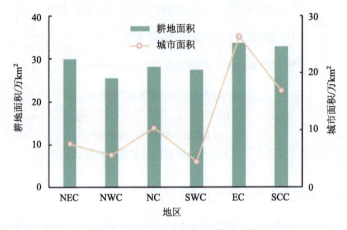

图 5-4 　2030 年的城市和耕地面积

2030 年的城市面积可以通过城市扩张数据直接提取。根据 2015 年的耕地数据，可以估算出 2030 年城市扩张所占的耕地面积。由于空间数据允许设置不同的扩张概率，因此选择四种可能性（100%、95%、90% 和 75%）来分析新城市扩张区和城市扩张区。在 2030 年，新城市扩张区和城市扩张区都将大于城市扩张（LUA）和（耕地面积）（LUCA）。耕地未来贡献比例 64.6%（城市扩张概率为 100%），贡献比率为 65.8%（城市扩张概率为 95%），贡献比率为 66%（城市扩张概率为 65.8%）扩张。基于四种城市扩张可能性，新城市扩张区值分别为 87.0 万 km^2、113.0 万 km^2、118.1 万 km^2 和 126.2 万 km^2（表 5-1）。相应的城市扩张区值分别为 26.2 万 km^2、43.8 万 km^2、47.7 万 km^2 和 5.3 万 km^2。与其他四个地区相比，EC 和 SCC 将扩大城市面积[图 5-5（a）]，这两个地区将占据比其他地区更多的耕地[图 5-5（b）]。总体而言，不同地区的新城市扩张区和城市扩张区结果与 LUA 和 LUCA 的结果相似，但确切值不同。

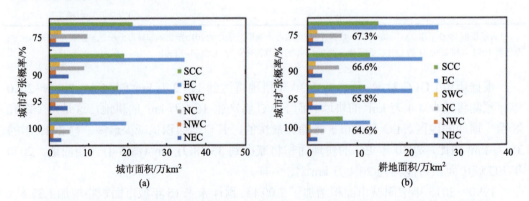

图 5-5 　2015～2030 年的新城市扩张区（a）和 2010～2030 年城市扩张占用的耕地面积（b）

图（b）中的百分数值表示农田对城市扩张的未来贡献比例

5.3.4　中国城市化及其对耕地的影响讨论

根据对未来土地利用变化预测领域的研究，预计未来几十年中国的城市化将会继续增强。中国的城市化在 1990 年之前处于初始阶段，拟合分析表明将会在 2030 年后到达终端阶段(图 5-6)，中国在 1990～2030 年的城市化现象中存在显著的线性增长(R^2=0.99)，而城市地区也呈现明显的扩张。所有数据都清楚地证实了之前的假设，即中国当前处于城市化加速阶段。虽然目前中国城市地区的比例(2015 年为 54%)与全球城市地区的平均水平相似，但只有不到 60% 的人口居住在城市(Liu et al., 2014a)。因此，市区面积很可能会增加到当前所估计的值(7.1 万～8.7 万 km^2 或更多)。对于未来预测的准确性问题，两种不同的数据集获得了相对一致的结果，不仅能够证明研究的可信度，而且还可以用于相互比较和确认。

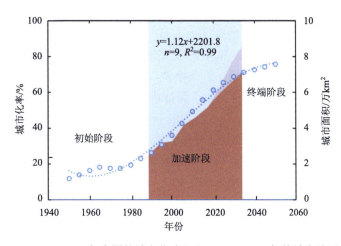

图 5-6　1950～2050 年中国的城市化阶段和 1990～2030 年的城市地区变化
1990～2030 年(蓝色突出区域)的研究期处于城市化加速阶段；橙色和部分重叠区域代表 1990～2030 年的城市扩张地区

城市化进程不可避免地导致耕地的流失。在中国，城市扩张占用耕地的比例远大于占用其他土地类别。从耕地供给的角度来看，占用比例越高意味着对该地区粮食安全的负面影响越大。虽然研究结果表明未来耕地面积可能不会急剧减少。但实际上，这一结果还需满足在未来整个加速阶段城市扩张对耕地的占有比例与之前耕地被城市占有的比例一样的情况下才能成立。但是耕地和城市地区的空间分布是复杂的，假设并没有考虑一些潜在因素，如地理环境的空间限制。研究结果表明，农田向北移动，可能是由全球变暖，现代农业技术或北部地区开垦了后备耕地所导致的(Dong et al., 2016)。北部地区耕地增加意味着需要更多的光照、温度、水和肥料，这将导致未来食品系统的各种环境问题以及可持续性问题(Liu et al., 2001; Dalin et al., 2014)。

5.3.5　中国快速城市化下的政策启示

考虑到中国城市扩张对耕地的影响，进一步建议未来的政策应更加关注经济增长和资源共享方面的城乡差距。中国城乡差距大的问题非常严重，在大城市繁荣的背后是广大农村地区不断落败。在中国城市化加速发展过程中，农村人口急剧减少。20 世纪 90年代以来，在市场经济条件下，伴随着城市化进程加快，大量农村人口向城市转移(Liuet al., 2010)。因此，近年来，农村地区空荡的村庄和荒废的农田不断增加。因为农业收入低，许多农田只有老年居民耕种。与此同时，我国耕地保护、耕地自给自足和粮食安全面临的压力一直存在，并可能进一步加大。根据国家统计局的数据(http://www.stats.gov.cn/)，2017 年粮食种植面积为 112 万 km^2，比 2016 年减少 0.7%。海关总署(http://www.customs.gov.cn/)的进出口数据显示，2017 年中国粮食进口总量达到 1.3 亿 t，比上年增长 13.9%。在中国实施"退耕还林还草工程"的基础上，增加了生态保护所需的土地，减少了后备耕地资源，城市供给可能会直接影响土地和房地产价格，并导致不同城市化阶段的经济问题。也许进口食品能充分利用域外食物资源，有利于减少中国的环境压力，对确保粮食供应具有一定的战略意义，至少从现在来看这项政策似乎是有效的。从长远来看，如果能够保持粮食进口的稳定，直到中国进入城市化的最后阶段，利用城市土地收入来支持粮食进口的购买力，是一项可供其他国家或地区借鉴的政策。但在整个研究过程中，由于农村地区和老年农民减少，粮食危机始终存在。因此，城市建设用地应始终是我国的限制性资源。总体来说，在城镇化浪潮下，要恢复农村发展活力，迫切需要资源和政策的支持。此外，为了保持耕地供应，中国政府明确规定了征用-补偿平衡，但新耕地的作物产量不可能与之前相同(Bruins and Bu, 2006; Wei and Li, 2002)。因此，在当前和未来简单地强调征用-补偿平衡的可行性有待考究。

　　总体来说，在我国特殊时期，城市扩张和耕地问题十分复杂。一方面，要明确耕地面临的流失压力和潜在的资源环境问题；另一方面，也应该知道城市相对于耕地的巨大经济价值，并意识到城市化是一个不可逆转的趋势。根据研究结果，在制定政策时应该综合考虑城市和耕地的发展。

参 考 文 献

陈本清, 徐涵秋. 2005. 城市扩展及其驱动力遥感分析——以厦门市为例. 经济地理, (1): 79-83.

郭月婷, 廖和平, 彭征. 2009. 中国城市空间拓展研究动态. 地理科学进展, 28(3): 370-375.

何应伟, 郭明晶, 张路. 2016. 土地城镇化发展研究综述. 湖北农业科学, 55(24): 6342-6347.

黄普, 王蕾. 2009. 寻找"失落的空间"——对我国城市空间扩展过程中若干问题的认识. 上海城市规划, (2): 11-14.

黄孝艳, 陈阿林, 胡晓明, 等. 2012. 重庆市城市空间扩展研究及驱动力分析. 重庆师范大学学报(自然科学版), 29(4): 41-46,131.

李加林, 许继琴, 李伟芳, 等. 2007. 长江三角洲地区城市用地增长的时空特征分析. 地理学报, (4): 437-447.

李双成, 赵志强, 王仰麟. 2009. 中国城市化过程及其资源与生态环境效应机制. 地理科学进展, 28(1): 63-70.

李月辉, 胡志斌, 高琼, 等. 2007. 沈阳市城市空间扩展的生态安全格局. 生态学杂志, (6): 875-881.

廖和平, 彭征, 洪惠坤, 等. 2007. 重庆市直辖以来的城市空间扩展与机制. 地理研究, (6): 1137-1146.

刘纪远, 战金艳, 邓祥征. 2005. 经济改革背景下中国城市用地扩展的时空格局及其驱动因素分析.

AMBIO-人类环境杂志, 34(6): 444-449.

刘沁萍. 2013. 近 20 年来中国建成区扩张、建成区植被和热岛效应变化及其人文影响因素研究. 兰州: 兰州大学.

刘盛和, 周建民. 2001. 西方城市土地利用研究的理论与方法. 国外城市规划, (1): 17-19.

刘盛和. 2002. 城市土地利用扩展的空间模式与动力机制. 地理科学进展, (1): 43-50.

卢远, 韦燕飞, 邓兴礼. 2007. 城市空间扩展对生态系统服务价值的影响——以南宁市区为例. 城市环境与城市生态, (2): 13-16.

牟凤云, 张增祥, 迟耀斌, 等. 2007. 基于多源遥感数据的北京市 1973-2005 年间城市建成区的动态监测与驱动力分析. 遥感学报, 11(2): 257-268.

乔林凰, 杨永春, 向发敏, 等. 2008. 1990 年以来兰州市的城市空间扩展研究. 人文地理, (3): 59-63,96.

史守正. 2017. 城市蔓延的多维度思考. 人文地理, (4): 60-65.

苏建忠, 魏清泉, 郭恒亮. 2005. 广州市的蔓延机理与调控. 地理学报, (4): 626-636.

孙平军, 封小平, 孙弘, 等. 2013. 2000—2009 年长春、吉林城市蔓延特征、效应与驱动力比较研究. 地理科学进展, 32(3): 381-388.

孙平军, 修春亮, 王绮, 等. 2012. 中国城市空间扩展的非协调性研究. 地理科学进展, 31(8): 1032-1041.

谈明洪, 李秀彬, 吕昌河. 2003. 我国城市用地扩张的驱动力分析. 经济地理, (5): 635-639.

王厚军, 李小玉, 张祖陆, 等. 2008. 1979—2006 年沈阳市城市空间扩展过程分析. 应用生态学报, 19(12): 2673-2679.

王秋兵, 卢娜. 2008. 沈阳市城区扩展动态监测与驱动力分析. 资源科学, 30(7): 1068-1075.

韦亮英. 2008. 南宁城市空间扩展及其生态环境效应研究. 规划师, 24(12): 31-34.

韦燕飞, 全坚, 马尚杰. 2011. 城市空间扩展与土地价值时空关系研究——以北海为例. 安徽农业科学, 39(13): 7933-7935,8009.

吴俊范. 2007. 城市空间扩展视野下的近代上海河浜资源利用与环境问题. 中国历史地理论丛, (3): 67-77.

闫梅, 黄金川, 张永涛, 等. 2013. 国内外城市空间扩展研究评析. 地理科学进展, 32(7): 1039-1050.

杨乐. 2011. 山地城市空间扩展及其生态效应研究. 重庆: 西南大学.

杨晓娟. 2008. 1949—2005 年中国大城市空间扩张与用地结构转化研究. 兰州: 兰州大学.

姚士谋, 陈爽, 吴建楠, 等. 2009. 中国大城市用地空间扩展若干规律的探索——以苏州市为例. 地理科学, 29(1): 15-21.

张利, 雷军, 李雪梅, 等. 2011. 1997—2007 年中国城市用地扩张特征及其影响因素分析. 地理科学进展, 30(5): 607-614.

张晓青, 李玉江. 2009. 山东省城市空间扩展和经济竞争力提升内在关联性分析. 地理研究, 28(1): 173-181.

张新乐, 张树文, 李颖, 等. 2007. 近 30 年哈尔滨城市土地利用空间扩张及其驱动力分析. 资源科学, 29(5): 157-163.

赵淑玲. 2004. 郑州城市空间扩展及其对城郊经济的影响. 地域研究与开发, (3): 49-52,7.

周国华, 贺艳华. 2006. 长沙城市土地扩张特征及影响因素. 地理学报, (11): 1171-1180.

周一星. 2005. 城镇化速度不是越快越好. 科学决策, (8): 30-33.

Bruins H J, Bu F. 2006. Food security in China and contingency planning: the significance of grain reserves. Journal of Contingencies and Crisis Management, 14(3):114-124.

Christopher B D A, Femke R, Giovanni B, et al. 2017. Future urban land expansion and implications for global croplands. Proceedings of the National Academy of Sciences of the United States of America, 114(34): 8939-8944.

Dalin C, Hanasaki N, Qiu H, et al. 2014. Water resources transfers through Chinese interprovincial and foreign food trade. Proceedings of the National Academy of Sciences, 111(27):9774-9779.

Deng X, Huang J, Rozelle S, et al. 2008. Growth, population and industrialization, and urban land expansion of China. Journal of Urban Economics, 63(1):96-115.

Devine E B, Alfonso-Cristancho R, Devlin A, et al. 2013. A model for incorporating patient and stakeholder voices in a learning health care network: Washington state's comparative effectiveness research translation network. Journal of Clinical Epidemiology, 66(8):S122-S129.

Dong J, Xiao X, Zhang G, et al. 2016. Northward expansion of paddy rice in northeastern Asia during 2000—2014. Geophysical Research Letters, 43(8):3754-3761.

Grimm N B, Faeth S H,Golubiewski N E, et al. 2008. Global change and the ecology of cities. Science, 319(5864): 756-760.

Guo L, Yang R, Wang D. 2012. A study on the spatial difference of farmland nitrogen nutrient budget in the Bohai Rim region, China. Journal of Geographical Sciences, 22(4):761-768.

Huang L, Yan L, Wu J. 2015. Assessing urban sustainability of Chinese megacities: 35 years after the economic reform and open-door policy. Landscape & Urban Planning, 145: 57-70.

Liu C M, Yu J J, Kendy E. 2001. Groundwater exploitation and its impact on the environment in the North China Plain. Water International, 26(2):265-272.

Liu J, Kuang W, Zhang Z, et al. 2014a. Spatiotemporal characteristics, patterns, and causes of land-use changes in China since the late 1980s. Journal of Geographical Sciences, 24(2): 195-210.

Liu J, Liu M, Tian H, et al. 2005. Spatial and temporal patterns of China's cropland during 1990-2000: An analysis based on Landsat TM data. Remote Sensing of Environment, 98(4):442-456.

Liu Y, Liu Y, Chen Y, et al. 2010. The process and driving forces of rural hollowing in China under rapid urbanization. Journal of Geographical Sciences, 20(6):876-888.

Liu Z, He C, Zhou Y, et al. 2014b. How much of the world's land has been urbanized, really? A hierarchical framework for avoiding confusion. Landscape Ecology, 29(5):763-771.

Long H. 2014. Land use policy in China: Introduction. Land Use Policy, 40:1-5.

Seto K C, Ramankutty N. 2016. Hidden linkages between urbanization and food systems. Science, 352(6288):943-945.

Song W, Liu M. 2017. Farmland conversion decreases regional and national land quality in China. Land Degradation and Development, 28(2):459-471.

Wei Y, Li W. 2002. Reforms, globalization, and urban growth in China: The case of Hangzhou. Eurasian Geography and Economics, 43(6):459-475.

第6章 土地利用与碳储量

6.1 基 本 介 绍

碳平衡已经受到越来越多的关注，诸多研究将其视为评估碳储量的核心要素。多个国际核心计划都将目光聚焦于碳平衡问题(陈泮勤等, 1994)。研究发现, 大气平均每年可积累约3.3Pg C, 海洋每年可约吸收2.0Pg C, 二者之和比人类年均CO_2排放量还少1.8Pg C, 这意味着有可能存在一个未知的碳失汇(carbon missing sink)(Houghton et al., 1998)。IPCC历次评估报告指出碳失汇最有可能存在于陆地生态系统中, IPCC第四次评估报告(AR4)认为森林再生和农业耕作可能是碳储量增加的主要贡献者(IPCC, 2007a)；IPCC第五次评估报告(AR5)(IPCC, 2007b)再次定量化评估了陆地生态系统对碳平衡的意义, 得益于陆地生态系统对碳的吸收, 人为排放的CO_2一部分已被抵消(王绍武等, 2013)；然而AR5第二工作组和第三工作组的报告却发布警示, 陆地生态系统有可能突破"临界阈值", 碳储量的未来变化具有很大的不确定性, 除了存在确凿的多年代际变化外, 全球陆地生态系统碳储量还表现出明显的年代际和年际变化。

碳平衡研究的基石是陆地生态系统, 而陆地生态系统中碳储量的波动、时变特征, 致使陆地碳储量的演化高度不确定。准确评估陆地生态系统中不同单元的碳存储能力, 量化陆地生态系统中的碳储量值, 对于科学评估气候变化及预测气候变化趋势均有重要意义。陆地生态系统碳库分为森林生态系统碳库、草地生态系统碳库、农田生态系统碳库、湿地生态系统碳库和荒漠生态系统碳库等, 每一个典型陆地生态系统碳库又分为植被碳库和土壤碳库。陆地生态系统碳库的各组成单元空间分布不同、碳吸收/排放能力迥异, 且极易受环境因子扰动, 动态、持续、定量地计算陆地生态系统的碳储量颇具挑战。

综述近年来的陆地生态系统中的碳储量研究, 某一特征生态系统内的碳储量计算是这些研究的聚焦点, 而整个陆地生态区域范围内的碳储量变化往往被忽视；研究工作多以栅格为空间单元将陆地生态系统划分为多个碳库, 而较少地逐碳库地评估计算相应碳储量(朴世龙等, 2010)。对于碳储量评估模型而言, 无论是从国外引进并改进的, 还是我国研究人员自行研发的都有很多, 但是大部分模型以估算碳储量的多年时间变化为主, 较少对连续时间序列的年代际和年际变化进行评估, 关于碳储量空间格局变化的研究尤为缺乏。因此, 利用生态系统服务和交易综合评估(InVEST)模型对逐年土地利用碳储量变化及空间分布进行评估具有一定的理论与实践价值。

本章提供了一种新的思路和方法来获取逐年的土地利用数据, 为计算连续时间序列的碳储量变化及其他相关研究奠定了数据基础。研究碳储量的变化对全球/区域碳循环具有重要的意义, 一方面可以从中发现应对不同空间尺度的气候变化的方法和途径, 并能够合理预测全球未来气候变化；另一方面可以以陆地生态系统的诸多组成单位为基础, 探索碳平衡的调控机制以及为量化节能减排细致方案提供科学依据(高志强等,

1999)。同时，本书基于栅格评估单元对陆地生态系统四大碳库碳储量进行分类也是一种有益的探索。

6.2 研究区域与研究数据

6.2.1 研究区概况

中原经济区地处 31°46′N～37°47′N、110°15′E～118°04′E，位于中国大陆中部地区，区域范围横跨中东部 5 省，城市群以郑汴洛为核心。该经济区主体功能明确、区位优势明显、交通要素汇集、城镇化的潜力巨大、历史文化悠久，是关系全国产业结构升级、实现四个全面的关键区域。经国务院批复，中原经济区建设将作为中国经济新的增长极上升为国家级战略，并将《中原经济区规划》视为统领中原经济区发展的纲领性文件。

本章的研究范围依据《中原经济区规划》中规定的定义和范围。中原经济区涵盖河南省全部，山西省长治、晋城、运城，河北省邢台、邯郸，安徽省蚌埠、阜阳、亳州、宿州、淮北、淮南市的凤台县和潘集区，山东省菏泽、聊城和泰安市东平县，共 5 个省份30个地级市以及 10 个直管市(县)和三个县(区)，中原经济区总面积占国土面积的3%，约 28.9 万 km²。2014 年末中原经济区总人口为 1.6 亿，占全国总人口的 11.7%，2013 年地区生产总值达到 5.17 万亿，占国内生产总值的 8.79%。研究区范围见图 6-1。

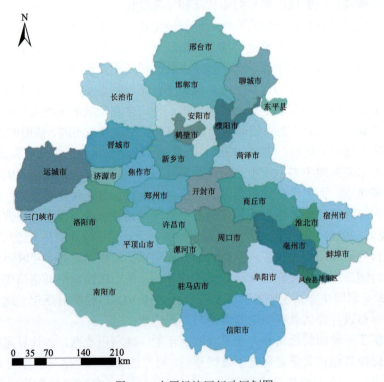

图 6-1 中原经济区行政区划图

1. 自然地理条件

中原经济区位于中国腹地，地域辽阔，其自然地理条件的区域差异主要体现在东西部地貌类型，以及南北部山地特色与气候方面(王雪冰，2012)。中原经济区地质条件复杂，拥有完整的地层系统和多样的地质构造形态，其西部地区属于第二级台阶地貌，海拔较高，且地势起伏明显；其东部地区和西南部的南阳盆地共同属于第三级台阶地貌，海拔较低，且地势平坦；中原经济区地貌特征从东到西区别明显，依次可分为平原区域、盆地区域、丘陵区域、山地区域。在河南境内，东西部海拔落差达 2390m，其西部有海拔超过 2000m 的高山，可东部却是海拔 40～50m 的平原，从而形成了多样性的地貌类型。

中原经济区的气候属于亚热带和温带气候，一方面，南部地区雨水充足、光照时间长，气候条件优于北部地区，其生物资源的数量、种类和品质都高于北部地区；另一方面，北部地区人类活动较早，留下了大量的历史遗迹，加上大部分的历史古迹和历史文化名城都分布在北部地区，故而其自然与人文景观的组合程度要高于南部。另外，黄淮海的冲击形成了东中北部平原，土壤肥沃，从根本上保证了第一产业的发展。淮海经济区横跨，豫、鲁、皖、苏四省 20 个市，土地面积 17.8 万 km^2，而且区域内有大量的河网和路网，为全国农产品深加工产业提供了保障。西南部的南阳盆地面积约为 2.7 万 km^2，年降水量为 800～1000 mm，拥有良好的水热资源，该地区在林业发展方面占据优势，其中中药材 2340 多种，各类植物 1500 余种，野生动物 50 多种，极大地丰富了研究区域的陆地生态系统类型和生物多样性。

2. 社会经济条件

改革开放后，国家陆续实施了"珠江三角洲区域""长江三角洲区域""京津冀环渤海区域"等国家区域战略，中原经济区是新时期、新常态下，国家为转型产业结构、西移装备制造业应运而生的重要国家战略。中原经济区以其人口、交通、资源优势，规划建成中国重要的现代农业、科技、交通中心。

中原地区有史以来历史文化厚重，地域特色突出，作为中原腹地的河南是中华民族的发祥地之一，先后有 20 多个朝代建都或迁都于此，诞生了洛阳、安阳、开封、郑州、南阳、濮阳、许昌、商丘等古都，这里有灿烂的中原文化，如河洛文化、裴李岗文化、武术文化和根亲文化等特色旅游资源。区域内其他省份城市的旅游资源也颇为丰富，如位于山西省运城市的名胜古迹鹳雀楼、永乐宫，位于山东省聊城市的光岳楼、山陕会馆、曹植墓、景阳冈；安徽省蚌埠市是淮河文化的发源地，享有"珍珠城"的美誉，位于小蚌埠双墩村的"双墩遗址"更是中华民族丰富而悠久文明的代表。

3. 土地利用状况

2010 年中原经济区耕地面积为 215024km^2(保留有效数字导致反推出现一定误差，无需更改)，占土地总面积的 74.34%；草地面积为 12095.25km^2，占土地总面积的 4.18%；林地包括有林地、灌木林、疏林地和其他林地，总面积为 47350.25km^2，占土地总面积的 16.37%，其中有林地面积为 39789.75km^2，占林地总面积的 84.03%，灌木林面积为 3541.25km^2，占 7.48%，疏林地面积 2759.75km^2，占 5.83%，其他林地面积 1259.5km^2，占 2.66%；建设用地包括城乡、工矿、居民用地，总面积为 10693km^2，占土地总面积的 3.7%；水域面积为 3904km^2，未利用地面积为 175km^2。区域内土地利用类型多样，耕地覆盖范围广但空间分布不均衡；林地以落叶阔叶林和常绿针叶林为主，且常绿针叶林主要分布在海拔 1800m 以上的高山地区；草地覆盖率偏低，高覆盖度草地尤为少见；建设用地面积增长速度快，人地矛盾、保护耕地与保障发展之间的矛盾并重。

其中，河南省总面积为 16.7 万 km^2，作为传统粮食大省，耕地面积位居全国前列，但人均值为 0.086hm^2，远逊于全国平均值，凸显传统农业难以为继，农村现代化之迫切。土地垦殖率较高，主要分布在豫东、中、北及南部的平原地区；城乡、工矿、居民用地比重较大；未利用土地所占比重较小，后备土地资源紧缺。河南省土地面积不足全国的 1/50，却承载着全国超过 1/10 的人口，人口密度大，人均耕地面积少，中原经济区的战略推进将会在一定时期内进一步加剧人地矛盾以及经济发展与农业保护之间的矛盾。

6.2.2　LUCC 数据

本章采用的土地利用数据来自资源环境科学与数据中心，空间分辨率为 1km，一共有 2000 年、2005 年和 2010 年三期(图 6-2)。本节研究参考中国科学院资源环境分类方法，具体分类如下：I 耕地，II 有林地，III 灌木林，IV 疏林地，V 其他林地，VI 草地，VII 水域，VIII 城乡、工矿、居民用地，IX 未利用地。

6.2.3　MODIS 数据

本章采用的 MODIS 数据来自美国国家航空航天局(National Aeronautics and Space Administration, NASA)网站(https://www.nasa.gov/)，产品名称为 MCD12Q1，属于陆地三级标准数据产品，内容为土地利用/土地覆盖变化，它具有统一的时间分辨率和空间分辨率且以栅格形式进行变量表达，具有良好的一致性和完整性。在三级水平上可以集中开展科学研究，无须进行辐射校正、几何校正和大气校正等。本章研究选取行代号为 h26v05 和 h27v05 的 MODIS 数据产品。

本章一共选用 9 期(2001～2009 年)MODIS 数据，采用 IGBP 中提及的植被分类方法，并进行图像拼接、重投影和裁剪等预处理工作。

MCD12Q1 是年度全球 500m 产品，属于 MODIS Terra + Aqua 土地覆盖类型。它采用监督决策树分类技术进行信息提取，并提供五种不同的土地覆盖分类方案，五个分类方案及对应的 DN 值和植被类型如表 6-1 所示。

6.2.4　DEM 数据

本章中的 DEM 数据来源于地理监测云平台，DEM 数据的获取基于不规则三角网(TIN)算法，并综合线性、双线性内插法。DEM 数据发布于 2004 年，空间分辨率为 1km，如图 6-3 所示。

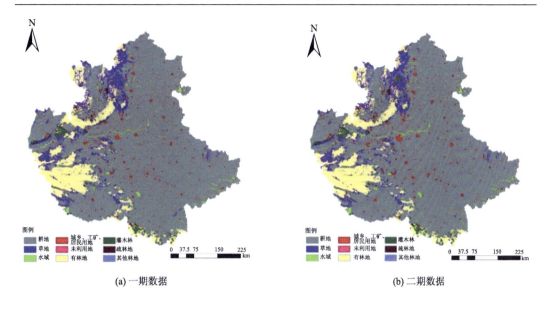

(a) 一期数据 　　　　　　　　　　　　　　　　(b) 二期数据

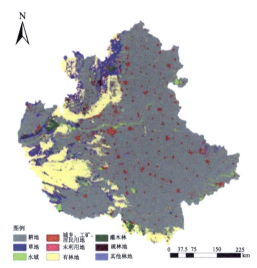

(c) 三期数据

图 6-2 中原经济区 LUCC 数据

表 6-1 五种土地覆盖分类方案

类别	IGBP(17)	UMD(14)	LAI/fPAR(11)	NPP(9)	PFT(12)
0	水体	水体	水体	水体	水体
1	常绿针叶林	常绿针叶林	草地/谷类作物	常绿针叶林	常绿针叶林
2	常绿阔叶林	常绿阔叶林	灌木	常绿阔叶林	常绿阔叶林
3	落叶针叶林	落叶针叶林	阔叶作物	落叶针叶林	落叶针叶林
4	落叶阔叶林	落叶阔叶林	草原	落叶阔叶林	落叶阔叶林
5	混交林	混交林	常绿阔叶林	一年生阔叶林	灌丛

续表

类别	IGBP(17)	UMD(14)	LAI/fPAR(11)	NPP(9)	PFT(12)
6	郁闭灌丛	郁闭灌丛	落叶阔叶林	一年生草地	草地
7	稀疏灌丛	稀疏灌丛	常绿针叶林	荒漠	谷类作物
8	多树草原	多树草原	落叶针叶林	城市用地	阔叶作物
9	稀树草原	稀树草原	荒漠		城镇建设用地
10	草地	草地	城市用地		冰雪
11	永久性湿地				裸地/低植被覆盖地
12	农田	农田			
13	城镇建设用地	城镇建设用地			
14	农田/自然植被镶嵌				
15	冰雪				
16	裸地/低植被覆盖地	裸地/低植被覆盖地			

注：IGBP，国际地圈生物圈计划-全球植被分类方案；UMD，马里兰大学方案；LAI/fPAR，基于叶面积指数/光合有效辐射吸收比例的 MODIS 方案；NPP，基于净初级生产量的 MODIS 方案；PFT，植物功能类型方案。

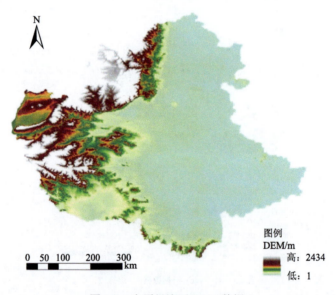

图 6-3　中原经济区 DEM 数据

6.2.5　碳密度数据

　　本章所需的陆地生态系统四大碳库碳密度数据来源于各种碳密度研究文献资料，具体来说，地上部分碳密度和土壤碳密度主要结合《2006 年 IPCC 国家温室气体清单指南》和国内外研究人员，尤其是方精云、朴世龙、吕超群、周玉荣和光增云等人的研究成果，与中原经济区植被覆盖类型相对应，通过整理、归并、统计、分析获得。地下部分碳密度和死亡有机质碳密度主要根据地上部分生物量(碳)密度与地下部分生物量(碳)密度比值、死亡有机质生物量(碳)密度比值及生物量-碳转换率获得(方精云和陈安平，2001；吕超群和孙书存, 2004; 周玉荣等, 2000; 光增云, 2007)。参数获取具体过程见下文。

6.3 逐年土地利用数据制备

6.3.1 数据处理

本章所选用的 LUCC 数据和 MODIS 数据不仅来源不同, 分类标准也有较大差别。其中 LUCC 数据采用中国科学院土地利用覆盖分类标准中的 6 个一级地类和针对林地的 4 个二级地类, 具体划分见前文。MODIS 数据采用 IGBP-全球植被分类方案, 进一步细分出 17 种土地利用类型。这里依照美国地质调查局(United States Geological Survey, USGS)的分类标准来构建对应规则表(https://www.usgs.gov/), 将 LUCC 和 MODIS 数据进行重分类(reclassify), 具体分类规则如表 6-2 所示。

至此, 来自两套不同源和不同分类标准下的土地利用数据有了统一的空间分辨率和土地利用类型。

表 6-2 LUCC 和 MODIS 重分类规则表

新地类	LUCC 数据对应地类	MODIS 数据对应地类
1 农田	1 耕地	12 农田, 14 农田/自然植被镶嵌
2 森林	21 有林地, 22 灌木林, 23 疏林地, 24 其他林地	1 常绿针叶林, 2 常绿阔叶林, 3 落叶针叶林, 4 落叶阔叶林, 5 混交林, 6 郁闭灌丛, 7 稀疏灌丛, 8 多树草原, 9 稀树草原
3 草地	3 草地	10 草地
4 湿地/水体	4 水域	0 水体, 11 永久性湿地, 15 冰雪
5 建设用地	5 城乡、工矿、居民用地	13 城镇建设用地
6 未利用地	6 未利用地	16 裸地/低植被覆盖地

分析窗口上限是整个研究区, 下限是窗口内两套数据在 3 个时间段(2000 年、2005 年、2010 年)内均有相同的土地利用转换类型(转类), 在取值区间内分析窗口越小, 精度越高。本节研究通过均匀网格化(create fishnet)来判定最小的分析窗口, 即把整个研究区分成 1×1、4×4 等亚区作为分析窗口, 在亚区内逐一判读 3 个研究时段内均有的土地利用转类, 且最精细化的网格亚区即为满足条件的分析窗口。经过多次尝试, 在保证精度的情况下考虑实际工作量问题, 最终将分析窗口预设为 30km×30km, 分析窗口结果如图 6-4 所示。

同理, 以重采样后的像元大小为基准, 生成 500m × 500m 的次分析窗口, 那么可以得知一个大网格内包含 3600 个小网格, 也就是说, 一个 30km× 30km 的分析窗口内含有 3600 个 500m× 500m 的次分析窗口, 每一个次分析窗口代表一个像元大小的土地利用类型, 单一分析窗口囊括农田、森林、草地、湿地/水体、建设用地和未利用地等主要数据类型。这里截取任意一个分析窗口, 如图 6-5 所示。

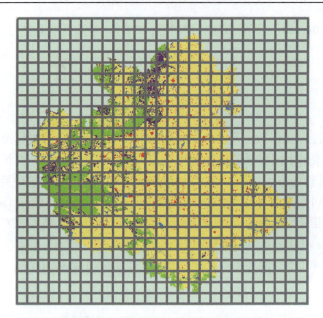

图 6-4　30km × 30km 分析窗口

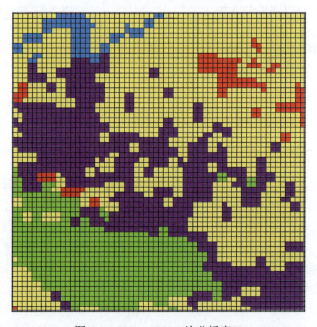

图 6-5　500m × 500m 次分析窗口

6.3.2　时间变化速率判定

时间变化速率的判定在研究区不同的分析窗口内逐一进行。对不同土地利用类型的时间变化速率 TR_{ij}，以 LUCC 的时间段变化值为限定值，参考 MODIS 年际变化值，采用对应数据差值的逐年平均分配方法，即数据平差来计算

$$\text{TR}_{ij} = ((\text{TR}_{ij}(2005-2000) - \sum \text{MTR}_i(2005-2004,\cdots,2001-2000))/5) \times \text{MTR}_{ij} \qquad (6\text{-}1)$$

$$\text{TR}_{ij} = ((\text{TR}_{ij}(2010-2005) - \sum \text{MTR}_i(2010-2009,\cdots,2006-2005))/5) \times \text{MTR}_{ij} \qquad (6\text{-}2)$$

式中，TR_i 为 LUCC 数据中某土地利用转类 i 的 5 年变化速率；MTR_i 为 MODIS 中某土地利用转类 i 的逐年变化速率；MTR_{ij} 为 MODIS 对应土地利用转类 i 的对应年份 j 的变化速率；（2005–2000）、（2005–2004）、⋯为年份间土地利用转类的面积变化差值。

这里将式(6-1)和式(6-2)简化为

$$\text{TR}_{ij} = \text{TR}_{i2000} + (j-2000)\text{TR}_i(2005-2000)/5 \qquad (6\text{-}3)$$

$$\text{TR}_{ij} = \text{TR}_{i2005} + (j-2005)\text{TR}_i(2010-2005)/5 \qquad (6\text{-}4)$$

具体来说就是，先将 2000 年、2005 年和 2010 年三期 LUCC 数据由栅格格式转为矢量格式(vector format)，然后再将 2000 年和 2005 年矢量数据、2005 年和 2010 年矢量数据分别与 30km×30km 网格相交(intersect)，并对其进行面积统计(area statistics)，即可生成 inter_a00.dbf、inter_a05.dbf 和 inter_a10.dbf 三个文件，文件中包含每一个像元的 FID、对应分析窗口的 FID 以及地类代码和面积等字段信息。依次打开三个表格，运用数据透视表功能，依据式(6-3)和式(6-4)，计算得到 2000～2005 年、2005～2010 年每个网格对应地类的时间变化速率表。由于该表数据量较大，将其在地图上标注如下(图 6-6)。

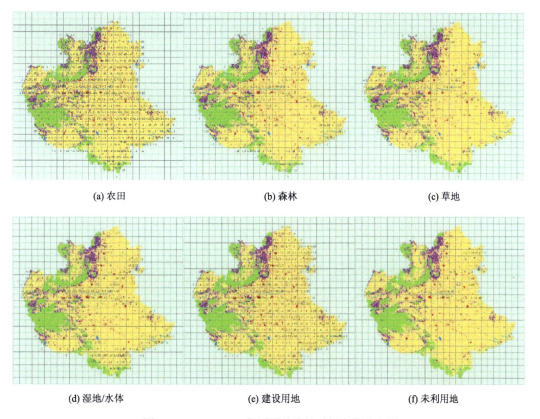

(a) 农田　　　　　　　　　(b) 森林　　　　　　　　　(c) 草地

(d) 湿地/水体　　　　　　　(e) 建设用地　　　　　　　(f) 未利用地

图 6-6　2005～2010 年不同地类的时间变化速率图

6.3.3　空间变化定位判定

这里通过以下定位方法来研究不同土地利用类型的空间分布变化。

以 LUCC 数据空间分布为准，同分析窗口下 MODIS 数据逐年的同转类斑块分布位置作为参考，在变化速率值的限定下，利用条件语句判定空间转换位置。如果该斑块的动态分布范围与 LUCC 数据连续两期的研究时段内的同类斑块动态分布范围一致，则为正确的动态转类空间定位；否则，空间范围不一致时，则定位该转类斑块到同窗口下 LUCC 数据的最邻近同转类斑块的所属空间，超出 LUCC 数据对应转类斑块空间的，依照原 MODIS 数据的分布空间进行同分析窗口下的随机分布定位。

具体来说就是，以 2005～2010 年为例，首先用栅格计算器(raster calculator)中的 con 语句将发生变化的地类和保持不变的地类区分开来，变化的地类赋值为 0，不变的地类保持原值，然后通过属性提取(extract by attributes) 功能筛选出不变的地类，同理可得变化的地类，并将二者转化为矢量图层，如图 6-7 所示。

将预设分析窗口中得到的 30km×30km 网格和 500m×500m 小网格，上述过程中得到的 2005～2010 年发生变化的地类，以及 LUCC2010 数据和 MODIS 2006 数据，一共 5 个矢量图层进行相交运算并查看属性表，其中分析窗口以字段 "FID_fis_30km" 和 "FID_fis_500m" 为准，土地利用类型以 "GRIDCODE" "GRIDCODE_1" "GRIDCODE_2" 等字段为准，这三者分别代表 LUCC2005、LUCC2010 和 MODIS2006 三期数据的土地利用类型代码。

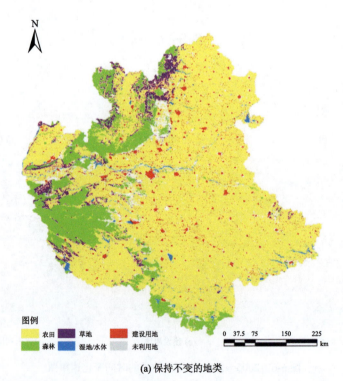

图例

　农田　　草地　　建设用地
　森林　　湿地/水体　　未利用地

0　37.5　75　　　150　　　225
　　　　　　　　　　　　　km

(a) 保持不变的地类

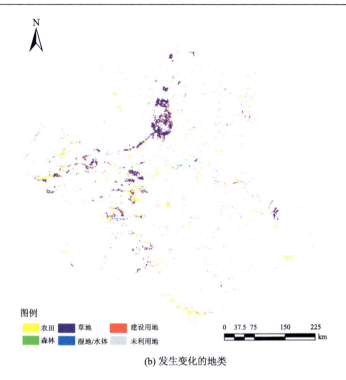

图例　　　农田　　草地　　建设用地　　　0　37.5　75　　150　　225
森林　　湿地/水体　未利用地　　　　　　　　　km

(b) 发生变化的地类

图 6-7　2005～2010 年保持不变的地类和发生变化的地类

　　至此，参考时间变化速率表可以判断每个分析窗口内各个土地利用类型的时间变化速率大小，参考 2005～2010 年发生变化的地类、LUCC2010 和 MODIS2006 三个矢量图层可以判断 2005～2006 年和 2005～2010 年的空间变化是否一致，参考属性表可以得到每一个 500m×500m 的像元落在哪一个网格，以及它对应的 2005 年、2010 年和 2006 年的地类分别是什么。

　　基于以上数据基础，在研究区不同的分析窗口(664 个/年)内逐一进行空间变化定位的判定，如果 2005～2006 年转类和 2005～2010 年转类的空间分布一致，即为正确的土地利用类型空间变化定位；如果 2005～2006 年转类和 2005～2010 年转类的空间分布不一致，那么以对应的 LUCC 数据为准，修改相应的地类代码。以 2005～2010 年第 471个网格为例，其转类的时间和空间变化情况如图 6-8 所示。

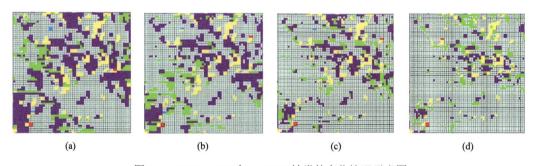

(a)　　　　　　　　(b)　　　　　　　　(c)　　　　　　　　(d)

图 6-8　2005～2010 年 FID471 转类的变化情况示意图

　　将上述过程中得到的"变化的地类.shp"和之前的"不变的地类.shp"两个矢量要素合并(union)为一个矢量要素,并查看属性表,其中字段"GRIDCODE"表示 2005～2010年保持不变的地类,"GRIDCODE_1"表示 2005～2010 年发生变化的地类,"GRIDCODE_2"表示 LUCC2010 的地类,"GRIDCODE_3"表示 MODIS2006 的地类,然后将"GRIDCODE"=0 的像元提取出来改为"GRIDCODE"="GRIDCODE_1"即可。这里仍以 2005～2010 年第 471 个分析窗口为例,其全部土地利用类型的时间变化和空间变化情况如图6-9 所示。

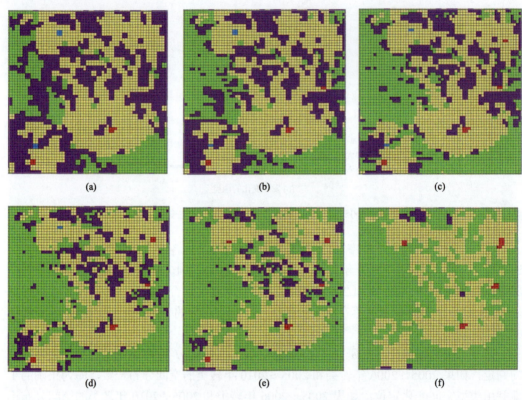

图 6-9　2005～2010 年所有地类的变化情况示意图

　　最后,将得到的矢量图层转换为栅格图层(feature to raster)并导出即可,2007 年、2008 年、2009 年土地利用空间变化定位的判定依次类推,2000～2005 年的判定过程类似于 2005～2010 年,这里不再一一陈述。

　　由图 6-9 可以看出,2005～2010 年发生变化的土地利用类型总量越来越少,每一种转类的数量也越来越少,2006 年时最多,2009 年时最少;由图 6-9 可以明显看出,森林(绿色部分)呈逐年递增状态,草地(紫色部分)呈逐年递减状态,农田(黄色部分)也是逐年递减但递减速率小于草地,湿地/水体(蓝色部分)像元个数依次为 8→6→4→2→0 逐年减少,建设用地(红色部分)像元个数逐年增加,分别为 9→11→13→15→17,但二者变化速率极小。以上土地利用变化情况均与时间变化速率表基本相符,但仍需进一步的精度验证。

6.3.4　精度检验

基于以上对时间变化速率判定和空间变化定位判定的处理，融合 LUCC 数据和 MODIS 数据，得到研究区 2000～2010 年新的 0.5km 空间分辨率的逐年土地利用数据，如图 6-10 所示。

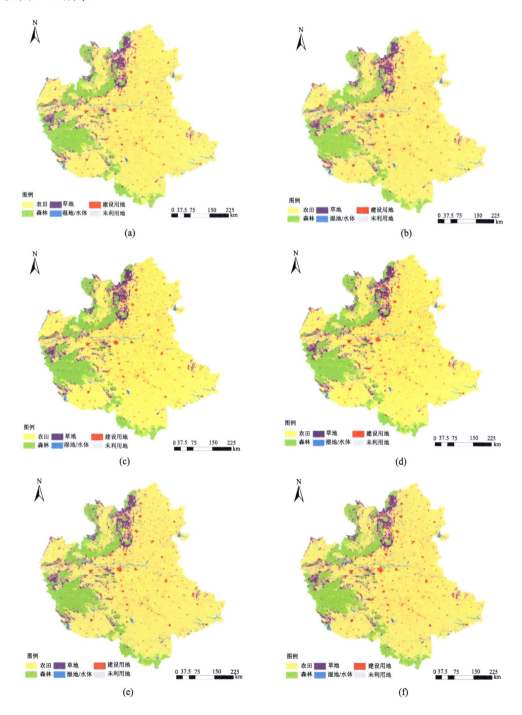

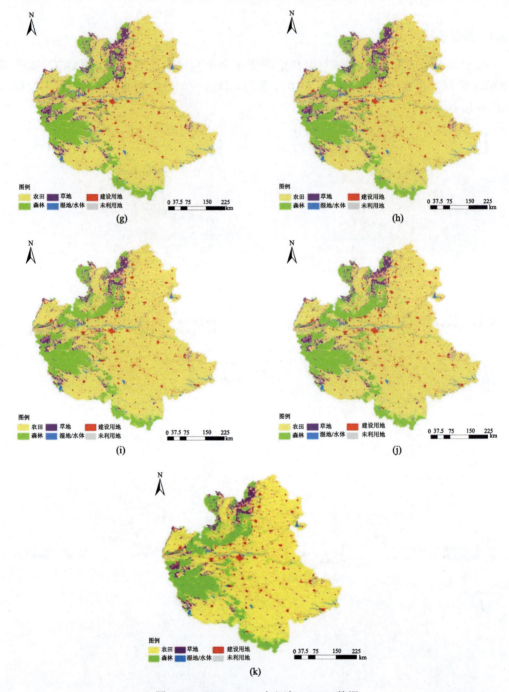

图 6-10　2000~2010 年逐年 LUCC 数据

　　该套数据可以用研究时段内覆盖部分研究区的不连续遥感数据进行验证和调整,这里选用时间变化速率逐年累加得到的值作为理论值,空间变化定位逐年判定得到的值作为实际值进行初步的精度自检验,验证结果如表 6-3 所示。

表6-3 逐年 LUCC 数据精度结果

项目	农田	森林	草地	湿地/水体	建设用地	未利用地
2000 年/km²	221912.25	40157.25	16584.75	3122.75	7345	119.5
2005 年/km²	220180.5	40859.25	15973.5	3772.5	8399	56.75
2000~2005 年变化率/(km²/a)	-346.35	140.4	-122.25	129.95	210.8	-12.55
2001 年理论值/km²	221565.9	40297.65	16462.5	3252.7	7555.8	106.95
2001 年实际值/km²	221566.75	40297	16463	3251.75	7556.25	106.75
2001 年误差值/km²	0.85	-0.65	0.5	-0.95	0.45	-0.2
2002 年理论值/km²	221219.55	40438.05	16340.25	3382.65	7766.6	94.4
2002 年实际值/km²	221211.25	40437	16344.25	3386	7768.75	94.25
2002 年误差值/km²	-8.3	-1.05	4	3.35	2.15	-0.15
2003 年理论值/km²	220873.2	40578.45	16218	3512.6	7977.4	81.85
2003 年实际值/km²	220864.25	40576.5	16223.25	3516.25	7979.75	81.5
2003 年误差值/km²	-8.95	-1.95	5.25	3.65	2.35	-0.35
2004 年理论值/km²	220526.85	40718.85	16095.75	3642.55	8188.2	69.3
2004 年实际值/km²	220517.5	40717.25	16102	3646.5	8189.5	68.75
2004 年误差值/km²	-9.35	-1.6	6.25	3.95	1.3	-0.55

项目	农田	森林	草地	湿地/水体	建设用地	未利用地
2005 年/km²	220180.5	40859.25	15973.5	3772.5	8399	56.75
2010 年/km²	215024	47350.25	12095.25	3904	10693	175
2005~2010 年变化率/(km²/a)	-1031.3	1298.2	-775.65	26.3	458.8	23.65
2006 年理论值/km²	219149.2	42157.45	15197.85	3798.8	8857.8	80.4
2006 年实际值/km²	219149.75	42158.75	15197.75	3798.5	8856.75	80
2006 年误差值/km²	0.55	1.3	-0.1	-0.3	-1.05	-0.4
2007 年理论值/km²	218117.9	43455.65	14422.2	3825.1	9316.6	104.05
2007 年实际值/km²	218117.75	43459.25	14422.25	3824	9315	103.25
2007 年误差值/km²	-0.15	3.6	0.05	-1.1	-1.6	-0.8
2008 年理论值/km²	217086.6	44753.85	13646.55	3851.4	9775.4	127.7
2008 年实际值/km²	217084.25	44760	13647	3850.25	9773.5	126.5
2008 年误差值/km²	-2.35	6.15	0.45	-1.15	-1.9	-1.2
2009 年理论值/km²	216055.3	46052.05	12870.9	3877.7	10234.2	151.35
2009 年实际值/km²	216052.25	46060.75	12871.5	3876.25	10231.25	149.5
2009 年误差值/km²	-3.05	8.7	0.6	-1.45	-2.95	-1.85

由表 6-3 可以看出，2000～2005 年逐年 LUCC 数据中误差最大的是 2004 年的农田，其值为–9.35km²，占农田变化率的 2.7%；误差最小的是 2002 年的未利用地，其值为 –0.15km²，占未利用地变化率的 1.2%。2005～2010 年逐年 LUCC 数据中误差最大的是 2009 年的森林，其值为 8.7km²，它所对应的误差百分比为 0.67%；误差最小的是 2007 年的草地，其值为 0.05km²，它所对应的误差百分比远远小于 0.01%，几乎可以忽略不计，精度极高。综上，以上 11 期逐年 LUCC 数据制备过程中产生的误差均在允许范围内，极好地满足了本节研究对于 LUCC 基础数据的精度要求，可进一步将其用到接下来的碳储量评估和其他相关研究中。

6.4　基于生态系统服务模型的碳储量评估

6.4.1　生态系统服务效能评估模型

美国斯坦福大学、世界自然基金会和大自然保护协会联合开发的 InVEST 模型已经成为评估生态系统服务效能的主流研究工具(唐尧等, 2015)。InVEST 模型是一种图形化的模拟工具，可在空间构架下模拟生态服务系统物质量和价值量，评估结果有利于管理合理开发利用土地等资源、保护生物多样性、协调生态系统保护与经济发展之间的关系，维护社会和自然的利益平衡。

本章所用的版本为 InVEST v2.5.6。该版本能够进行多种生态系统服务功能的评估，它分为两大基本模块，即陆地与淡水生态系统评估模块和海洋生态系统评估模块，其中陆地与淡水生态系统评估模块又可分为陆地生态系统评估模块和淡水生态系统评估模块。每一个小模块中又包含不同方向的评估项目。海洋生态系统评估模块包括波能、风能、海岸脆弱性、侵蚀保护、水产养殖、美感评估、叠置分析、生境风险评估和海洋水质模块。淡水生态系统评估模块包括水电、水质和沉积物模块；陆地生态系统评估模块融合了生物多样性、碳储存、管理木材生产和作物授粉多个模块(图 6-11)。整个评估系统按照从简单到复杂的思路搭建为三个层次，包括第一层次的生态服务功能产出(物质量)，第二层次的价值评估(价值量)，第三层次的各种相关复杂模型的综合应用。截至目前，第一层模型是较为成熟的，也就是定量评估生态服务功能。

InVEST 作为成熟的模型，在世界各地的实际运用中得到了验证。应用案例涵盖世界各地，如中北美洲的加利福尼亚州、夏威夷州，中美洲的厄瓜多尔、委内瑞拉、哥伦比亚和伯利兹城海岸；亚非国家的成功案例有印度尼西亚、亚马孙雨林、坦桑尼亚等。

InVEST 同样也在中国得到广泛关注，已应用范围包括长江中下游平原、北京山区、海南岛等区域。其中经典的案例有两个，一是周彬为研究北京山区多样性的土壤保持能力而开发的土壤侵蚀过程模拟模块；二是彭怡为分析汶川震区震前与震后的水源涵养功能、土壤保持功能和碳储存功能而开发的融合水量模型、土壤侵蚀模型、生物多样性模型和碳储存模型的综合模型,黄玫的研究也为详尽地评估地震影响提出了有益的方法(周彬等, 2010; 彭怡等, 2013; 黄玫等, 2006)。

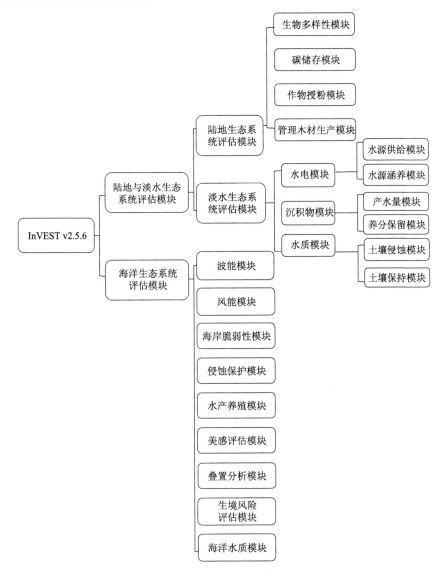

图 6-11　InVEST 模型模块图

6.4.2　碳储存模块

1. 模块原理

碳储量的变化与陆地生态系统的结构和功能变化密切相关，而陆地生态系统本身又深受土地利用方式与土地覆盖方式的影响。InVEST 模型中的碳储存模块就是使用土地利用/土地覆盖图和木材砍伐速率数据、产品衰减速率、四个基本碳库(地上、地下、土壤、死亡有机质)来估算景观中目前存储的碳和未来存储的碳以及研究时段内固定或释放的碳。

土地中的碳储存功能大小取决于四大碳库：地上部分碳库、地下部分碳库、土壤碳库(土壤有机质)和死亡有机质碳库。碳储存模块依据土地利用图和分类综合了这些碳库中的碳储量,其中地上部分碳库包括所有活的植被(如树皮、树干、树枝、树叶),地下部分碳库包括地上部分碳库的活根系,土壤有机质是土壤的有机组成部分,代表最大的陆地碳库,死亡有机质碳库包括所有枯枝落叶。

模型还设计了第五碳库,第五碳库考虑木材收获的起始时间、轮伐期、木材产品衰减率等对总碳量的影响,但由于中国木材经营缺乏统一的采伐计划,木材产品衰减率无法获取,故大部分研究不考虑第五碳库的碳储量及其变化,只计算四大碳库的碳储量。其基本原理如下所示:

$$C_v = C_{above} + C_{below} + C_{dead} \tag{6-5}$$

$$C_t = C_v + C_{soil} \tag{6-6}$$

式中,C_{above} 是以植被类型为统计单元的地上部分碳储量;C_{below} 是以植被类型为统计单元的地下部分碳储量;C_{dead} 是以植被类型为统计单元的死亡有机质碳储量;C_v 为植被碳储量;C_{soil} 为土壤碳储量;C_t 为总碳储量。

2. 模块参数要求

利用 InVEST 模型对区域的碳储量进行估算所需要的数据包括研究区前期的土地利用/土地覆盖图、研究区前期土地利用/土地覆盖图的年份和空间分布碳密度表、研究区后期的土地利用/土地覆盖图、研究区后期土地利用/土地覆盖图的年份。此外,该模块还可以选择是否进行碳价值的估算,如果要进行碳价值的估算,需要增加的数据有前期每吨碳的价格、每年碳价格的变化率和市场折扣率。

模型估算中,研究时间段前后期区域土地利用/土地覆盖数据、对应的年份和分辨率等可以在第 3 章逐年土地利用数据制备的过程中一一得到,接下来就是碳密度参考值及相关参数的计算问题。

6.5　相关参数计算

碳密度(carbon density)是陆地生态系统碳储存能力的重要指标,被定义为单位面积碳储量。

有一点需要说明的是,前文是按六个一级地类分别表述中原经济区的土地利用/土地覆盖结果。针对上述汇总的四大碳库碳密度值表对应的土地利用类型又将森林细分为阔叶林和针叶林两个二级地类,且考虑到土地类型划分越详细评估结果精度越高,本节又加入中原经济区 DEM 数据(图 6-3),将 11 期逐年 LUCC 数据(图 6-9)分为七类:1 农田、21 阔叶林、22 针叶林、3 草地、4 湿地/水体、5 建设用地、6 未利用地。其中,高程值 ≤1800m 的森林记为阔叶林,高程值>1800m 的森林记为针叶林。

6.5.1　地上部分碳密度值汇总

地上部分碳密度指地表 0~20cm 深处单位面积碳储量的平均值,目前国家或区域尺度植被地上部分碳密度的推算多使用植被资源清查资料。为推算碳密度，首先要建立植被生物量与蓄积量的关系，即生物量–蓄积量模型，可以模拟植被的地上部分生物量；然后再根据实测的生物量与碳储量的转换率，即碳比例，换算出植被的地上部分碳储量；最后，碳储量与面积的比值即为植被地上部分碳密度。经文献综述，各地区不同土地利用类型地上部分碳密度值汇总结果见表 6-4。

表 6-4　不同土地利用类型地上部分碳密度值

土地利用类型	碳密度/(t C /hm²)	研究人员	研究时段(年)	研究范围
农田	5.97	(黄玫等, 2006)	1961~1990	全国范围
	4.79	(李克让等, 2003)	1981~1998	全国范围
	4.62	(揣小伟等, 2011)	2005	江苏省
阔叶林	76.47	(李克让等, 2003)	1981~1998	全国范围
	25.73	(光增云, 2007)	2003	河南省
	30.57	(李海奎等, 2011)	2004~2008	全国范围
针叶林	71.39	(李克让等, 2003)	1981~1998	全国范围
	13.95	(光增云, 2007)	2003	河南省
	28.91	(李海奎等, 2011)	2004~2008	全国范围
草地	0.66	(黄玫等, 2006)	1961~1990	全国范围
	0.63	(朴世龙等, 2004)	1981~1988	河南省
	0.55	(李克让等, 2003)	1981~1998	全国范围
	0.45	(方精云等, 2007)	1981~2000	全国范围
	0.34	(揣小伟等, 2011)	2005	江苏省
湿地/水体	3.7	(王绍强和周成虎, 1999)	1999	全国范围
	4.13	(揣小伟等, 2011)	2005	江苏省
	7.84	(刘刚, 2011)	2010	洪湖湿地
建设用地	0	—	—	—
未利用地	0	—	—	—

6.5.2　地下部分碳密度值汇总

地下部分碳密度被定义为地表 0~20cm 深处单位面积碳储量的平均值。地下部分碳密度值一般根据地下部分与地上部分比值(根茎比)算得。以森林为例，对阔叶林而言，若地上部分生物量<75t/hm²，则根茎比取值为 0.46；若地上部分生物量为 75~150t/hm²，则根茎比取值为 0.23；若地上部分生物量>150t/hm²，则根茎比取值为 0.24(IPCC, 2007b)。对针叶林而言，若地上部分生物量<50t/hm²，则根茎比取值为 0.40；若地上部分生物量为 50~150t/hm²，则根茎比取值为 0.29；若地上部分生物量>150t/hm²，则根茎比取值为 0.20(IPCC, 2007b)。基于 IPCC2006 和相关文献资料，本节归纳了不同土地利用类型地下部分碳密度值信息，汇总结果如表 6-5 所示。

表 6-5　不同土地利用类型地下部分碳密度值

土地利用类型	碳密度/(t C/hm²)	研究人员	研究时段(年)	研究范围
农田	1.13	(黄玫等, 2006)	1961~1990	全国范围
	0.91	(李克让等, 2003)	1981~1998	全国范围
	0.88	(揣小伟等, 2011)	2005	江苏省
阔叶林	35.18	(李克让等, 2003)	1981~1998	全国范围
	11.84	(光增云, 2007)	2003	河南省
	14.06	(李海奎等, 2011)	2004~2008	全国范围
针叶林	28.56	(李克让等, 2003)	1981~1998	全国范围
	5.58	(光增云, 2007)	2003	河南省
	11.56	(李海奎等, 2011)	2004~2008	全国范围
草地	3.44	(黄玫等, 2006)	1961~1990	全国范围
	2.82	(朴世龙等, 2004)	1981~1988	河南省
	2.85	(李克让等, 2003)	1981~1998	全国范围
	3.01	(方精云等, 2007)	1981~2000	全国范围
	1.77	(揣小伟等, 2011)	2005	江苏省
湿地/水体	6.55	(王绍强和周成虎, 1999)	1999	全国范围
	32.1	(许泉等, 2006)	2006	全国范围
	13.89	(刘刚, 2011)	2010	洪湖湿地
建设用地	0	—	—	—
未利用地	0	—	—	—

6.5.3　死亡有机质碳密度值汇总

陆地生态系统包含四大碳库,而死亡有机质是其重要组成。大自然中生死相交,陆地生态系统中的活体植物体的生物量最终会转化为死亡有机物质池,质池中的死亡有机质会逐步分解,将自身含蓄的碳释放还原到大气层中。死亡有机质碳密度一般根据死亡有机质生物量与地上部分生物量比值和生物量—碳的转换率(碳比例)计算得到。以草地和农田为例,IPCC 将死亡有机质细分为死木和枯枝落叶,其中死木的生物量—碳转换率为 0.5,枯枝落叶的碳比例为 0.4。不同区域、不同土地利用类型的死亡有机质碳密度值如表 6-6 所示。

表 6-6　不同土地利用类型死亡有机质碳密度值

土地利用类型	碳密度/(t C/hm²)	研究人员	研究时段(年)	研究范围
农田	1	(黄从红等, 2014)	1994~2007	四川地区
	1	(黄从红等, 2014)	2002~2011	北京地区
	0	(彭怡等, 2013)	2005~2008	汶川地震重灾区
阔叶林	5.85	(周玉荣等, 2000)	1989~1993	全国范围
	2.74	(黄从红等, 2014)	2002~2011	北京地区

续表

土地利用类型	碳密度/(t C/hm²)	研究人员	研究时段(年)	研究范围
针叶林	5.55	(周玉荣等, 2000)	1989~1993	全国范围
	3.24	(黄从红等, 2014)	2002~2011	北京地区
草地	1	(黄从红等, 2014)	1994~2007	四川地区
	0.19	(彭怡等, 2013)	2005~2008	汶川地震重灾区
湿地/水体	1.23	(王绍强和周成虎, 1999)	1999	全国范围
	2.88	(刘刚, 2011)	2010	洪湖湿地
建设用地	0	—	—	—
未利用地	0	—	—	—

6.5.4 土壤碳密度值汇总

土壤碳密度被定义为地表 20～100cm 深处单位面积碳储量的平均值,一般为实测数据。在土壤碳数据可获取的情况下,根据土壤碳空间重新统计每一种植被类型下的土壤碳是没有必要的,但在缺乏土壤碳调查数据时,以土地利用类型为统计单元统计土壤碳密度是一种有效的方法。表 6-7 为经过对相关研究的文献资料汇总后得到的土壤碳密度值。

表 6-7 不同土地利用类型土壤碳密度值

土地利用类型	碳密度/(t C/hm²)	研究人员	研究时段(年)	研究范围
农田	108.4	(李克让等, 2003)	1981~1998	全国范围
	42.08	(黄从红等, 2014)	1994~2007	四川地区
	23.56	(黄从红等, 2014)	2002~2011	北京地区
阔叶林	180.4	(李克让等, 2003)	1981~1998	全国范围
	61.65	(黄从红等, 2014)	2002~2011	北京地区
针叶林	179.8	(李克让等, 2003)	1981~1998	全国范围
	117.34	(黄从红等, 2014)	2002~2011	北京地区
草地	99.9	(李克让等, 2003)	1981~1998	全国范围
	131.6	(黄从红等, 2014)	1994~2007	四川地区
湿地/水体	203	(方精云等, 2007)	1996	全国范围
	379	(赵传冬等, 2011)	2006	扎龙地区
	275	(郑姚闽等, 2013)	2007~2009	全国范围
	328	(奚小环等, 2010)	2010	黑龙江省
建设用地	13.8	(杨锋, 2008)	2008	河南省
未利用地	10	(黄从红等, 2014)	1994~2007	四川地区
	10	(黄从红等, 2014)	2002~2011	北京地区
	13.2	(杨锋, 2008)	2008	河南省

6.5.5 碳密度值选定

根据第 3 章土地利用/土地覆盖的分类结果，结合上述碳密度值的汇总结果表，根据以下标准对本节采用的碳密度值进行选择。

第一，由于尺度越小研究结果的不确定性就越小，对于碳密度而言更是如此，因此应优先选取河南省及附近区域，其次选取华北地区，最后选取全国范围，且尽量用算术平均值或加权平均值，应避免使用全球数据。

第二，不同的研究方法和模型所得的碳密度值有一定的差异性，选取数据时应尽量使用同一个人或同一种方法和模型获得的碳密度值，从而保证数据的一致性。

根据以上两个标准，本章选取的最终应用于计算的碳密度如表 6-8 所示。

表 6-8　研究区碳密度值　　　　　　　　　（单位：t C/hm²）

土地利用类型	地上部分碳密度	地下部分碳密度	死亡有机质碳密度	土壤碳密度
农田	5.97	1.13	0	108.4
阔叶林	25.73	11.84	5.85	180.4
针叶林	13.95	5.58	5.55	179.8
草地	0.63	2.82	0.19	99.9
湿地/水体	3.7	6.55	1.23	275
建设用地	0	0	0	13.8
未利用地	0	0	0	13.2

6.6　碳储量估算与分析

6.6.1　InVEST 模型对碳储量估算

在 ArcGIS 中运行并加载 InVEST 模型，运行 InVEST 模型陆地生态系统评估模块的碳（Carbon）储存工具，输入相关数据对 2000 年及 2001～2010 逐年的碳储量进行估算。

6.6.2　碳储量估算结果

运用 InVEST 模型对 2000 年中原经济区的 LUCC 数据和四大碳库表进行碳储量评估，结果分为两部分：一部分是中间结果，分别包含地上部分碳储量空间分布图、地下部分碳储量空间分布图、死亡有机质碳储量空间分布图和土壤碳储量空间分布图（图 6-12）；另一部分是最终结果，最终结果又分为两部分，一个是总的碳储量数值大小，以.txt 格式保存，另一个是总的碳储量空间分布图（图 6-13）。

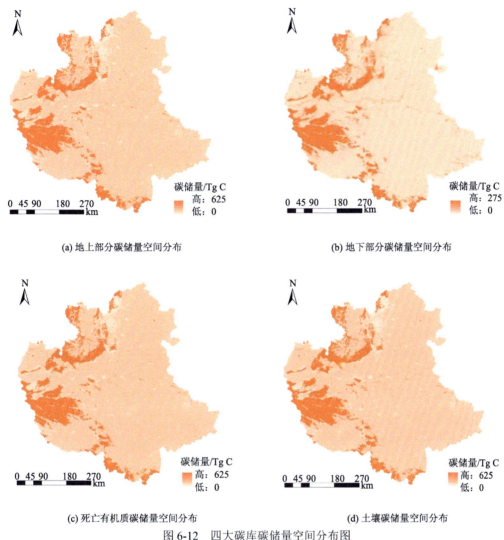

(a) 地上部分碳储量空间分布

(b) 地下部分碳储量空间分布

(c) 死亡有机质碳储量空间分布

(d) 土壤碳储量空间分布

图 6-12　四大碳库碳储量空间分布图

```
Current Landcover Date: 2000

Resolution: 500

Carbon pools data: M:\勿删勿删\InVEST_Carbon\carbon_pools.csv

Current harvest rate map:

Future Landcover:

Future Landcover Date:

Future harvest rate map:

Compute economic valuation: false

Price of Carbon per metric tonne: 43

Carbon discount rate: 0

Market discount rate: 7

Total current carbon: 3,672,859,904.0 Mg

Script location: E:\InVEST\InVEST_2_5_6_x86\python\Carbon.py

Suffix:
```

(a) 总的碳储量数值大小

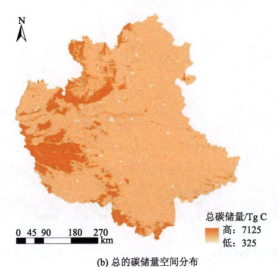

(b) 总的碳储量空间分布

图 6-13　总碳储量及其空间分布图

6.6.3　结果分析

　　研究区总碳储量 2000～2010 年呈逐渐增加的趋势，且 2000～2005 年的碳储量变化值为 9.41Tg C，远远小于 2005～2010 年的碳储量变化值，其大小为 52.38Tg C。2000～2005 年碳储量也呈逐年递增趋势，且年际间平均变化速率为 1.882Tg C/a；同样地，2005～2010 年碳储量年际间平均变化速率为 10.476Tg C/a，约为 2000～2005 年的 5.57 倍（图 6-14）。

　　不同土地利用类型有不同的碳储量空间，它们存储碳的能力各有不同。从图 6-15 中可以看出，碳储量最大的是农田，且 2000～2010 年逐年递减，其中前五年的平均变化速率为 –4.002Tg C/a，后五年的平均变化速率为 –11.91Tg C/a；碳储量次大的是阔叶林，且呈逐年增加的趋势，其中 2000～2005 年的平均变化值为 2.828 Tg C/a，2005～2010 年的平均变化值为 26.15Tg C/a。由于这两种土地利用类型覆盖面积大且森林存储碳的能力高，它们对中原经济区陆地生态系统碳储量的贡献率合计高达 90% 左右。碳储量值较大的是草地、针叶林和湿地/水体，且草地逐年递减，针叶林和湿地/水体逐年递增，其 2000～

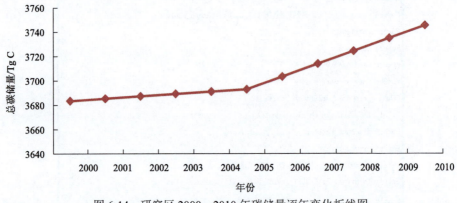

图 6-14　研究区 2000～2010 年碳储量逐年变化折线图

图 6-15　研究区不同土地利用类型碳储量逐年变化柱形图

2005 年的变化速率大小分别为–1.266Tg C/a、0.314Tg C/a、3.722Tg C/a，2005～2010 年的平均变化速率依次为–8.032Tg C/a、2.906Tg C/a、0.754Tg C/a。从上述两组数据可以发现，针叶林变化并不显著，草地退化较快，尤其是 2005 年以后更为迅速，而湿地/水体虽然在增加但增加速度越来越慢，这与沿黄河地区湿地转为水稻土、坑塘的实际情况基本相符。

　　碳储量值最小的是建设用地和未利用地，二者合计对研究区总的碳储量贡献率不到 0.4%，几乎可以忽略不计。综上所述，中原经济区内碳存储功能由大到小的顺序依次是湿地/水体＞阔叶林＞针叶林＞农田＞草地＞建设用地＞未利用地，而碳储量值从高到低依次为农田＞阔叶林＞草地＞针叶林≈湿地/水体＞建设用地＞未利用地，进而可以看出阔叶林的面积和碳存储功能都较大，农田碳存储功能虽然较弱但覆盖范围非常广以至它对研究区的碳储量贡献率最高，湿地/水体碳存储功能强但覆盖面积极小，且大部分为河流湿地、水稻土和坑塘，天然湿地(如芦苇湿地)越来越少，它在研究区陆地生态系统中发挥的作用也越来越小。

　　陆地生态系统包含四大碳库，分别是地上部分碳库、地下部分碳库、死亡有机质碳库和土壤碳库，它们在区域乃至全球的碳循环过程中发挥着不同的作用。对比上述堆积柱形图 6-16 可以发现，碳储量数值最大、占比最高的是土壤碳库，它占碳储量总值的 90.33%～90.85%；地上部分碳库所占比重也较大，其百分比浮动范围为 6.38%～6.65%；地下部分碳库数值较小，其贡献率大小为 2.13%～2.27%；占比最低、数值最小的是死亡有机质碳库，它包括死木和枯枝落叶等，贡献率不足 1%，是整个陆地生态系统最微弱却不可或缺的一部分。四大碳库相辅相成，缺一不可，且随着时间的变化，每一部分都在逐渐递增，间接地促进了研究区陆地生态系统碳储存总量的增加。

　　碳储量的变化不仅包括数量和时间上的变化，也包括空间变化，深入分析碳储量的空间分布格局，有助于认识碳存储功能的空间分异特征，也有利于小区域尺度上碳循环的研究。InVEST 模型的碳储量模块的最终运算结果如图 6-17 所示。

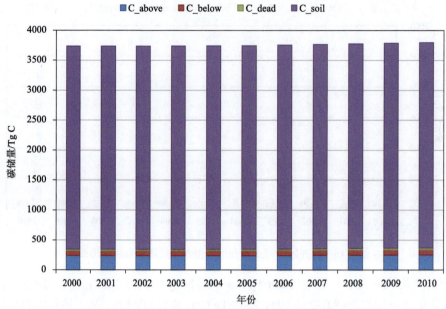

图 6-16　陆地生态系统四大碳库碳储量逐年变化堆积柱形图

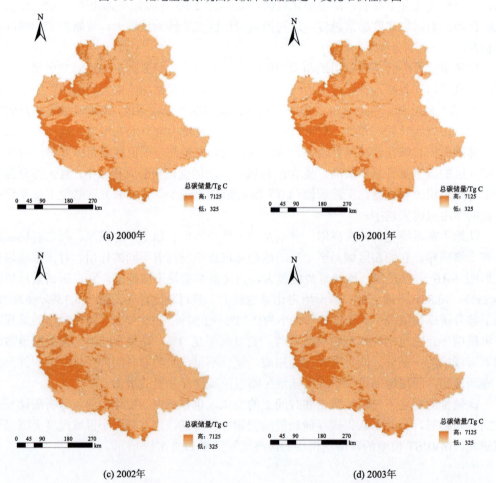

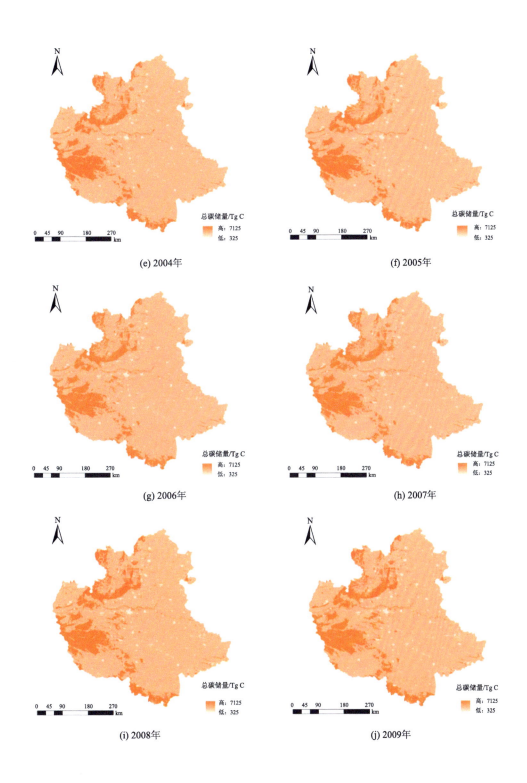

(e) 2004年　　　　　　　　　　　　　　　　　　　　(f) 2005年

(g) 2006年　　　　　　　　　　　　　　　　　　　　(h) 2007年

(i) 2008年　　　　　　　　　　　　　　　　　　　　(j) 2009年

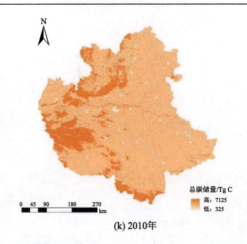

(k) 2010年

图 6-17　中原经济区 2000～2010 年总碳储量空间分布图

由图 6-17 可知，近 11 年的空间格局没有发生大的变动。碳储量较大的地区主要位于北部太行山脉、西部伏牛山脉和南部大别山脉，三者从北到南呈半环形分布，形成中原经济区碳储量西高东低的空间格局，其主要植被覆盖类型是落叶阔叶林和常绿针叶林。此外，黄河由西往东横穿整个中原经济区中部，形成特有的黄河三角洲湿地类型，拥有强大的碳存储功能，也是碳储量值较大的区域之一。图 6-17 中颜色稍浅的占研究区的绝大部分，将其与土地利用图对比不难发现，它对应的植被覆盖类型是农田，主要位于中东部丘陵和平原地区以及西南部的南阳盆地，而颜色最深、碳储量最小的部分对应的土地利用类型是建设用地，它呈斑块状离散分布，占据着各个市域的中心位置，其中斑块最大的部分位于中原经济区的中心城市郑州，且斑块面积的逐年增大意味着郑州市的城市扩张越来越严重。城市的扩张将改变土地利用结构，固碳能力强的土地利用类型会逐步萎缩，从而在一定程度上导致了陆地生态系统类型碳储量的下降。

6.7　陆地生态系统碳储量评估方法

6.7.1　地表观测

生态学测定方法依赖于生态学统计数据，根据数据的来源范围可分为生态学清查法和箱式法。生态学清查法的数据主要来源于生态系统长期定位观测、区域性的土壤普查、森林和草地的资源清查等(于贵瑞等, 2011)，如中国科学院建立的中国生态系统研究网络(CERN)。这种方法简单直接，但是观测周期长且碳含量变化微弱。随着数据观测技术和数据挖掘理论的发展，箱式法逐渐成为主流方法，已广泛应用于土壤与大气之间的 CO_2 交换通量的野外测定。按通量气体的分析仪器的测定模式则可以将其划分为同化箱-气相色谱法和同化箱-红外线分析仪法(郑循华等, 2002; 张红星等, 2007)。由于箱式法基于小尺度的数据分析，少量的观测箱数据难以覆盖整个生态系统，且观测箱的安置可能会改变生态系统自然气体的交换过程，因此箱式法的测定结果具有一定的不确定性，实际应用中还需利用生态学清查数据予以验证。

通量观测方法是通过测量被测气体的浓度和近地层的湍流状况来获得该气体的通量值，主要包括涡度相关法、通量梯度法、能量平衡法和大孔径闪烁仪(LAS)观测法(卢俐等, 2005)。其中涡度相关法能够更为有效地揭示陆地生物圈-大气圈相互作用关系，是全球生态系统碳储量的主要观测手段(Baldocchi, 2003, 2008)。目前，国际通量观测网络(FLUXNET)已注册站点 524 个，分布在 30°S～70°N 的热带到寒带的各种植被区；亚洲地区已成立 JapanFlux(日本)、KoFlux(韩国)和 ChinaFLUX(中国)区域性观测研究网络，约有 54 个站点，覆盖了 2°N～63°N 的热带雨林、常绿阔叶林、针阔混交林、灌木草地、高寒草甸和各种农田等陆地生态系统(于贵瑞等, 2004)。然而，涡度相关技术仍是一种小尺度观测方法，存在着多源数据整合、复杂地形的通量观测技术及尺度转换等问题。LAS观测法能在一定程度上解决涡度相关法空间代表性有限的问题(宫丽娟等, 2009)，可用于区域尺度的通量观测，其测量尺度与大气模式的网格尺度以及卫星遥感的像元尺度匹配较好，因此它成为卫星遥感反演的最佳验证手段。在 2000 年中国-荷兰合作项目中国能量与水平衡监测系统中，我国首次引进 5 套 LAS 设备，配合风云二号同步气象卫星资料，以监测不同下垫面的能量与水分收支。

6.7.2 遥感反演

近年来，温室气体观测卫星技术以及航空观测技术得到了快速发展，为评价全球、区域、国别以及重大生态工程的碳储量的大小提供了新的技术途径。日本于 1993 年开始使用 Boeing 观测全球和区域 CO_2，并在 2009 年发射了 GOSAT 以评估 CO_2 和 CH_4 的全球分布；欧洲自 1994 年起使用 Airbus 观测全球和区域 H_2O、O_3、CO；美国 NASA 于 2009 年发射了轨道碳观测卫星 OCO，用于监测全球 CO_2 排放。

卫星和航空获取的遥感数据需与大气反演相融合以精确计算陆地生态系统碳储量，还需进一步结合地表观测数据验证计算结果的可靠性。CO_2 浓度观测数据的大气反演方法是标定、验证遥感反演结果的有效方法，它通过将大气层的 CO_2 梯度嵌入大气传输模型来评估陆地-大气间的净 CO_2 交换量。研究表明，该方法能够独立地提供陆地碳储量的估算结果，但其精度较粗、不确定性较大。此外，现有研究多关注 CO_2 浓度的时空分布和变化特征，而缺乏同全球碳平衡和温室气体减排密切相关的 CO_2 质量研究(王卷乐等, 2013)，多维度、广角度遥感数据支撑下的碳排放质量将是未来的研究趋势。

6.7.3 模型模拟

影响陆地生态系统碳储量的自身变量多、外界干扰杂，利用模型方法能够阐明碳储量与诸多因素的相关关系，有助于揭示碳储量时空分布变化与自然环境、人为因素的作用机理。另外，模型方法可移植性强，数据依赖程度低，模型模拟一直都是陆地生态系统碳储量估算的关键方法。目前国际主流的碳储量评估模型可分为三类：经验模型、遥感模型和陆面-大气模型，本章将分别对这三类模型的特点加以评估。

6.7.4　经验模型

经验模型是利用植物生长量与环境因子的相关原理来计算植被净初级生产力，其发展脉络如下：①由于陆地生态系统的生产力既受太阳辐射影响又为气候条件所控制，人们通过大量实测资料和相应气候资料的比较分析，发现它们与温度、降水具有密切的相关关系，因此产生了迈阿密（Miami）模型（Lieth，1975a）；②净初级生产力对环境条件的依赖表现为多种因子的综合作用，这种综合作用可以用实际蒸散（AET）来更好地表征，于是得到了桑思韦特（Thornthwaite）纪念模型（Lieth，1975b）；③随后，人们从最根本的能量转换的角度出发，考虑到最基本的生理生态机理，建立了一些 NPP 模型，如国际的筑后（Chikugo）模型、国内的周广胜模型和北京模型（Uchijima and Seino，1985；周广胜和张新时，1996，1995；朱志辉，1993）。

6.7.5　遥感模型

遥感模型也是评估区域碳储量大小的重要工具，该类模型以遥感数据产品为驱动变量，以 GIS 植被或空间化的环境数据库为支撑，实现对生态系统碳平衡的动态监测。遥感模型的重要功能是实现植被参数的尺度转换，它通过联系样地尺度的生态系统参数与遥感获得的较大尺度生态系统参数，模拟大尺度区域的碳通量空间格局，进而深入探究较大尺度生态系统的格局和过程（Running et al.，1999）。这些模型包括景观尺度生态系统生产力过程模型（EPPML）、基于通量观测的光能利用效率模型（EC-LUE）、驱动区域碳收支模型（InTEC）、CASA 模型、GLO-PEM、BEPS 模型、SiB2 模型以及 SDBM、TURC、VPM、3-PG 等模型（张娜等，2003；Yuan et al.，2007；于颖，2013；Potter et al.，1993；Prince and Goward，1995）。特别要指出的是，作为最有代表性的陆地生态系统，森林有其特定的遥感参数模型，如城市森林 NPP 遥感模型、基于植被指数和神经网络的森林蓄积量模型（林文鹏等，2008；王臣立等，2009）。

6.7.6　陆面-大气模型

经验模型和遥感模型都较为简单，其模拟结果易受算法精确性、卫星观测成像频率的影响，且缺乏生理生态机制，在光能传递及转化过程等方面存在不确定性。针对这两类模型的不足，除了进一步改进模型算法精度、提高卫星成像质量外，能够嵌入大气与陆地表面水、热交换过程，融合生态系统基本原理进行时空外推，并动态耦合多生态机制的新模型应运而生，本章将其称为陆面-大气模型。陆面-大气模型包括过程机理模型和耦合模型，其中过程机理模型又可细分为生物地理模型和生物地球化学模型。

20 世纪 60 年代，Manabe 在大气环流模型中引入"水桶"模型，这是陆面-大气模型的最早应用。80 年代，陆面-大气模型进入一个快速发展时期，这一时期的陆面模型考虑了完整的植被生物物理过程，以 BATS 和 SiB 为代表，但这些模型中陆面对气候的影响是单向的，忽略了地表特征对气候变化的响应（Dickinson et al.，2006；Sellers et al.，1986）。90 年代，陆面-大气模型中开始加入动态植被概念，如 1995 年季劲钧的大气-植被相互作用模型（AVIM）是最早考虑动态植被过程的陆面-大气模型，紧随其后，Betts

等应用大气环流模型(GCM)与静力植被模型相耦合来定量研究植被的生理和结构特征对 CO_2 加倍后气候情景的响应;Foley 等直接将 GENESIS2 GCM 与全球动力植被模型(GDVM)进行了耦合,结果发现耦合模型大气部分能够正确模拟温度和降水的带状分布,生物地理部分能够大致抓住森林和草地的位置(Ji, 1995; Betts et al., 1997; 高荣,2006)。此后出现了很多耦合模型,如 Cox 在 HadCM3 中加入了一个动态植被模式 TRIFFID,发现有碳循环反馈的全球增温效应比没有反馈的要强;Bonan 等评价了耦合 CLM-DGVM 的 CAM3 的模拟效果,结果显示它能够很好地模拟地表特征的变化;王军邦等利用过程模型 CEVSA 和遥感模型 GLO-PEM 相结合,开发了遥感-过程模型 GLOPEM-CEVSA,并在三江源地区对净初级生产力进行了模拟(Cox et al., 2002; 高荣,2006; 黄玫等,2005; 王军邦等,2009)。这些耦合模型能直接对大气中 CO_2 的变化做出响应,从而实现植被-大气的双向耦合。

大数据时代的来临促使碳储量评估方法进入新的发展阶段。人们开始思考海量的观测数据能否与模型计算相互匹配,规避各自缺陷、融合各自优势,从而更精确地估算陆地生态系统碳储量。数据-模型融合技术将是未来碳储量评估研究的新方向,部分学者已开展了此类前沿研究,如 Zhang 等采用马尔可夫链-蒙特卡洛滤波,开展了基于涡度相关技术测定的净生态系统碳交换量的陆地生态系统模型参数估计,并利用观测数据反演生态系统模型关键参数,预测生态系统碳储量及其不确定性(Zhang et al., 2008)。

6.8 结 语

本章以三期土地利用数据(2000 年、2005 年、2010 年)为基准,联立 MODIS 逐年(2001~2009 年)的地表覆盖数据,并结合 DEM,通过时间速率变化的判定和空间定位变化的判定,以分析窗口内的绝对精度验证完成整个研究区域的相对精度验证,实现了土地利用数据逐年(2000~2010 年)信息的扩展。然后在获取逐年 LUCC 数据的基础上,根据土地利用变化和碳储量研究的理论依据,利用 InVEST 模型对中原经济区的陆地生态系统进行了碳储量评估,并分析了其数量随时间的变化情况和空间分异特征。

构建了融合两套不同源和不同分类标准的逐年土地利用数据的制备方法,并对其进行精度验证。结果表明,2000~2005 年土地覆盖面积减少的有农田、草地和未利用地,它们的年平均变化率分别是–346.35km²/a、–122.25km²/a、–12.55km²/a;建设用地面积增加速度最快,为 210.8km²/a,森林和湿地/水体次之。而 2005~2010 年减少速度最快的仍然是农田,且递减速率是 2000~2005 年的近三倍,草地退化速度更高达 6.35 倍;与此同时,由于退耕还林政策的落实直接导致森林(尤其是人工林)大幅度出现,其变化幅度为 1298.2km²/a;另外,城市的急剧扩张加快了建设用地的利用效率,平均每年新出现的建设用地面积 458.8km²,间接造成了陆地生态系统碳储量的变化。根据以上土地利用类型的时间变化速率表,本章对分析窗口内的土地转类逐一进行空间判定,最后得到了较为满意的精度值,介于 0.05~9.35。

采用 InVEST 对中原经济区碳密度及碳储量进行评估,并研究了碳存储总量、不同土地利用类型碳储量和陆地生态系统四大碳库碳储量随时间的变化特征,进一步分析了研究区碳储量的空间分布格局。结果显示，两个研究时段内碳存储总量都在变大，且2000～2005年变化速率远远大于2005～2010年；不同植被覆盖类型储存碳的能力不同，对于该研究区而言，储碳功能最强的是湿地/水体，而碳存储量最大的是农田，这与植被覆盖面积大小密切相关；四大碳库中碳密度和碳储量最大的都是土壤碳库，源于土壤本身丰富的有机质，也是陆地生态系统碳平衡的重要环节之一。

参 考 文 献

陈泮勤, 孙成权, 张志强, 等. 1994. 国际全球变化研究核心计划(二). 北京: 气象出版社.

揣小伟, 黄贤金, 郑泽庆, 等. 2011. 江苏省土地利用变化对陆地生态系统碳储量的影响. 资源科学, 33(10): 1932-1939.

方精云, 陈安平. 2001. 中国森林植被碳库的动态变化及其意义. 植物学报, (9): 967-973.

方精云, 郭兆迪, 朴世龙, 等. 2007. 1981～2000年中国陆地植被碳汇的估算. 中国科学(D辑:地球科学), (6):804-812.

高荣. 2006. 动态植被过程对区域气候影响的数值模拟研究. 北京：中国科学院研究生院(大气物理研究所).

高志强, 刘纪远, 庄大方. 1999. 基于遥感和GIS的中国土地利用/土地覆盖的现状研究. 遥感学报, (2): 51-55, 83.

宫丽娟, 刘绍民, 双喜, 等. 2009. 涡动相关仪和大孔径闪烁仪观测通量的空间代表性. 高原气象, 28(2): 246-257.

光增云. 2007. 河南森林植被的碳储量研究. 地域研究与开发, (1): 76-79.

黄从红, 杨军, 张文娟. 2014. 森林资源二类调查数据在生态系统服务评估模型InVEST中的应用. 林业资源管理, (5): 126-131.

黄玫, 季劲钧, 曹明奎, 等. 2006. 中国区域植被地上与地下生物量模拟. 生态学报, 26(12): 4156-4163.

李海奎, 雷渊才, 曾伟生. 2011. 基于森林清查资料的中国森林植被碳储量. 林业科学, 47(7): 7-12.

李克让, 王绍强, 曹明奎. 2003. 中国植被和土壤碳贮量. 中国科学(D辑:地球科学), (1): 72-80.

林文鹏, 王臣立, 赵敏, 等. 2008. 基于森林清查和遥感的城市森林净初级生产力估算. 生态环境, (2): 766-770.

刘刚. 2011. 洪湖市湿地景观演替及碳储量研究. 长沙: 中南林业科技大学.

卢俐, 刘绍民, 孙敏章, 等. 2005. 大孔径闪烁仪研究区域地表通量的进展. 地球科学进展, (9): 932-938.

吕超群, 孙书存. 2004. 陆地生态系统碳密度格局研究概述. 植物生态学报, (5): 692-703.

彭怡, 王玉宽, 傅斌, 等. 2013. 汶川地震重灾区生态系统碳储存功能空间格局与地震破坏评估. 生态学报, 33(3): 798-808.

朴世龙, 方精云, 贺金生, 等. 2004. 中国草地植被生物量及其空间分布格局. 植物生态学报, (4): 491-498.

朴世龙, 方精云, 黄耀. 2010. 中国陆地生态系统碳收支. 中国基础科学, 12(2): 20-22, 65.

唐尧, 祝炜平, 张慧, 等. 2015. InVEST模型原理及其应用研究进展. 生态科学, 34(3): 204-208.

王臣立, 牛铮, 郭治兴, 等. 2009. 基于植被指数和神经网络的热带人工林地上蓄积量遥感估测. 生态环境学报, 18(5): 1830-1834.

王卷乐, 徐于月, 张永杰, 等. 2013. 一种快速便捷的温室气体本底浓度采样方法初探. 中国环境监测,

29(1): 82-88.

王军邦, 刘纪远, 邵全琴, 等. 2009. 基于遥感-过程耦合模型的 1988~2004 年青海三江源区净初级生产力模拟. 植物生态学报, 33(2): 254-269.

王绍强, 周成虎. 1999. 中国陆地土壤有机碳库的估算. 地理研究, (4): 349-356.

王绍武, 罗勇, 赵宗慈, 等. 2013. IPCC 第 5 次评估报告问世. 气候变化研究进展, 9(6): 436-439.

王雪冰. 2012. 中原经济区旅游合作机制构建. 郑州: 郑州大学.

奚小环, 杨忠芳, 崔玉军, 等. 2010. 东北平原土壤有机碳分布与变化趋势研究. 地学前缘, 17(3): 213-221.

许泉, 芮雯奕, 何航, 等. 2006. 不同利用方式下中国农田土壤有机碳密度特征及区域差异. 中国农业科学, (12): 2505-2510.

杨锋. 2008. 河南省土壤数据库的构建及其应用研究. 郑州: 河南农业大学.

于贵瑞, 方华军, 伏玉玲, 等. 2011. 区域尺度陆地生态系统碳收支及其循环过程研究进展. 生态学报, 31(19): 5449-5459.

于贵瑞, 张雷明, 孙晓敏, 等. 2004. 亚洲区域陆地生态系统碳通量观测研究进展. 中国科学(D 辑:地球科学), (S2): 15-29.

于颖. 2013. 基于 InTEC 模型东北森林碳源/汇时空分布研究. 哈尔滨:东北林业大学.

张红星, 王效科, 冯宗炜, 等. 2007. 用于测定陆地生态系统与大气间 CO_2 交换通量的多通道全自动通量箱系统. 生态学报, (4): 1273-1282.

张娜, 于贵瑞, 赵士洞, 等. 2003. 基于遥感和地面数据的景观尺度生态系统生产力的模拟. 应用生态学报, (5): 643-652.

赵传冬, 刘国栋, 杨柯, 等. 2011. 黑龙江省扎龙湿地及其周边地区土壤碳储量估算与 1986 年以来的变化趋势研究. 地学前缘, 18(6): 27-33.

郑循华, 徐仲均, 王跃思, 等. 2002. 开放式空气 CO_2 浓度增高影响稻田大气 CO_2 净交换的静态暗箱法观测研究. 应用生态学报, (10): 1240-1244.

郑姚闽, 牛振国, 宫鹏, 等. 2013. 湿地碳计量方法及中国湿地有机碳库初步估计. 科学通报, 58(2): 170-180.

周彬, 余新晓, 陈丽华, 等. 2010. 基于 InVEST 模型的北京山区土壤侵蚀模拟. 水土保持研究, 17(6): 9-13.

周广胜, 张新时. 1995. 自然植被净第一性生产力模型初探. 植物生态学报, (3): 193-200.

周广胜, 张新时. 1996. 全球气候变化的中国自然植被的净第一性生产力研究. 植物生态学报, (1): 11-19.

周玉荣, 于振良, 赵士洞. 2000. 我国主要森林生态系统碳贮量和碳平衡. 植物生态学报, (5): 518-522.

朱志辉. 1993. 自然植被净第一性生产力估计模型. 科学通报, (15) 1422-1426.

Baldocchi D D. 2003. Assessing the eddy covariance technique for evaluating carbon dioxide exchange rates of ecosystems: Past, present and future. Global Change Biology, 9(4): 479-492.

Baldocchi D D. 2008. "Breathing" of the terrestrial biosphere: Lessons learned from a global network of carbon dioxide flux measurement systems. Australian Journal of Botany, 56(1): 1-26.

Betts R A, Cox P M, Lee S E, et al. 1997. Contrasting physiological and structural vegetation feedbacks in climate change simulations. Nature, 387(6635): 796-799.

Cox P M, Betts R A, Betts A, et al. 2002. Modelling vegetation and the carbon cycle as interactive elements of the climate system. International Geophysics, 83: 259-279.

Dickinson E , Hendersonsellers A , Kennedy J .2006. Biosphere Atmosphere Transfer Scheme (BATS). Encyclopedia of Hydrological Sciences. New York: John Wiley & Sons, Ltd.

Houghton R A, Davidson E A, Woodwell G M. 1998. Missing sinks, feedbacks, and understanding the role of terrestrial ecosystems in the global carbon balance. Global Biogeochemical Cycles, 12(1): 25-34.

IPCC. 2007a. IPCC Fourth Assessment Report(AR4). Cambridge: Cambridge University Press.

IPCC. 2007b. Climate Change 2007: The Physical Science Basis. Cambridge: Cambridge University Press.

Ji J A. 1995. Climate-vegetation interaction model: Simulating physical and biological processes at the surface. Journal of Biogeography, 22(2/3): 445-451.

Lieth H. 1975a. Modeling the primary productivity of the world. The Indian Forester, 98(6): 237-263.

Lieth H. 1975b. Modeling the primary productivity of the world // Lieth H, Whittaker R H. Primary Productivity of the Biosphere. Berlin, Heidelberg: Springer Berlin Heidelberg:237-263.

Potter C, Randerson J T, Field C B, et al. 1993. Terrestrial ecosystem production: A process model based on global satellite and surface data. Global Biogeochemical Cycles, 7(4): 811-841.

Prince S D, Goward S N. 1995. Global primary production: A remote sensing approach. Journal of Biogeography, 22: 815.

Running S W, Nemani R, Glassy J M, et al. 1999. MODIS Daily Photosynthesis (PSN) and Annual Net Primary Production (NPP) Product (MOD17) Algorithm Theoretical Basis Document. Montana: University of Montana.

Sellers P J, Mintz Y, Sud Y C, et al. 1986. A simple biosphere model (SIB) for use within general circulation models. Journal of the Atmospheric Sciences, 43(6): 505-531.

Uchijima Z, Seino H. 1985. Agroclimatic evaluation of net primary productivity of natural vegetations. Journal of Agricultural Meteorology, 40(4): 343-352.

Yuan W, Liu S, Zhou G, et al. 2007. Deriving a light use efficiency model from eddy covariance flux data for predicting daily gross primary production across biomes. Agricultural and Forest Meteorology, 143(3): 189-207.

Zhang L, Yu G, Luo Y, et al. 2008. Influences of error distributions of net ecosystem exchange on parameter estimation of a process-based terrestrial model: A case of broad-leaved Korean pine mixed forest in Changbaishan, China. Acta Ecologica Sinica, 28(7): 3017-3026.

第7章 土地利用与碳封存潜量

7.1 背景介绍

LUCC 可以通过改变大气中的气体组成及其化学性质和过程来影响大气质量。土地利用覆被类型的变化会导致一些温室气体排放，如森林退化、土地荒漠化、土壤有机质氧化、农田的灌溉等都会导致大气中 CO_2、CH_4 和 N_2O 浓度增大，从而改变温室气体的全球收支平衡，使温室效应加剧(Gong, 2002; Jobbágy and Jackson, 2000; Jones and Muthuri, 1997)。LUCC 引起的生物地球化学效应是生态系统植被结构变动使得地面与大气之间温室气体和气溶胶发生交换而导致的气候变化(Lai et al., 2016; Pregitzer and Euskirchen, 2004; Powell and Day, 1991)。在工业社会前期，大规模的森林砍伐和农业开发以及圈地运动等造成了土地覆盖变化，陆地植被生物量减少，土壤有机质分解随之加速，大量的 CO_2 被释放到大气中 (Scurlock et al., 2002; Uyssaert et al., 2007; Whittaker et al., 1974)，如农业扩张、城乡聚落和建设用地扩张进程加快、森林退化为次生林人工林、生物有机质燃烧等则是 CH_4 的直接来源，草地尤其是湿地也是 CH_4 的重要来源(周旺明等, 2006)。农业生产活动中化肥使用量快速增长，在不同温度带会引起不同温室气体效应，在热带、亚热带地区，N_2O 释放量将大量增加，土壤氮循环速率将迅速加快(田亚男等, 2015; 郑姚闽等, 2013)。

在过去的 150 年里，LUCC 导致的向大气中释放的 CO_2 净通量与同期人类燃烧化石燃料释放的 CO_2 基本相当，成为导致全球大气 CO_2 浓度增大的主要原因之一 (朴世龙等, 2010; 秦大河, 2003; 陶波等, 2006)。全球陆地生态系统碳储存主要发生在森林地区，其余储存在耕地、湿地、冻原、高山草地和沙漠半沙漠中(周广胜, 2003)。可见如果人类活动破坏了陆地生态系统的碳循环平衡会导致大量温室气体向大气释放，所以如何科学合理地规划人工生态系统，保护利用自然生态系统，就需要我们去寻找一个量化标准(赵传冬等, 2011)。

中国位于太平洋西岸，背靠亚欧大陆，大部分位于中纬度范围，国土范围南北东西跨度非常大，地形复杂，气候多样。在这些因素的综合作用下，中国形成了多样的陆地生态系统，除了寒带植被类型缺少外，温带和热带的生态系统类型都较为齐全，主要有落叶针叶林、常绿针叶林、混交林、落叶阔叶林、常绿阔叶林、灌丛、沼泽湿地、草原、荒漠草原、荒漠10 种自然植被类型。每种植被类型都对应着地表和地下的有机质生物量，这些都是温室气体的潜在释放源。LUCC 在各方面有明显的温室气体效应，因此寻找量化 LUCC 的温室效应潜力指标，合理指导中国的经济活动，实现人与自然和谐相处有着很强的现实需求。

土地利用变化既影响着陆地生态系统碳库，也影响陆地生态系统的格局和功能，对气候有重要影响(于贵瑞, 2003)。1850~2000 年各种类型的土地利用变化导致的 CO_2 净排放，全球为 156 Pg C，中国为 23Pg C，而全球土地利用变化导致的全球 CO_2 净排放量约 87%来源于森林砍伐(Houghton, 2002, 2003)。有研究表明，中国 1990～2000 年土地利用变化导致陆地土壤有机碳库减少 42.45～112.8Tg C，其中林地土壤碳储量减少了 38.9～72.9Tg C。从全球不同植被类型的碳蓄积情况来看，陆地生态系统碳蓄积主要发生在森林地区，森林生态系统在地圈、生物圈的生物地球化学过程中起着重要的"缓冲器"和"阀"的功能(Falkowski et al., 2000; 蒋有绪, 1996)。由此可见，研究国内土地覆盖变化，并量化其对中国乃至全球气候变化的影响有着很强的现实意义。

7.2　土地利用与温室气体值模型

7.2.1　生态系统温室气体值模型

利用 Anderson 提出的生态系统温室气体值(greenhouse gas value, GHGV)作为一个定量指标，这个指标合并了生态系统被完全清除后生态系统与大气之间所发生的所有温室气体交换，包括三块内容(Anderson-Teixeira and Delucia, 2011)：

(1)有机物(植被)消除后的温室气体释放；

(2)年温室气体的释放——从生态系统到大气；

(3)其他扰动带来的温室气体交换。

GHGV 是单位面积上生态系统温室气体排放导致的辐射强迫增加值与 $1mg CO_2$ 单脉冲辐射引起的额外辐射强度值的比值，在比较区域生态系统类型变化产生的温室气体效应时有了一个统一的量化标准。

$$\mathrm{GHGV}_{t_A}^{\delta_E} = \frac{\int_{t_A=0}^{\delta_A} \left[\mathrm{RF}_{\mathrm{GHG}}^{\delta_E}(t_A)w(t_A) \right] \mathrm{d}t_A}{\int_{t_A=0}^{\delta_A} \left[\mathrm{RF}_{p\mathrm{CO}_2}(t_A)w(t_A) \right] \mathrm{d}t_A} \tag{7-1}$$

式中，$\mathrm{RF}_{\mathrm{GHG}}^{\delta_E}(t_A)$ 为在 δ_E 时间段内在 t_A 时间清理 $1hm^2$ 特定生态类型排放的温室气体导致的辐射强迫增加值；$\mathrm{RF}_{p\mathrm{CO}_2}(t_A)$ 为当 $t_A=0$ 时，$1mg$ 的 CO_2 一个脉冲引起的辐射强迫值。分子给出了生态系统辐射强迫方面的值，除以分母部分后即为 CO_2 当量。在分析时间段内额外的辐射强迫 $\mathrm{RF}_{\mathrm{GHG}}^{\delta_E}(t_A)$ 与 $\mathrm{RF}_{p\mathrm{CO}_2}(t_A)$ 是把每一年所有的相关温室气体的辐射强迫值 x 进行累积求和。分析时间 t_A 跨度采用 100 年，这是大气中 CO_2 因源与汇的变化而适应到一个新的平衡所需的时间，这个时间尺度为 50～100 年，相当于 CO_2 在大气中的存留时间。这也是文献里普遍采用的比较合理的时间跨度，因此，本章主要在 50～100 年跨度上进行分析。

7.2.2　模型的推理解译

$$\mathrm{RF}(t_A) = \sum_x a_x C_x^{\delta_E}(t_A) \tag{7-2}$$

式中，$\mathrm{RF}(t_A)$ 为在 t_A 时间内清理 $1 hm^2$ 生态类型排放温室气体导致的辐射强迫增加值；a_x

为温室气体 x 实际的辐射率值（$a_{CO_2} = 1.4 \times 10^4$ nW$/$(m$^2 \cdot$ppb^{①})，$a_{CH_4} = 4.9 \times 10^5$ nW$/$(m$^2 \cdot$ppb)，$a_{N_2O} = 3.03 \times 10^6$ nW$/$(m$^2 \cdot$ppb)；（IPCC-FORSTER et al., 2007））；$C_x^{\delta_E}$ 为清除 1hm^2 生态系统释放的温室气体 x，ppb$/$(hm$^2 \cdot$ ecosystem a)。

$$C_x^{\delta_E}(t_A) = \int_{t_E=0}^{\min(\delta_E, t_A)} \left[\frac{I_x(t_E)}{A} \rho_x(t_A - t_E) \right] \mathrm{d}t_E \tag{7-3}$$

式中，I_x 为生态系统有机质氧化分解到大气的温室气体 x 的输送量，kmol $x/$(hm$^2 \cdot$ a)；A 为大气的气体摩尔值；ρ_x 为 t_A 时间内大气中存在的温室气体，可以通过一段时间温室气体 x 一个脉冲的衰减来计算；t_E 为起始时间。

$$I_x(t_E) = S_x(t_E) - F_x(t_E) - D_x(t_E) \tag{7-4}$$

式中，S_x 为在清除土地上有机物后温室气体的潜在释放量；F_x 为生态系统的温室气体年度通量；D_x 为自然干扰引起的差异。

$$S_x(t_E) = \sum_p \left(\mathrm{OM}_p \begin{cases} f_p^c E_{x,p}^c & t_E = 0 \\ (1-f_p^c)E_{x,p}^d d_p(t_E) & t_E > 0 \end{cases} \right) \tag{7-5}$$

式中，OM_p 为生态类型 p 片区的有机物生物量，Mg/hm^2；f_p^c 和 $1-f_p^c$ 分别为有机物氧化燃烧及腐化分解所占比重；$E_{x,p}^c$ 和 $E_{x,p}^d$ 分别为单位有机物通过氧化燃烧和腐化分解所产生的温室气体 x 的释放比例；$d_p(t_E)$ 为有机质每年的腐化分解比例$[0 < d_p(t_E) < 1]$，通常用一个指数衰减函数来表示。

$$D_x(t_E) = rD\left[S_x^D(t_E) - F_x^D(t_E) \right] \tag{7-6}$$

式中，S_x^D 为预测的在干扰因素影响下温室气体的释放量，kmol $x/$(hm$^2 \cdot$ a)；$F_x^D(t_E)$ 为随最近的扰动可能产生的温室气体流量的净变化量，kmol $x/$(hm$^2 \cdot$ a)。在温室气体释放的时间跨度内，每一年的 S_x^D 是当年或之前所有年份扰动导致的温室气体释放量的总和。

$$S_x^D(t_E) = \sum_p \left(\sum_{t^*=1}^{t_E} \left(\mathrm{OM}_p^D \begin{cases} f_p^c E_{x,p}^c & t^* = t_E \\ (1-f_p^c)E_{x,p}^d d_p(t_E - t^*) & t^* < t_E \end{cases} \right) \right) \tag{7-7}$$

式中，OM_p^D 为释放温室气体受到干扰的生态类型 p 片区的有机质生物量储量。

$$F_x^D(t_E) = \min(t_E, t^R)(F_x^R - F_x)F_x^D(t_E) = \min(t_E, t^R)(F_x^R - F_x) \tag{7-8}$$

式中，t^R 为生态系统恢复到受干扰之前的状态所需要花费的时间；$\min(t_E, t^R)$ 反映了自这段时间开始，在这段恢复期中的任意时间 t_E，任意干扰都会对温室气体年流量产生影响；$(F_x^R - F_x)$ 为生态系统受干扰和没有受干扰两种状态下温室气体年度流量的差值，这里设定一个非常接近的恒定常数来表示这个差值。

---

① 1ppb=10^{-9}。

7.3　数据与方法

7.3.1　模型数据处理

各生态系统在不同时间点的 GHGV 值为后续在土地覆被变化方面的温室气候效应(碳固定潜力)提供量化标准。根据模型需求,研究收集的国内各生态系统参数并不完全,缺失的部分采用 Anderson 所收集整理的世界相近生态系统的取值补齐。数据处理过程为将本地化参数带入模型处理表格文件,借助 MATLAB 的计算功能直接输出重要参数结果。

7.3.2　土地利用数据处理

本节所用的生态系统类型数据是土地利用数据和植被类型图,是通过属性转换而得到的。其中,土地利用数据来自资源环境科学与数据中心(http://www.resdc.cn/),空间分辨率为 1km,共有 1990～2015 年 6 期数据,时间间隔为 5 年一期。本节同时参考中国 1 : 100 万植被类型图,调整土地利用类型为 USGS 的生态系统标准类型。

7.4　自然生态系统类型及其参数

根据国内研究普遍分类方法,由于温度、水分、热量及人为因素的影响差异,自然生态系统主要有森林、灌木、草原、湿地、荒漠 5 种类型。结合中国生态系统类型的实际情况,需要对以上 5 种主要自然生态系统类型进行适度细分。

中国陆地主体位于北半球中低纬度,南北跨度和东西跨度都非常大,由沿海向内陆地区由于季风影响强度逐渐减弱而降水减少,北方相对于南方地区热量较少,气温较低,自然地理环境在水平方向上有明显变化;背靠亚欧大陆,自西向东分为三大阶梯的地势现状又使我国的自然地理环境有着较明显的垂直地带性差异。在这些因素的影响下,中国形成了多样的气候类型带,每种气候带又会以某种植被类型为主,所以我国存在着丰富的植被类型带。

需要将中国的林地系统划分为主要存在于北方的常绿针叶林、暖温带及其他温带气候条件下生长的落叶阔叶林、主要分布于南方区域的亚热带常绿阔叶林以及以上三种林地的混交林地系统,此外,中国大兴安岭北部地区还存在落叶针叶林,在热带区域还存在部分热带季雨林。我国的草地生态系统主要是温带草原与高寒草原,根据草本植被密度,可以将其划分为草原与荒漠草原。

最终确定了 10 种自然生态系统类型,分别是落叶针叶林、常绿针叶林、混交林、落叶阔叶林、常绿阔叶林、灌丛、沼泽湿地、草原、荒漠草原、荒漠。下面对这 10 种自然生态系统类型进行概述(表 7-1)。

表 7-1　中国主要自然生态系统类型

生态系统类型	类型描述
落叶针叶林	包括落叶松林、云冷杉林、樟子松林等落叶针叶林，郁闭度 20%，主要分布于中国大兴安岭北部与阿尔泰山
常绿针叶林	包括温性针叶林、暖性针叶林等，郁闭度 20%
混交林	包括一般针阔混交林、阔叶红松林等，郁闭度 20%
落叶阔叶林	北方落叶阔叶林树种，郁闭度 20%
常绿阔叶林	包括硬叶常绿阔叶林与一般常绿阔叶林等，郁闭度 20%
灌丛	包括郁闭灌丛与稀疏灌丛
沼泽湿地	湿地是一类跨越了极大时空范围、具有极大时空变异性的多样化生态系统的总称，是指那些地表水和地面积水浸淹频繁和持续时间很充足，在正常环境条件下能够供养适应潮湿土壤植物的区域。根据《拉姆萨尔公约》对湿地的定义，湿地是指不论其为天然或人工、长久或暂时的沼泽地、泥炭地还是水域地带，带有静止或流动水体，为淡水、半咸水、咸水体，包括低潮时水深不超过 6m 的水域。通常湿地系统包括泥炭地、森林湿地、灌丛沼泽、腐泥沼泽、苔藓泥炭沼泽、湿草甸及其他潮湿低地，也包括所有季节性或常年积水地段(如湖泊、河流及泛洪平原、河口三角洲、滩涂、珊瑚礁、红树林、水库、池塘、水稻田以及低潮时水深浅于 6m 的海岸带)等类型的生态系统(于贵瑞, 2003)
草原	主要指以禾草类植物为主所构成的生态系统，草地生态系统的主要植物群落被称为草地植被，在中国陆地区域草原主要包括温带草原与高寒草原/草甸
荒漠草原	性质介于草原与荒漠之间
荒漠	主要包括温带荒漠与高寒荒漠

根据模型及研究目标要求，结合国内文献数据可获得性，对这 10 种生态系统的总生物量密度、地上生物量密度、地下根系生物量密度、凋落物/枯枝落叶有机质密度、土壤有机质密度和 CO_2 年通量数据进行了收集整理。

7.4.1　总生物量密度

植被生物量是指植被地上生物量与地下根系生物量两部分，目前国家或区域尺度植被总生物量密度的推算多根据植被的资源清查资料。通过清查资料来推算生物密度，需要建立植被生物量与蓄积量之间的对应关系，称为生物量-蓄积量模型，通过模型可以模拟出植被的对应生物量。研究依据国内研究数据并结合所研究生态系统类型对数据进行了适度合并重分类，取值时依据调查面积等进行了加权求取平均值，对国内各植被总生物量密度进行的汇总见表 7-2。

表 7-2　中国各自然生态系统植被总生物量密度

生态系统类型	植被总生物量密度/(Mg/hm²)	数据来源
落叶针叶林	136.79	(周玉荣等, 2000)
	241.80	(李克让等, 2003)
常绿针叶林	94.75	(周玉荣等, 2000)
	158.00	(李克让等, 2003)
混交林	133.61	(周玉荣等, 2000)
	106.80	(李克让等, 2003)

续表

生态系统类型	植被总生物量密度/(Mg/hm²)	数据来源
落叶阔叶林	95.50	(周玉荣等, 2000)
	161.80	(李克让等, 2003)
常绿阔叶林	160.37	(周玉荣等, 2000)
	284.80	(李克让等, 2003)
灌丛	18.70	(黄玫等, 2006)
	13.00	(李克让等, 2003)
沼泽湿地	36.41	(钟华平等, 2005; 罗天祥等, 1998)
	7.69	(方精云等, 2007)
草原	6.94	(钟华平等, 2005)
	7.50	(李克让等, 2003)
荒漠草原	3.40	(钟华平等, 2005)
荒漠	2.90	(钟华平等, 2005; 方精云等, 1996)

注：1.森林部分数据主要来源于周玉荣根据林业部调查规划设计院 1989～1993 年对我国森林资源清查资料进行的总结研究，李克让等(2003)对我国各植被类型生物量等都进行了较全面的研究。

2.生物量与碳转换系数采用的是方精云等(2007)的系数，林地为 0.5，草地为 0.45，碳密度=生物量密度×转换系数。

3.方精云等(1996a)与钟华平等(2005)的草地类参数是对多种草地植被面积进行加权平均求得的，周玉荣等(2000)的森林类参数也是通过不同类型森林面积加权平均求得的。

7.4.2　地上生物量密度

植被地上部分生物量主要指地表以上活的植被生物体，包括树干、树枝、树叶等部分。黄玫经研究得出各植被类型根茎比，森林为 0.265，荒漠为 5.5，灌木为 0.91，草地为 5.2。方精云等(1996b)对中国草地、沼泽湿地、荒漠等生态系统类型的根系生物量进行了详细研究，研究得到中国沼泽的地上、地下生物量比值为 15.68，中国草原的地上、地下生物量比值为 6.07，荒漠草原与荒漠的地上、地下生物量比值为 7.89。依据这些比例参数与中国各生态系统植被总生物量密度，可以同时得到各生态系统地上、地下生物量密度，其中，地上生物量密度见表 7-3。

表 7-3　中国各自然生态系统地上生物量密度

生态系统类型	地上生物量密度 /(Mg/hm²)	数据来源
落叶针叶林	108.13	(周玉荣等, 2000; 黄玫等, 2006)
	191.15	(李克让等, 2003; 黄玫等, 2006)
常绿针叶林	74.90	(周玉荣等, 2000; 黄玫等, 2006)
	124.9	(李克让等, 2003; 黄玫等, 2006)
混交林	105.62	(周玉荣等, 2000; 黄玫等, 2006)
	84.43	(李克让等, 2003; 黄玫等, 2006)
落叶阔叶林	75.49	(周玉荣等, 2000; 黄玫等, 2006)
	127.90	(李克让等, 2003; 黄玫等, 2006)

生态系统类型	地上生物量密度/(Mg/hm²)	数据来源
常绿阔叶林	126.77	(周玉荣等, 2000; 黄玫等, 2006)
	225.14	(李克让等, 2003; 黄玫等, 2006)
灌丛	9.79	(黄玫等, 2006)
	6.80	(李克让等, 2003; 黄玫等, 2006)
沼泽湿地	2.18	(钟华平等, 2005; 罗天祥等, 1998)
	1.00	(方精云等, 2007; 方精云等, 1996)
草原	0.98	(钟华平等, 2005; 方精云等, 1996)
	2.83	(李克让等, 2003; 方精云等, 1996)
荒漠草原	0.39	(钟华平等, 2005; 罗天祥等, 1998)
荒漠	0.33	(钟华平等, 2005; 罗天祥等, 1998)

注：1.生物量与碳转换系数采用的是方精云等(2007)的系数，林地为0.5，草地为0.45，碳密度=生物量密度×转换系数。

2.关于枯枝落叶碳含量，王绍强等(2001)经研究得到腐殖质为0.58%，树干为55.4%，树枝为46.53%，树叶为45.84%，树根为53.9%。

3.黄玫等(2006)经研究得出各植被类型根茎比，森林为0.265，荒漠为5.5，灌木为0.91，草地为5.2。

4.对于草地、沼泽湿地、荒漠等草地类型根系生物量，方精云等(1996b)有过详细研究。

5.方精云等(1996a)与钟华平等(2005)的草地类参数是对多种草地植被面积进行加权平均求得的，周玉荣等(2000)的森林类参数也是通过不同类型森林面积加权平均求得的。

7.4.3　地下根系生物量密度

中国各自然生态系统地下根系生物量密度见表7-4。

表 7-4　中国各自然生态系统地下根系生物量密度

生态系统类型	地下生物量密度/(Mg/hm²)	数据来源
落叶针叶林	28.66	(周玉荣等, 2000; 黄玫等, 2006)
	50.65	(李克让等, 2003; 黄玫等, 2006)
常绿针叶林	19.85	(周玉荣等, 2000; 黄玫等, 2006)
	33.10	(李克让等, 2003; 黄玫等, 2006)
混交林	28.00	(周玉荣等, 2000; 黄玫等, 2006)
	22.37	(李克让等, 2003; 黄玫等, 2006)
落叶阔叶林	20.01	(周玉荣等, 2000; 黄玫等, 2006)
	33.90	(李克让等, 2003; 黄玫等, 2006)
常绿阔叶林	33.60	(周玉荣等, 2000; 黄玫等, 2006)
	59.66	(李克让等, 2003; 黄玫等, 2006)
灌丛	8.91	(黄玫等, 2006; 王绍强和周成虎, 1999)
	6.20	(李克让等, 2003; 黄玫等, 2006)
沼泽湿地	34.23	(钟华平等, 2005; 罗天祥等, 1998)

续表

生态系统类型	地下生物量密度/(Mg/hm^2)	数据来源
	6.69	(方精云等, 2007, 1996)
草原	5.96	(钟华平等, 2005; 方精云等, 1996)
	4.67	(李克让等, 2003; 方精云等, 1996)
荒漠草原	3.01	(钟华平等, 2005; 罗天祥等, 1998)
荒漠	2.58	(钟华平等, 2005; 罗天祥等, 1998)

注：1.生物量与碳转换系数采用的是方精云等(2007)的系数，林地为0.5，草地为0.45，碳密度=生物量密度×转换系数。

2.关于枯枝落叶碳含量，王绍强等(2001)经研究得到腐殖质为0.58%，树干为55.4%，树枝为46.53%，树叶为45.84%，树根为53.9%。

3.黄玫等(2006)经研究得出各植被类型根茎比，森林为0.265，荒漠为5.5，灌木为0.91，草地为5.2。

4.对于草地、沼泽湿地、荒漠等草地类型根系生物量，方精云等(1996)与赵文华等(1998)有过详细研究。

5.方精云等(1996a)与钟华平等(2005)的草地类参数是对多种草地植被面积进行加权平均求得的，周玉荣等(2000)的森林类参数也是通过不同类型森林面积加权平均求得的。

7.4.4　凋落物/枯枝落叶有机质密度

凋落物是指生态系统中的植物地上部分的有机体，通过自然脱落归还土壤，作为分解者的物质和能量来源的有机物总称。凋落物在生物和非生物作用下释放有机物和无机物的矿化过程称为凋落物分解(litter decomposition)。凋落物中的有机质在微生物的直接作用下，分解转化又重新缩合而成的一类复杂有机胶体称为腐殖质(humus)。研究所收集的数据主要依据周玉荣等(2000)对中国各类森林生态系统生物量的研究，樊江文等(2003)认为中国草地枯落物有机质密度为7.50Mg/hm^2，方精云等(2007)认为中国荒漠与农田枯落物有机质可以忽略不计，所以研究取值为零(表7-5)。

表7-5　中国各自然生态系统凋落物/枯枝落叶有机质密度

生态系统类型	凋落物/枯枝落叶有机质密度/(Mg/hm^2)	数据来源
落叶针叶林	43.20	(周玉荣等, 2000; 王绍强和周成虎, 1999)
常绿针叶林	13.65	(周玉荣等, 2000; 王绍强和周成虎, 1999)
混交林	19.00	(周玉荣等, 2000; 王绍强和周成虎, 1999)
落叶阔叶林	12.72	(周玉荣等, 2000; 王绍强和周成虎, 1999)
常绿阔叶林	10.63	(周玉荣等, 2000; 王绍强和周成虎, 1999)
灌丛	9.07	取草原林地均值
沼泽湿地	8.28	取草原灌丛均值
草原	7.50	(樊江文等, 2003)
荒漠草原	3.75	取草原与荒漠均值
荒漠	0.00	(方精云等, 2007)

注：1.森林部分数据主要来源于周玉荣等(2000)根据林业部调查规划设计院1989～1993年对我国森林资源清查资料进行的总结研究。

2.生物量与碳转换系数采用的是方精云等(2007)的系数，林地为0.5，草地为0.45，碳密度=生物量密度×转换系数。

3.关于枯枝落叶碳含量，王绍强等(2001)经研究得到腐殖质为0.58%，树干为55.4%，树枝为46.53%，树叶为45.84%，树根为53.9%。

4.方精云等(2007)与钟华平等(2005)的草地类参数是对多种草地植被根据面积加权平均求得的，周玉荣等(2000)的森林类参数也是通过不同类型森林面积加权平均求得的。

7.4.5　土壤有机质密度

土壤有机质密度指地表以下 100cm 以内深度的单位面积土壤所包含的有机质的量，在土壤有机质研究方面李克让等(2003)对我国森林植被与灌丛植被土壤有机质密度进行了研究，钟华平等(2005)与郑姚敏等(2013)对我国湿地生态系统的土壤碳密度进行了估算测量，分别认为湿地土壤有机质密度为 123Mg/hm^2 和 275Mg/hm^2，同时认为中国是低土壤碳密度国家，对应的土壤有机质密度也低于全球平均水平。中国各自然生态系统土壤有机质密度见表 7-6。

表 7-6　中国各自然生态系统土壤有机质密度

生态系统类型	土壤有机质密度 /(Mg/hm^2)	数据来源
落叶针叶林	247.54	(周玉荣等, 2000)
	270.00	(李克让等, 2003)
常绿针叶林	120.33	(周玉荣等, 2000)
	179.80	(李克让等, 2003)
混交林	245.22	(周玉荣等, 2000)
	225.70	(李克让等, 2003)
落叶阔叶林	208.90	(周玉荣等, 2000)
	180.40	(李克让等, 2003)
常绿阔叶林	244.98	(周玉荣等, 2000)
	129.20	(李克让等, 2003)
灌丛	74.20	(李克让等, 2003)
沼泽湿地	123.00	(钟华平等, 2005)
	275.00	(郑姚闽等, 2013; 赵传冬等, 2011)
草原	137.90	(钟华平等, 2005)
	100.00	(李克让等, 2003)
荒漠草原	107.90	(钟华平等, 2005)
荒漠	77.89	(钟华平等, 2005)

注：1.森林部分数据主要来源于周玉荣等(2000)根据林业部调查规划设计院 1989～1993 年对我国森林资源清查资料进行的总结研究。

2.生物量与碳转换系数采用的是方精云等(2007)的系数，林地为 0.5，草地为 0.45，碳密度=生物量密度×转换系数。

3.方精云(1996a)与钟华平等(2005)草地类参数是对多种草地植被面积进行加权平均求得的，周玉荣等(2000)的森林类参数也是通过不同类型森林面积加权平均求得的。

7.4.6　CO$_2$ 年均通量

本章采用的 CO$_2$ 年均通量数据来源于 NOAA 地球系统研究实验室(Eath System Research Laboratory)，利用 2000～2014 年的 CarbonTracker 空间数据产品统计出各生态系统类型对应的多年 CO$_2$ 通量均值，是中国主要自然生态系统 2000～2014 年的模拟数据。根据文章需要对单位进行了相应转换，由 g C/(m²·a) 转换为 kmol/(hm²·a)，转换系数为 1.2，CO_2 年均通量数据具有较强代表性(表 7-7)。

表 7-7　中国各自然生态系统 CO_2 年均通量

生态系统类型	CO_2 年均通量 /[kmol/(hm²·a)]	数据来源
落叶针叶林	70.26	
常绿针叶林	70.26	
混交林	59.36	
落叶阔叶林	92.29	
常绿阔叶林	37.00	
灌丛	55.68	https://www.esrl.noaa.gov/gmd/ccgg/carbontracker/
沼泽湿地	66.46	
草原	34.48	
荒漠草原	5.58	
荒漠	3.74	

7.4.7　模型参数值选取

在整理参考文献数据及监测站多年平均数据的基础上，本章对源数据求平均值，将其作为中国各生态系统的生物量密度、CO_2 通量及土壤有机质密度参数，最终归纳见表 7-8。

表 7-8　中国各生态系统参数

生态系统类型	植被总生物量密度 /(Mg/hm²)	地上生物量密度 /(Mg/hm²)	地下根系生物量密度 /(Mg/hm²)	凋落物/枯枝落叶有机质密度 /(Mg/hm²)	土壤有机质密度/(Mg/hm²)	CO_2 年均通量 /[kmol/(ha²·a)]
落叶阔叶林	128.65	101.70	26.96	12.72	194.65	92.29
常绿阔叶林	222.59	175.96	46.63	10.63	187.09	37.00
混交林	120.21	95.02	25.19	19.00	235.46	59.36
落叶针叶林	189.29	149.64	39.66	43.20	258.77	70.26
常绿针叶林	126.37	99.90	26.48	13.65	150.07	70.26
灌丛	15.85	8.30	7.56	9.07	74.20	55.68
沼泽湿地	36.41	2.18	34.23	8.28	199.00	66.46
草原	7.38	1.60	5.77	7.50	118.95	34.48
荒漠草原	3.40	0.39	3.01	3.75	107.90	5.58
荒漠	2.90	0.33	2.58	0.00	77.89	3.74

注：数据根据前文参数取算数平均值得到。

7.5　自然生态系统本地参数与世界均值对比

将本章节最终选取的国内相关参数与国外学者收集的全球相近生态系统类型参数进行一个简单的对比(表 7-9),便于对后续模型处理结果进行比较验证。参数比较所采用的世界各生态系统 5 种参数数据来自 Anderson 于 2011 年所做研究的附表部分,主要数据来源除国内外学者的研究结果以外,还包括《IPCC2006 国家温室气体清单指南》数据。

表 7-9　世界与中国各自然生态系统地上、地下生物量密度比较

生态系统类型	地上生物量密度 /(Mg/hm²)	地下生物量密度 /(Mg/hm²)	数据来源
世界温带森林	534.00	139.00	
中国落叶阔叶林	101.70	26.96	(Jobbágy and Jackson, 2000; Pregitzer and Euskirchen, 2004)
中国常绿阔叶林	175.96	46.63	
中国混交林	95.02	25.19	
世界针叶林	152.00	28.00	
中国落叶针叶林	149.64	39.66	(Jobbágy and Jackson, 2000; Pregitzer and Euskirchen, 2004)
中国常绿针叶林	99.90	26.48	
世界灌丛	48.00	48.00	
中国灌丛	8.30	7.56	
世界湿地沼泽	150.00	19.40	(Whittaker and Likens, 1973; Whittaker et al., 1974; Powell and Day, 1991; Jones and Muthuri, 1997)
中国湿地	2.18	34.23	
世界草地	2.40	14.00	
中国草地	1.60	5.77	(Jobbágy and Jackson, 2000; Scurlock et al., 2002)
中国荒漠草原	0.39	3.01	
世界荒漠	7.00	18.00	(Whittaker and Likens, 1973; Whittaker et al., 1974; Jobbágy and Jackson, 2000)
中国荒漠	0.33	2.58	

7.5.1　地上生物量与地下生物量比较

在地上生物量密度方面,将国内数据与世界数据进行比较(图 7-1),可以发现世界温带森林比国内温带落叶林、落叶阔叶林和混交林都大得多,世界温带森林地上生物量密度达到 534Mg/hm²,而国内温带森林值均低于 200Mg/hm²,差异较大;世界针叶林地上生物量密度与中国落叶针叶林地上生物量密度接近,值都在 150Mg/hm² 上下,中国常绿针叶林地上生物量密度较以上两者值均较低。中国灌丛与世界灌丛在地上生物量密度上存在较大差异,世界达到 48Mg/hm²,中国灌丛只有 8.3Mg/hm²。世界湿地沼泽地上生物量密度与中国湿地地上生物量密度差距非常大,差值超过 140Mg/hm²,而中国草地与世界草地的地上生物量密度取值接近。世界荒漠地上生物量密度达到 7Mg/hm²,

而中国荒漠地上生物量密度只有 0.33Mg/hm²。整体来看，国内各主要自然生态系统的地上生物量密度整体上呈现由森林向草原、荒漠递减的趋势，这与世界生态系统呈现的趋势一致。

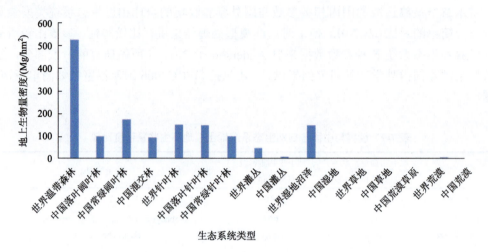

图 7-1　中国与世界相近自然生态系统地上生物量密度比较

在地下生物量密度方面，将国内数据与世界数据进行比较(图 7-2)。世界温带森林地下生物量密度比国内温带落叶林、落叶阔叶林和混交林都要大，世界温带森林地下生物量密度达到 139Mg/hm²，而国内温带森林值均低于 47Mg/hm²，差异较大；世界针叶林的地下生物量密度与中国常绿针叶林地下生物量密度接近，差异较小。中国灌丛与世界灌丛在地下生物量密度上存在较大差异，世界灌丛达到 48Mg/hm²，中国灌丛只有 7.56Mg/hm²。世界湿地沼泽地下生物量密度与中国湿地地下生物量密度较为接近，中国草地与世界草地的地下生物量密度较为接近。世界荒漠地下生物量密度达到 18Mg/hm²，

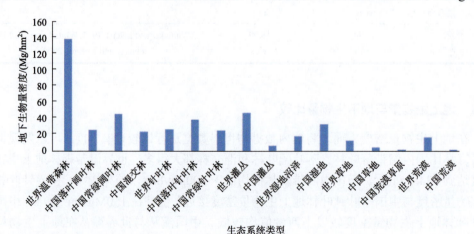

图 7-2　中国与世界相近自然生态系统地下生物量密度比较

而中国荒漠地上生物量密度只有 2.58Mg/hm²。国内各主要自然生态系统的地下生物量密度整体上也呈现由森林向草原、荒漠递减的趋势，与世界生态系统呈现的趋势基本保持一致。

7.5.2　凋落物/枯枝落叶有机质密度、土壤有机质密度和 CO_2 年均通量比较

比较世界各生态系统与国内生态系统在凋落物/枯枝落叶参数上的差异(图 7-3)，世界温带森林的凋落物/枯枝落叶有机质密度依旧较国内 3 种主要温带林地要高，达到 51.35Mg/hm²，而国内 3 种温带林地系统值都小于 20Mg/hm²。针叶林部分，世界针叶林凋落物/枯枝落叶生物量密度与中国落叶针叶林接近，中国常绿针叶林凋落物/枯枝落叶有机质密度较低，只有 13.65Mg/hm²。世界灌丛与中国灌丛凋落物/枯枝落叶有机质密度接近，世界草地与中国草地生态系统的凋落物/枯枝落叶有机质密度接近，世界荒漠与中国荒漠凋落物/枯枝落叶有机质密度接近(表 7-10)，都接近 0。中国湿地与世界湿地沼泽生态系统凋落物/枯枝落叶有机质密度差异小于 9Mg/hm²。

表 7-10　世界与中国各生态系统凋落物/枯枝落叶生物量密度、土壤有机质密度和 CO_2 年均通量比较

生态系统类型	凋落物/枯枝落叶有机质密度/(Mg/hm²)	土壤有机质密度/(Mg/hm²)	CO_2 年均通量/[kmol/(hm²·a)]	数据来源
世界温带森林	51.35	82.76	−155.00	
中国落叶阔叶林	12.72	194.65	−92.29	
中国常绿阔叶林	10.63	187.09	−37.00	
中国混交林	19.00	235.46	−59.36	(Jobbágy and Jackson, 2000; Pregitzer and Euskirchen, 2004; Uyssaert et al., 2007)
世界针叶林	59.46	48.28	−38.00	
中国落叶针叶林	43.20	258.77	−70.26	
中国常绿针叶林	13.65	150.07	−70.26	
世界灌丛	5.95	46.55	−141.32	
中国灌丛	9.07	74.20	−55.68	
世界湿地沼泽	17.22	105.17	−50.42	(Whittaker and Likens, 1973; Whittaker et al., 1974; Powell and Day, 1991; Jones and Muthuri, 1997)
中国湿地	8.28	199.00	−66.46	
世界草地	5.41	60.34	−33.62	(Whittaker et al., 1974; Jobbágy and Jackson, 2000; Scurlock et al., 2002)
中国草地	7.50	118.95	−34.48	
中国荒漠草原	3.75	107.90	−5.58	
世界荒漠	0.27	32.76	−10.69	(Whittaker and Likens, 1973; Whittaker et al., 1974; Jobbágy and Jackson, 2000)
中国荒漠	0.00	77.89	−3.74	

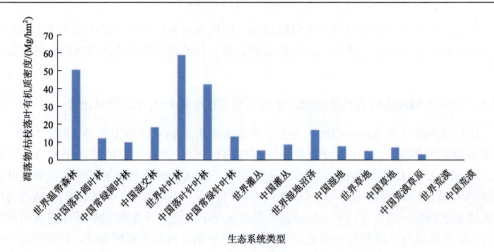

图 7-3　中国与世界相近自然生态系统凋落物/枯枝落叶有机质密度比较

对土壤有机质密度进行比较(图 7-4),世界温带森林取值低于国内 3 种主要温带林地,世界温带森林为 82.76Mg/hm²,国内 3 种林地取值均大于 187Mg/hm²。世界针叶林土壤有机质密度较国内针叶林低得多,世界针叶林低于 49Mg/hm²,中国落叶针叶林达到 258.77Mg/hm²。在灌丛、湿地、草地、荒漠 4 种生态系统类型上,世界土壤有机质密度均低于中国相近类型生态系统,差值相对于森林类较小。

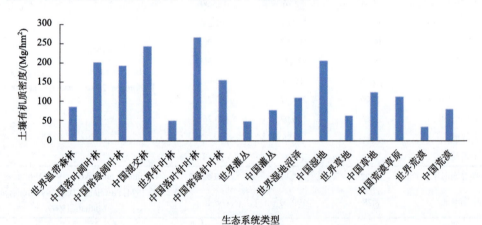

图 7-4　中国与世界相近自然生态系统土壤有机质密度比较

将中国生态系统与世界生态系统 CO_2 年均通量进行比较(图 7-5),世界温带森林 CO_2 年均通量达到 155kmol/(hm²·a),国内林地 CO_2 年均通量均低于 100kmol/(hm²·a),其中中国常绿阔叶林 CO_2 年均通量只有 37kmol/(hm²·a)。世界针叶林 CO_2 年均通量低于国内两种针叶林生态系统,世界灌丛的 CO_2 年均通量较中国灌丛大,差值接近90kmol/(hm²·a)。世界湿地沼泽、世界草地 CO_2 年均通量与中国湿地、中国草原取值接近。

造成参数差异性的原因是多方面的:一是结合国内数据收集中已经遇到过数据差距较大的情况,国内参数数据与世界参数数据的差异是必然的,评估方法与生态系统的具体差异都有可能导致参数数据的较大差异；二是国内外对相关生态类型的定义和本节由土地利用/土地覆被类型转换而来的自然生态系统类型也有很多差异，这也是造成参数差异较大的重要原因；三是我们选取的国内数据多是基于 20 世纪前后的研究结果，对应的生态系统类型的碳库及通量数据具有一定的时间特征，而该数据基本能反映出现状，但同时也忽视了整个百年尺度的参量变化。这里对应本章，主要参照模型原有的相关参数，以国内的相关研究结果为主进行了参数本地化。

7.6 中国自然土地覆被变化的碳固定潜力模拟

7.6.1 模型结果与分析

在计算过程中，研究得到了几个比较重要的结果，分别是 S_x、I_x、GHGV，这三个数据分别对应生态系统有机质清理后的温室气体潜在释放量、生态系统有机质氧化分解到大气的温室气体的输送量和生态系统有机物完全氧化分解后释放的温室气体转化为 CO_2 的量。

7.6.2 各生态系统 S_x 值

S_x(kmol x /hm^2)值反映了清除特定生态系统后，随着单位面积上所有有机物的逐渐氧化分解，有机质分解速率呈现逐渐衰减的趋势。S_x(kmol CO_2 eq/hm^2)值是将研究考虑的 CO_2、CH_4、N_2O 三种主要温室气体全部转换成 CO_2 的量值。由模型及程序计算可以得到各生态系统在 50 年气体释放期间的 S_x 值，为便于分析，选取 1 年、5 年、10 年、15 年、20 年、30 年、40 年、50 年作为各生态系统 S_x 数值比较节点，通过这几个节点来对比不同植被类型产生的生态系统温室气体值的变化趋势差异。

中国混交林生态系统的有机质 S_x 在初始时间是最高的，达到 3880.21kmol CO_2 eq/hm^2（图 7-5），但在初期衰减速度也是最快的，中国常绿阔叶林与中国落叶阔叶林生态系统的有机质 S_x 在初始时间非常接近，衰减幅度也表现一致，而世界温带森林的有机质 S_x 在初始时间为 1941.46kmol CO_2 eq/hm^2，小于以上三种中国温带森林生态系统，在衰减速度上最慢。

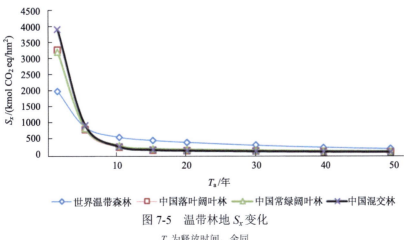

图 7-5 温带林地 S_x 变化

T_a 为释放时间，余同

在初始时间中国落叶针叶林生态系统的有机质 S_x 要高于中国常绿针叶林生态系统，达到 4288.15kmol CO_2 eq /hm^2（图 7-6），衰减速度是最快的。世界针叶林的有机质 S_x 较中国常绿针叶林与中国落叶针叶林的值要小，低至 934.89 kmol CO_2 eq/hm^2，可见差距非常大，同时其衰减速度是最慢的。

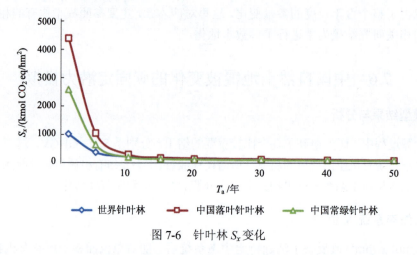

图 7-6　针叶林 S_x 变化

比较中国灌丛与世界灌丛生态系统，发现两者的有机质 S_x 的初始值与 S_x 的衰减速度是接近的，而对比中国湿地与世界湿地沼泽生态系统，发现中国湿地生态系统在初始时间的 S_x 较大，达到 3864.90kmol CO_2 eq/hm^2（图 7-7），衰减速度要快于世界湿地沼泽生态系统。

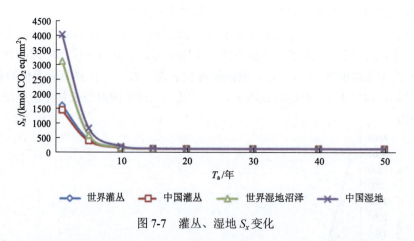

图 7-7　灌丛、湿地 S_x 变化

中国草地生态系统的有机质 S_x 在初始时间是最大的，达到 1995.93kmol CO_2 eq/hm^2（图 7-8），S_x 值的衰减速度较快，中国荒漠草原生态系统初始时间的 S_x 与中国草地生态系统接近，衰减速度差别也很小。世界草地生态系统初始时间的 S_x 小于以上两种生态系统类型，衰减速度也较慢。对比中国荒漠生态系统与世界荒漠生态系统，两者的 S_x 值差异较大，中国荒漠生态系统的 S_x 值较大，衰减速度也较快。

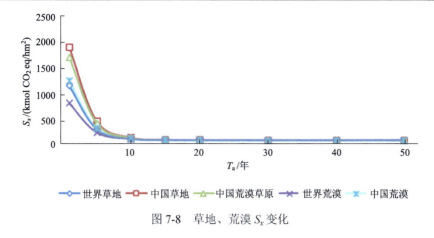

图 7-8　草地、荒漠 S_x 变化

对中国各类生态系统的 S_x 进行比较，可以发现在初始时间中国落叶针叶林的有机质 S_x 是最大的，达到 4288.15kmol CO_2 eq/hm^2（图 7-9）。初始时间各生态系统 S_x 从大到小排序依次是落叶针叶林＞混交林＞湿地＞落叶阔叶林＞常绿阔叶林＞湿地沼泽＞常绿针叶林＞草原＞荒漠草原＞灌丛＞荒漠，这种数值排序一定程度上反映了各类生态系统有机质密度的大小。所有生态系统类型每年的有机质 S_x 都在 50 年的气体释放期内呈现衰减的趋势，衰减速度在前 10 年最快，并随时间逐渐变慢。

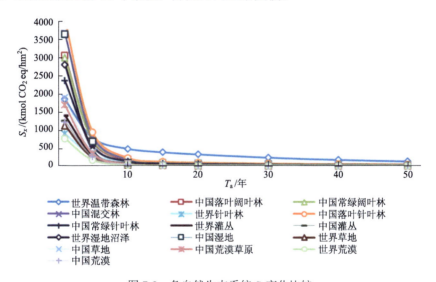

图 7-9　各自然生态系统 S_x 变化比较

7.6.3　各生态系统 I_x 值

I_x（kmol x /hm^2）是生态系统有机质氧化分解到大气的温室气体 x 的净输送量，研究将生态系统到大气的温室气体转换为 CO_2 对应的量值，I_x 在 S_x 基础上去掉了生态系统与大气间的年温室气体通量和自然因素的干扰影响。选取 1 年、5 年、10 年、15 年、20 年、30 年、40 年、50 年作为各生态系统 I_x 数值比较节点，通过这几个节点来对比不同

植被类型产生的生态系统温室气体值的变化趋势差异。

中国混交林 I_x 在初始时间是最高的，达到 3939.61kmol CO_2 eq/hm^2（图 7-10），但初期的衰减速度也是最快的，中国常绿阔叶林与中国落叶阔叶林 I_x 在初始时间非常接近，衰减幅度也表现一致，而世界温带森林的 I_x 在初始时间为 2096.66kmol CO_2 eq/hm^2，要小于以上三种中国温带森林生态系统，在衰减速度上最慢。

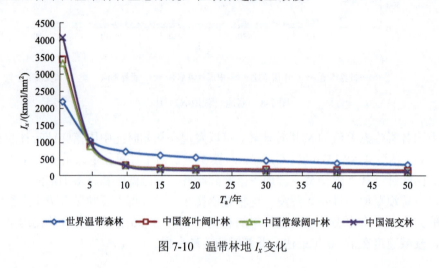

图 7-10　温带林地 I_x 变化

在初始时间，中国落叶针叶林生态系统 I_x 要高于中国常绿针叶林生态系统，达到 4358.61kmol CO_2 eq/hm^2（图 7-11），衰减速度是最快的。世界针叶林 I_x 较中国常绿针叶林与中国落叶针叶林的值要小，低至 976.09 CO_2 eq/hm^2，可见差距非常大，同时其衰减速度是最慢的。

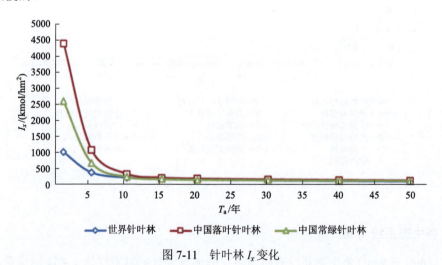

图 7-11　针叶林 I_x 变化

比较中国灌丛与世界灌丛生态系统，发现两者 I_x 的初始值与 I_x 的衰减速度是非常接近的，而对比中国湿地与世界湿地沼泽生态系统，发现中国湿地生态系统在初始时间 I_x 较大，达到 3914.87kmol CO_2 eq/hm^2（图 7-12），衰减速度要快于世界湿地沼泽生态系统。

中国草地生态系统 I_x 在初始时间是最大的，达到 2030.55 kmol CO$_2$ eq/hm^2（图 7-13），I_x 的衰减速度较快，中国荒漠草原生态系统初始时间的 I_x 与中国草地生态系统接近，衰减速度差别也很小。世界草地生态系统的初始时间 I_x 要小于以上两种中国草地类生态系统，衰减速度也较慢。对比中国荒漠与世界荒漠生态系统，两者的 I_x 值差异较大，中国荒漠生态系统的 I_x 较大，衰减速度也较快。

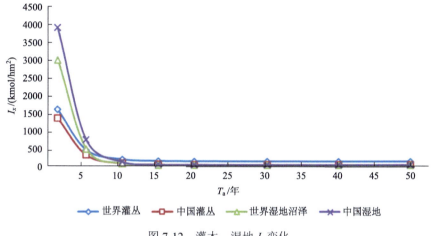

图 7-12　灌木、湿地 I_x 变化

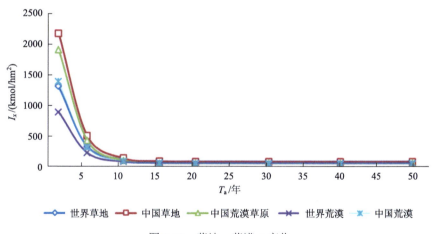

图 7-13　草地、荒漠 I_x 变化

对中国的各类生态系统的 I_x 进行比较（图 7-14），可以发现在初始时间中国落叶针叶林 I_x 是最大的，达到 4358.61 kmol CO$_2$ eq/hm^2，初始时间各生态系统 I_x 按照从大到小排序依次是落叶针叶林＞混交林＞湿地＞落叶阔叶林＞常绿阔叶林＞常绿针叶林＞草原＞荒漠草原＞灌丛＞荒漠，这些性质与 I_x 呈现一致性。I_x 在 50 年的分解释放期间呈现衰减趋势，在前 10 年衰减速度最明显，之后衰减速度逐渐变慢。

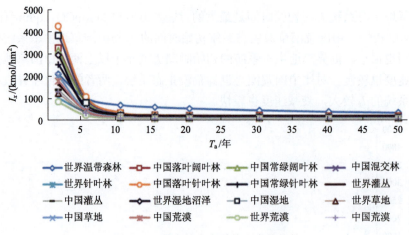

图 7-14　各自然生态系统 I_x 变化比较

7.6.4　各生态系统 GHGV 值

GHGV 是指生态系统有机物完全氧化分解后释放的温室气体转化为 CO_2 的量(单位为 Mg CO_2 eq/hm²)。由模型及程序计算可以得到各生态系统在 100 年内的 GHGV,为便于分析,选取 1 年、5 年、10 年、15 年、20 年、30 年、40 年、50 年、70 年、100 年作为各生态系统 GHGV 数值比较节点,通过这几个节点来对比不同生态系统类型的 GHGV 的变化趋势差异(表 7-11)。

比较中国落叶阔叶林生态系统、中国常绿阔叶林生态系统、中国混交林和世界温带森林生态系统,发现国内的 3 种林地在 GHGV 的数值大小及变化趋势上都非常接近(图 7-15),其中中国混交林的 GHGV 在前 10 年增加速度较快,达到 40.07Mg CO_2 eq/(hm²·a),中国常绿阔叶林的 GHGV 在前 10 年增加速度较慢,为 33.29Mg CO_2 eq/(hm²·a),而后 50 年 3 种生态系统的 GHGV 增幅都在 1.5Mg CO_2 eq/(hm²·a)以下;世界温带森林在初始值与变化趋势上同国内 3 种阔叶林生态系统差别较大,前 10 年的 GHGV 增加幅度较低,为 27.41Mg CO_2 eq/(hm²·a),后 50 年 GHGV 增加幅度较高,为 3.52Mg CO_2 eq/(hm²·a)。

对针叶林生态系统 GHGV 值进行比较,研究发现中国常绿针叶林的 GHGV 在数值上与世界针叶林较为接近,而中国落叶针叶林的 GHGV 数值大小及变化趋势与世界针叶林有较大差异(图 7-16)。中国落叶针叶林的 GHGV 在前 10 年的增长速度最快,达到 44.54Mg CO_2 eq/(hm²·a),而世界针叶林的 GHGV 在前 10 年增长速度最慢,仅为 11.26Mg CO_2 eq/(hm²·a),而 10 年后世界针叶林的 GHGV 增长速度依然最慢,在后 50 年它的增长速度仅为 0.74Mg CO_2 eq/(hm²·a)。

表 7-11　各生态系统 GHGV 值及其变化趋势

（单位：Mg CO$_2$ eq/hm^2）

生态系统类型	GHGV1	GHGV5	GHGV10	GHGV15	GHGV20	GHGV30	GHGV40	GHGV50	GHGV70	GHGV100	前 10 年变化趋势	后 50 年变化趋势
世界温带森林	729.40	894.56	1003.48	1081.79	1148.62	1265.05	1366.36	1456.11	1565.46	1632.29	27.41	3.52
中国落叶阔叶林	148.42	377.50	492.70	551.22	590.11	645.76	688.95	726.11	771.32	799.37	34.43	1.47
中国常绿阔叶林	220.56	442.96	553.50	608.68	644.48	693.56	729.20	757.82	790.91	810.89	33.29	1.06
中国混交林	173.97	443.90	574.64	636.96	675.63	726.45	762.64	792.00	826.57	847.75	40.07	1.11
世界针叶林	266.71	339.25	379.30	403.34	421.68	451.02	475.05	495.61	519.18	532.42	11.26	0.74
中国落叶针叶林	242.01	541.64	687.37	757.58	801.73	860.73	903.46	938.48	979.94	1005.31	44.54	1.34
中国常绿针叶林	141.08	318.01	406.38	450.91	480.30	522.02	554.20	581.80	614.96	635.15	26.53	1.07
世界灌丛	76.12	189.80	253.53	290.75	318.65	364.10	404.17	442.08	490.56	520.92	17.74	1.58
中国灌丛	24.50	118.21	165.49	189.31	204.98	227.36	245.13	261.04	280.57	292.43	14.10	0.63
世界湿地沼泽	216.82	355.24	368.70	344.31	312.68	252.01	201.77	161.40	182.13	273.52	15.19	2.24
中国湿地	13.57	216.23	266.34	259.80	238.92	191.63	150.41	117.25	147.24	245.50	25.28	2.57
世界草地	12.19	94.14	133.74	152.43	163.96	179.28	190.69	200.56	212.40	219.52	12.16	0.38
中国草地	14.22	151.41	216.08	245.17	262.08	282.75	296.81	308.28	321.91	330.30	20.19	0.44
中国荒漠草原	6.16	125.78	180.52	203.62	215.84	228.42	235.00	239.20	243.20	245.28	17.44	0.12
世界荒漠	10.26	65.02	90.86	102.45	109.14	117.15	122.39	126.51	130.74	132.68	8.06	0.12
中国荒漠	0.46	86.88	126.65	143.57	152.61	162.08	167.12	170.38	173.29	174.48	12.62	0.08

注：GHGV 后的数字代表年数。

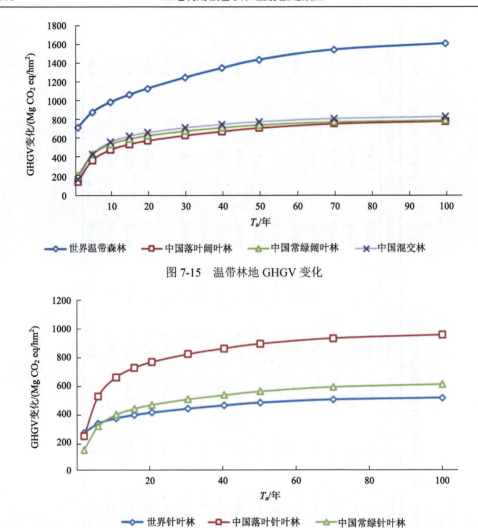

图 7-15　温带林地 GHGV 变化

图 7-16　针叶林 GHGV 变化

　　中国灌丛生态系统的 GHGV 与世界灌丛生态系统相比，初始数值与增长幅度都较小（图 7-17），前 10 年其 GHGV 增长幅度为 14.10Mg CO_2 eq/(hm^2·a)，而后 50 年的 GHGV 增幅仅为 0.63Mg CO_2 eq/(hm^2·a)；中国湿地生态系统与世界湿地沼泽生态系统的 GHGV 都表现为一种波浪形波动趋势，前 10 年与后 50 年都表现为增加趋势，而 10~40 年都呈现下降趋势。

　　对草地、荒漠类生态系统进行比较，研究发现中国草地的 GHGV 在前 10 年增长最快（图 7-18），达到 20.19Mg CO_2 eq/(hm^2·a)，对前 10 年 GHGV 增长速度从大到小排序，依次为中国草地＞中国荒漠草原＞中国荒漠＞世界草地＞世界荒漠。可见国内的草原和荒漠 GHGV 的增长快于世界平均值，数值也高于世界平均值。而在后 50 年里，中国草地、中国荒漠、世界草地、世界荒漠 GHGV 的增加趋势都变缓，增速都在 0.5Mg CO_2 eq/(hm^2·a) 以下。在 100 年分析时间末，对 GHGV 按从大到小排序为中国草地＞中国荒漠草原＞世界草地＞中国荒漠＞世界荒漠，可见草原的 GHGV 要高于荒漠。

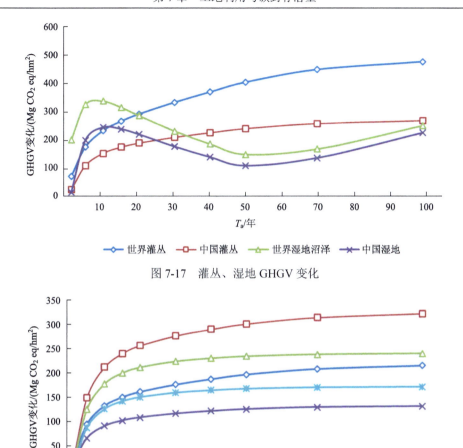

图 7-17　灌丛、湿地 GHGV 变化

图 7-18　草地、荒漠 GHGV 变化

对比中国各生态系统的 GHGV 变化情况，可以发现除中国湿地和水田的 GHGV 变化趋势不规律以外，其余的生态系统 GHGV 在 100 年的分析时间里都呈现增加趋势，增加速度逐渐变慢(图 7-19)，湿地的 GHGV 在 100 年的分析时间里在前 10 年是增加的，在 10～50 年是减小的，在 50～100 年转为逐渐增加。中国湿地的 GHGV 在 100 年的分析时间里，在前 50 年 GHGV 是减小的，在 50～100 年 GHGV 是逐渐增加的。

整体上看，将中国各生态系统模型所需的本地化参数带入 GHGV 模型后，得到的模拟结果虽然与世界相近类型生态系统的模拟结果数据差别较大，但是在较长的分析时间跨度上，模拟值变化趋势是一致的，所以 GHGV 模型带入本地化参数模拟的结果有可信性。

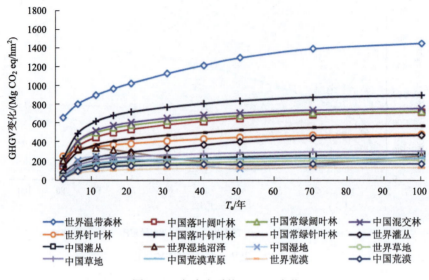

图 7-19 各生态系统 GHGV 变化

7.7 中国自然土地利用与土地覆盖时空变化

每种生态系统类型对应一种土地利用与土地覆盖类型，研究通过计算不同时间点各生态系统的 GHGV 差值总量来为土地利用与土地覆盖变化引起的气候效应提供量化标准。

$$GHG_{LUCC} = GHGV_{new} - GHGV_{old} \tag{7-9}$$

式中，GHG_{LUCC} 为由土地利用与土地覆盖变化引起的温室气体的变化量；$GHGV_{new}$ 为土地利用与土地覆盖发生变化后特定区域各生态系统的温室气体值；$GHGV_{old}$ 为土地利用与土地覆盖发生变化前特定区域各生态系统的温室气体值。由于 GHGV 越大越好，如果 GHG_{LUCC} 是正值，则土地利用及土地覆盖类型变化有利于吸收温室气体，如果是负值，则土地利用及土地覆盖类型变化会加剧温室气体的释放。结合一个时间段的特定地区土地利用类型变化情况计算其整体温室气体效应的变化量，可以用来评估其整体气候效应的优劣，为制定对应措施提供数据支撑和依据。

7.7.1 自然土地利用总变化

本章通过对中国两期土地利用及土地覆盖类型空间数据进行叠加分析，整理出中国土地利用及土地覆盖变化情况，结合公式求取相应的 GHG_{LUCC}，以分析土地覆盖变化所带来的气候效应。同时，将国内主要生态系统类型与 USGS 的土地利用与土地覆盖类型进行对应匹配，地类代码和名称见表 7-12。

表 7-12 土地利用分类与生态系统

USGS 编号	USGS 分类名称	对应生态系统类型
1	Urban and built-up land	城乡聚落和建设用地
2	Dryland	旱田
3	Irrigated	水稻田
7	Grassland	草地
8	Shrubland	灌木
11	Deciduous broadleaf forest	落叶阔叶林
13	Evergreen broadleaf	常绿阔叶林
14	Evergreen needleleaf	常绿针叶林
15	Mixed forest	混交林
16	Water bodies	水体
17	Herbaceous wetland	湿地
19	Barren or sparsely vegetation	稀疏植被/荒漠草原
23	Bare ground tundra	荒漠
24	Ice and snow	冰川高寒地

　　处理中国两期 LUCC 数据,可以对中国 2000 年与 2015 年土地覆盖尤其是自然土地覆盖分布格局进行呈现(图 7-20)。由 2000 年中国自然土地覆盖分布图可以看出中国草地主要分布于内蒙古高原中部和东部、黄土高原、云贵高原、青藏高原与天山北部的河谷地区,呈现连片分布特点,中国东南丘陵地区呈现零星分布;中国灌木的分布范围较小,主要分布在黄土高原东部、云贵高原地区和南方低山丘陵区;中国落叶阔叶林的分

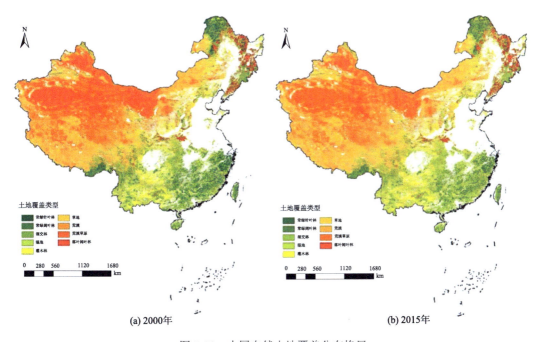

(a) 2000年　　　　　　　　　　　　　　　　(b) 2015年

图 7-20 中国自然土地覆盖分布格局

布比较集中，主要分布在长白山与小兴安岭山区，在黄河进入华北平原的出山口区域有密集分布；中国常绿阔叶林主要分布在中国长江流域以南，东南丘陵地区有零星分布，在中国藏南雅鲁藏布江大峡谷地区与中国台湾岛、海南岛有较为集中分布；中国常绿针叶林主要分布在中国东南丘陵与东北山区；中国混交林的分布较为广泛，主要位于中国季风区域内，在长白山区、南方丘陵区域有较为集中的分布；中国湿地主要有四大分布区，分别是东北地区河流沼泽区、长江中下游河湖湿地、青藏高原高寒草甸湿地与中国沿海滩涂浅海湿地；中国荒漠集中分布在中国西北内陆地区，包括黄土高原西部、内蒙古高原西部、新疆大部与青藏高原北部；中国荒漠草原主要分布在荒漠与其他土地覆盖类型之间，是一种过渡性植被景观。中国 2015 年各自然土地覆盖分布格局与 2000 年整体上保持一致，没有明显改变。

为更好地反映中国主要生态系统类型在不同地区的变化特征，依据中国生态地理区图，本节将中国划分为 7 个生态地理大区开展分析，即东北区（NEC）、内蒙区（IM）、西北区（NWC）、青藏区（TP）、华中区（CC）、华东区（EC）及华南区（SC）。纯灰度底色的栅格表示对应的生态系统类型在对应时间段的面积是增加的，而填充底色则表示相应的面积减少。1990～2015 年林地面积减少较多，减少了 1.48 万 km^2；其中只有灌木林稍有增加，增加了 0.78%；其余的阔叶林、针叶林及混交林均呈现下降趋势，且落叶阔叶林下降明显，达 4.2%。面积减少最多的类型是草地，草原和荒漠草原的总面积从 1990 年的 372 万 km^2 减少到了 2015 年的 365 万 km^2，减少了 7 万 km^2。湿地面积从 1990 年的 14.41 万 km^2 减少到了 13.45 万 km^2，减少了 6.66%。从变化过程来看，林地面积在 1995 年达到最高，随后下降，2000 年以后基本保持稳定；而草地面积 1990 年最大，2000 年以后仍呈现持续下降的趋势；湿地面积变化起伏不大，但持续下降趋势明显（图 7-21）。造成各区域生态系统类型面积变化的原因有很多，除自身演化之外，人类活动的干扰往往同步进行。就各区域来说，三种生态系统在 NEC 和 NWC 需要面对的耕地开垦压力比较大，而在 CC、EC 和 SC 等地，人类建设用地扩张对三种生态系统又有一定影响。但是，还需联立其他类型数据，进一步开展城市扩张、耕地开垦及退耕还林还草等对各区域三种生态系统时空变化过程的影响分析。

7.7.2　各自然土地利用类型的时空变化

针对以上面积变化较大的 4 种土地覆盖类型——混交林、常绿针叶林、草地、荒漠草原，本节对其空间变化进行了细致分析，对各类土地覆盖类型的转换进行了统计。

中国混交林主要分布在中国东部季风区域，面积超过 100 万 km^2，2000～2015 年其面积增加 7666km^2，根据图 7-22（a）可以看到，2000～2015 年混合林的面积增加主要发生在黄土高原区域和云贵高原中东部区域，这反映了中国对以上生态脆弱区域的植被恢复措施，另外混交林的分布在东北区域与天山北坡河谷地带有较大变化。

中国常绿针叶林主要分布在中国西南山地、南方低山丘陵地带和东北山区，面积超过 35 万 km^2。2000～2015 年中国常绿针叶林面积减少 3523 km^2，根据图 7-22（b）可知其与其他覆被类型发生转换的区域主要为大兴安岭东西两侧、南方低山丘陵的西部和中部，发生变化的区域分散。

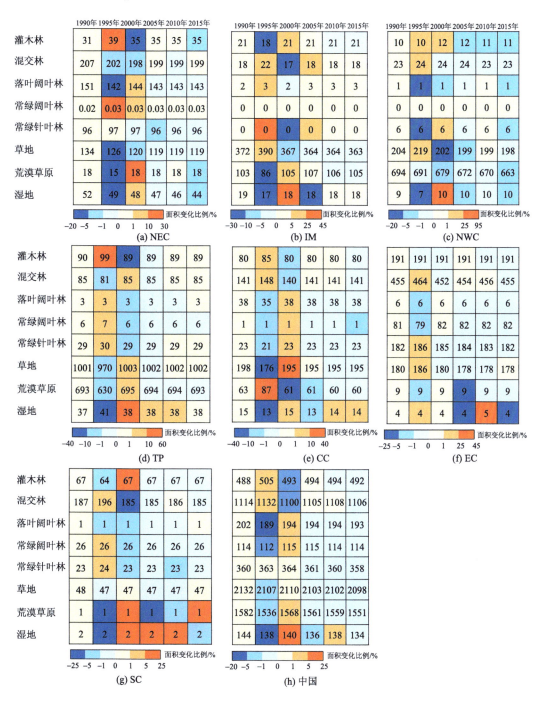

图 7-21　1990～2015 年中国主要生态系统的面积变化

方格中数据的单位为 10³km²

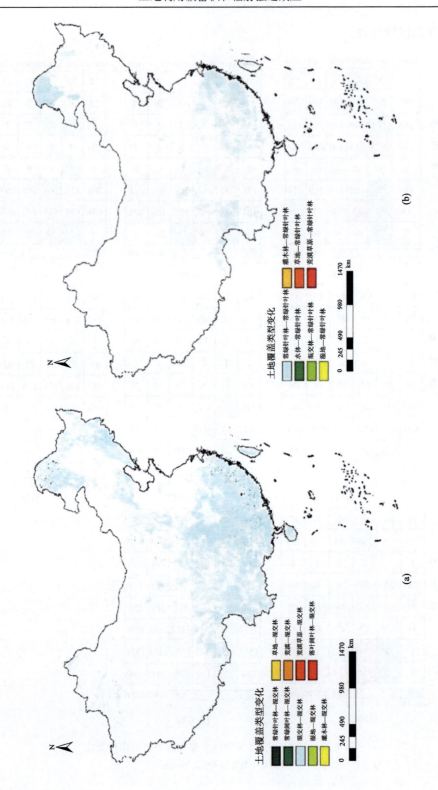

图 7-22　2000～2015 年混交林 (a)、常绿针叶林 (b) 土地转换

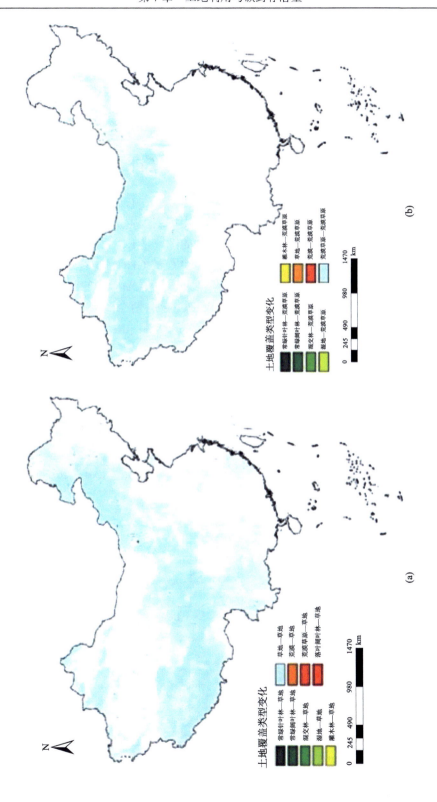

图 7-23　2000～2015 年草地 (a)、荒漠草原 (b) 土地转换

中国草地主要分布在中国的中西部地区，在内蒙古高原东部与青藏高原中部、南部有较集中分布，总面积超过 208 万 km²，2000～2015 年其面积减少 7714 km²，主要变化发生在中国东北平原西部和北部、黄河流域上游与中游地区。中国荒漠草原主要分布在中国西北地区，总面积超过 210 万 km²，2000～2015 年面积增加超过 8400 km²，主要变化区域是内蒙古高原中部和东部、黄土高原北部、青藏高原东部(图 7-23)。

7.8　中国自然土地覆被的碳固定潜力变化对比

中国陆地生态系统 GHGV 保持在 267.0 Pg CO_2 eq 左右。从 1990 年和 2015 年前后两期来看，减少了 3.30 Pg CO_2 eq，说明了多年来中国三大主要生态系统对温室气体的封存潜量有所减弱。具体到每个区域，GHGV 最大的区域是 EC，接近 70 Pg CO_2 eq；其次为 TP，其对应的 GHGV 均超过了 60 Pg CO_2 eq；NEC 的 GHGV 也在 40 Pg CO_2 eq 以上，但是，在研究时段内其 GHGV 下降趋势明显，下降了 4.4%；NWC 的 GHGV 下降也较多，为 2.9%；CC 和 SC 的 GHGV 在 20～30 Pg CO_2 eq，两个区域的 GHGV 也均呈现出一定程度的下降，对应下降的百分比分别为 0.7% 和 0.9%；IM 的 GHGV 最低，在 17 Pg CO_2 eq 左右，下降比例达到了 1.5%(图 7-24)。

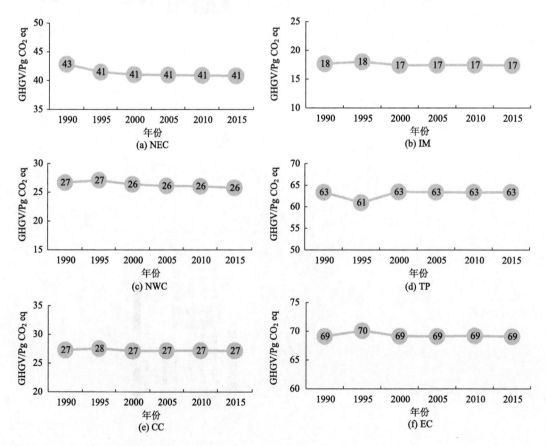

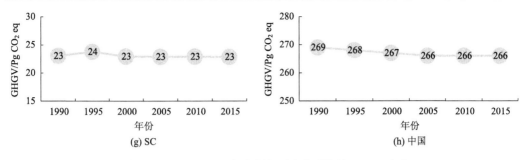

图 7-24　1990～2015 年中国主要生态系统的 GHGV 变化

从主要生态系统的 GHGV 及其变化来看，2000 年以前的 GHGV 波动较大，2000 年以后，大多数生态系统均稍有下降，但波动平缓，基本保持稳定(图 7-25)。其中，草地的 GHGV 占全国陆地生态系统总量的 60.3%；森林占比其次，达到 37.4%；湿地的 GHGV 占比仅为 2.3%。就 GHGV 变化的绝对量来说，1990～2015 年草地和荒漠草原生态系统的 GHGV 下降最多，分别达到了 1.13 Pg CO_2 eq 和 0.79 Pg CO_2 eq；灌木林生态系统的 GHGV 略有增大，增大了 0.11 Pg CO_2 eq；其余生态系统类型 GHGV 均有不同程度的下降。从变化率来看，湿地和落叶阔叶林的 GHGV 下降最快，研究时段内分别下降了 6.72% 和 4.20%；其次为荒漠草原和草地生态系统类型。整体上，林地、草地、湿地 GHGV 均呈现下降趋势，表明生态系统类型转换对温室气体封存潜量的影响不容乐观。

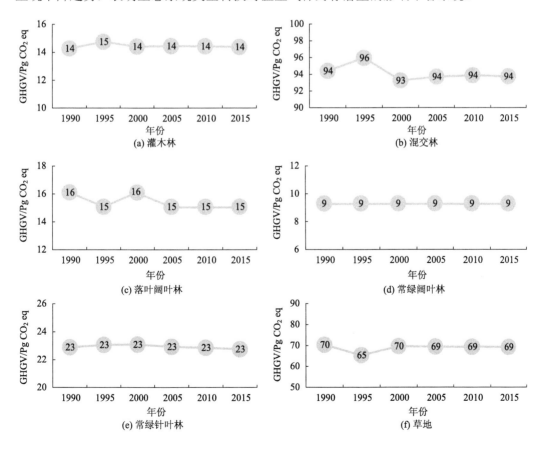

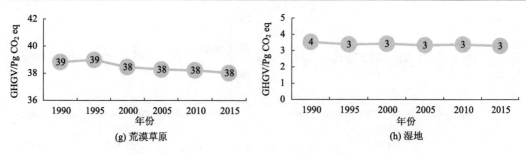

图 7-25 1990～2015 年中国主要生态系统类型的 GHGV 变化

7.9 结 语

本章结合中国三种主要生态系统类型的变化，利用本地化参数之后的一个量化 GHGV 的模型，模拟了中国的森林、草地和湿地生态系统对三大主要温室气体(CO_2、CH_4、N_2O)的封存潜量。结果显示，与 1990 年相比，2015 年中国的三大生态系统面积均呈萎缩趋势，其中草地生态系统面积减少最多，达 7 万 km^2；森林生态系统面积在 2000 年以后保持基本稳定。相应地，中国三大生态系统封存的 GHGV 在研究时段内保持在 266～269 Pg CO_2 eq，25 年来整体上减少了 3.3 Pg CO_2 eq。

本章对中国区域的三种生态系统的温室气体封存潜量进行了模拟研究。本章的模拟结果也是对当前采样观测得到的研究结果的一个补充，两者相互印证。同时，虽然模拟有利于在大尺度上开展，但是中国生态系统类型复杂且人为干扰强烈，同生态系统类型间的差异性很大，本章研究的分类还可以进一步细化。事实上，在更细化的生态系统类型上的采样与分析工作已经开展了。未来可以在一个统一框架下，综合利用多尺度的清查资料、野外监测、遥感及模型模拟等手段，在更为精细的逐栅格单元上评估陆地生态系统的温室气体封存潜量。

参 考 文 献

樊江文, 钟华平, 梁飚, 等. 2003. 草地生态系统碳储量及其影响因素. 中国草地, (6): 52-59.

方精云, 郭兆迪, 朴世龙, 等. 2007. 1981—2000 年中国陆地植被碳汇的估算. 中国科学(D 辑:地球科学), 37(6): 804-812.

方精云, 刘国华, 徐嵩龄. 1996a. 我国森林植被的生物量和净生产量. 生态学报, (5): 497-508.

方精云, 刘国华, 徐嵩龄. 1996b. 中国陆地生态系统的碳循环及其全球意义. 温室气体浓度和排放监测及相关过程. 北京: 中国环境科学出版社.

黄玫, 季劲钧, 曹明奎, 等. 2006. 中国区域植被地上与地下生物量模拟. 生态学报, (12): 4156-4163.

蒋延玲, 周广胜. 1999. 中国主要森林生态系统公益的评估. 植物生态学报, (5):426-432.

蒋有绪. 1996. 中国森林生态系统结构与功能规律研究. 北京: 中国林业出版社.

李克让, 王绍强, 曹明奎. 2003. 中国植被和土壤碳贮量. 中国科学(D 辑:地球科学), (1): 72-80.

刘国华, 傅伯杰, 方精云. 2000. 中国森林碳动态及其对全球碳平衡的贡献. 生态学报, (5): 733-740.

罗天祥, 李文华, 冷允法, 等. 1998. 青藏高原自然植被总生物量的估算与净初级生产量的潜在分布. 地理研究, (4): 2-9.

朴世龙, 方精云, 黄耀. 2010. 中国陆地生态系统碳收支. 中国基础科学, 12(2): 20-22,65.

秦大河. 2003. 气候变化的事实与影响及对策. 中国科学基金, 17(1):1-3.

陶波, 曹明奎, 李克让, 等. 2006. 1981~2000 年中国陆地净生态系统生产力空间格局及其变化. 中国科学(D 辑:地球科学), (12): 1131-1139.

田亚男, 张水清, 林杉, 等. 2015. 外加碳氮对不同有机碳土壤 N_2O 和 CO_2 排放的影响. 农业环境科学学报, (12): 2410-2417.

王绍强, 周成虎. 1999. 中国陆地土壤有机碳库的估算. 地理研究, (4): 349-356.

王绍强, 周成虎, 刘纪远, 等. 2001. 东北地区陆地碳循环平衡模拟分析.地理学报, (4): 390-400.

于贵瑞. 2003. 全球变化与陆地生态系统碳循环和碳蓄积. 北京: 气象出版社.

赵传冬, 刘国栋, 杨柯, 等. 2011. 黑龙江省扎龙湿地及其周边地区土壤碳储量估算与 1986 年以来的变化趋势研究. 地学前缘, 18(6): 27-33.

郑姚闽, 牛振国, 宫鹏, 等. 2013. 湿地碳计量方法及中国湿地有机碳库初步估计. 科学通报, 58(2): 170-180.

中国生态系统网络综合研究中心. 2010. 中国科学院生态系统网络观测与模拟重点实验室 CERN 综合研究中心研究成果与发展. 自然资源学报, 25(9): 1458-1467.

钟华平, 樊江文, 于贵瑞, 等. 2005. 草地生态系统碳循环研究进展. 草地学报, (S1): 67-73.

周广胜. 2003. 全球碳循环. 北京: 气象出版社.

周旺明, 王金达, 刘景双. 2006. 自然沼泽湿地生物量与 CH_4、N_2O 排放量关系初步研究. 中国科学院大学学报, 23(6): 736-743.

周玉荣, 于振良, 赵士洞. 2000. 我国主要森林生态系统碳贮量和碳平衡. 植物生态学报, 24(5):518-522.

Anderson-Teixeira K J, Delucia E H. 2011. The greenhouse gas value of ecosystems. Global Change Biology, 17(1): 425-438.

Falkowski P, Scholes R, Boyle E, et al. 2000. The global carbon cycle: A test of our knowledge of earth as a system. Science, 290(5490): 291-296.

Gong P. 2002. A preliminary study on the carbon dynamics of China's terrestrial ecosystems in the past 20 years. Earth Sci Front, 9(1): 55-61.

Houghton R A. 2003. Revised estimates of the annual net flux of carbon to the atmosphere from changes in land use and land management 1850-2000. Tellus B, 55(2): 378-390.

Houghton R A. 2002. Temporal patterns of land-use change and carbon storage in China and tropical Asia. Science in China Series C-Life Sciences-English Edition, 45(SUPP): 10-17.

Jobbágy E G, Jackson R B. 2000. The vertical distribution of soil organic carbon and its relation to climate and vegetation. Ecological Applications, 10(2): 423-436.

Jones M, Muthuri F M. 1997. Standing biomass and carbon distribution in a papyrus (Cyperus papyrus L.) swamp on Lake Naivasha, Kenya. Journal of Tropical Ecology, 13(3): 347-356.

Lai L, Huang X, Yang H, et al. 2016. Carbon emissions from land-use change and management in China between 1990 and 2010. Science Advances, 2(11): e1601063.

Powell S W, Day F P. 1991. Root production in four communities in the great dismal swamp. American Journal of Botany, 78(2): 288-297.

Pregitzer K S, Euskirchen E S. 2004. Carbon cycling and storage in world forests: Biome patterns related to forest age. Global Change Biology, 10(12): 2052-2077.

Scurlock J M O, Johnson K R, Olson R J. 2002. Estimating net primary productivity from grassland biomass dynamics measurements. Global Change Biology, 8(8): 736-753.

Uyssaert S L, Ragao L A, Onal D B, et al. 2007. CO_2 Balance of boreal, temperate, and tropical forests derived from a global database. Global Change Biology, 13(12): 2509-2537.

Whittaker R H, Bormann F H, Likens G E, et al. 1974. The hubbard brook ecosystem study: Forest biomass and production. Ecological Monographs, 44(2): 233-254.

Whittaker R H, Likens G E. 1973. Introduction. Hum Ecol, 1: 301-302.

第 8 章　土地利用生态效应的历史动态本底

生态环境问题日益制约区域可持续发展，因此加强生态保护、实施美丽中国建设成为我国新时期的重要任务。生态系统服务价值将生态系统的服务功能量化，直观反映生态环境现状，便于生态经济协调关系分析，生态系统服务价值在生态文明建设中的应用是相关领域研究较为重要的关注点。青海省地处我国西北地区，横跨黄土高原和青藏高原，生态类型复杂，生态环境脆弱。青海省的生态系统服务价值具有典型性和代表性，对于指导该地区生态文明建设具有一定的积极意义。本章以青海市为例从水文效应、土地利用变化、生态系统服务价值、生态经济协调度、生态补偿和生态经济协调度等方面对土地利用联立的生态效应动态历史本底进行阐述。

8.1　土地利用变化的生态系统服务价值

环境价值理论是在人与自然关系不断深化的过程中产生的，是人类对于自然认识不断深化的结果。自然环境中，部分能够直接接触到的，如林木、矿产等可以直接产生经济效益，其价值能够得到认可；对于不易被察觉部分，如净化空气、涵养水源等则存在较多争议。目前关于环境价值理论的探讨，主要涉及劳动价值理论、使用价值理论和边际效用理论等。劳动价值理论认为劳动是价值的唯一源泉，只有凝结一般人类劳动才有价值，因此有人认为自然环境没有价值；而价值量是由社会必要劳动时间决定的，因此部分人认为环境具有价值，自然环境价值量是无法得到计量的，致使耗费的自然环境价值无法得到补偿。使用价值理论认为自然资源环境具有使用价值，因此自然环境具有价值。这与马克思政治经济学原理相悖，马克思政治经济学认为有价值的一定有使用价值，有使用价值的不一定有价值。边际效用理论认为环境具有价值是由于其稀缺性；随着人类对于资源需求的增加，对环境排污增长，资源与环境容量的稀缺性日益明显，资源环境存在价值。

生态系统服务价值是对一定时空尺度下生态系统为人类提供服务的量化。其服务价值分为直接价值和间接价值：直接价值对应人们直接受益的生态服务功能，如粮食、肉类和果实等；间接价值主要是维持人类生存环境的生态系统服务功能，如净化空气、水土保持、维持生物多样性等。长期以来，人们忽视生态系统的间接服务功能，认为这些是没有价值的。事实上，生态系统的间接服务功能和直接物质产品服务功能都是有价值的。人类对资源的过度利用，对环境破坏的加剧以及由此导致的一系列生态环境问题，表明生态服务价值的重要性。一系列国际会议文件显示生态环境问题已逐步引起人们的重视。《联合国人类环境会议宣言》《我们共同的未来》《里约环境与发展宣言》《21 世纪议程》《可持续发展问题世界首脑会议执行计划》以及 2009 年哥本哈根世界气候大会和 2012 年多哈气候大会等，表明生态环境问题已经到了必须采取应对措施的地步。十八届三中全会报告也明确提出加快生态文明建设。

　　生态系统服务价值理论认为生态系统为人类生存提供服务产品，主要分为两部分：直接产品和间接产品。直接产品是直接供给人类的，具有市场经济价值，如矿产、粮食等，其价值是不可否定的；间接产品是为人类提供服务的，目前没有直接市场价值，一旦破坏则需要耗费人力、财力来恢复，如涵养水源、保持土壤等也具有价值。生态系统服务价值理论主要解决生态系统服务价值量化问题。可以计算直接产品价值，间接产品价值无法得到准确评估。目前主要评估方法有市场价值法、替代法、支付意愿调查评价法和能值分析法等。

　　市场价值法直接引入市场价格对生态系统产品价值进行核算；替代法是对于有市场交易的生态功能，运用相关的产品价格进行替代；支付意愿调查评价法是通过对生态服务的提供者和收益者进行主观意愿调查，确定生态系统服务价值；能值分析法是通过生态系统太阳能能值的分析确定生态服务价值。由于生态系统功能类型复杂，生态系统服务价值理论有待进一步完善。目前多数通过土地利用变化评估区域土地生态服务价值。随着生态系统服务价值理论的发展，通过区域生态系统服务价值的估算，可以为衡量区域可持续发展、绿色 GDP 核算以及区域间生态补偿机制问题提供依据。

8.2　生态系统研究进展

　　著名生态学家 Odum 和 Barrett（1971）最早将生态系统功能定义为生态系统的不同生境、生物学及其系统性质或过程。Daily（1997）指出生态系统服务是生态系统及其物种所提供的满足人类生活的条件和过程。Costanza 等（1997）将生态系统服务定义为生态系统提供的商品和服务。Boyd 和 Banzhaf（2007）认为生态系统服务并不是人类从生态系统获得的收益本身，而是能为人类提供福利的生态组分。生态系统功能与生态系统服务既有区别又有联系。生态系统功能强调生态系统自身的自然属性；生态系统服务强调生态系统的社会属性。生态系统功能是客观存在的，对人类有益的生态系统服务功能可以称为生态系统服务。因此，生态系统功能是生态系统服务的基础，生态系统为人类提供商品和服务的能力取决于生态系统功能的强弱。同时，生态系统功能具有多样性，能够提供多种服务；而同种生态系统服务也可由多种生态系统提供。生态系统服务价值是对生态系统服务功能的量化，反映生态系统为人类提供福利的强度和数量。

8.2.1　生态系统服务价值国外研究综述

　　生态系统服务价值是对生态系统服务功能的量化，其功能分类是服务价值评估的基础。Costanza 等将全球生态系统的服务功能分为 17 种类型：气候调节、气体调节、扰动调节、水调节、废物处理、水供给、食物生产、原材料、基因资源、侵蚀控制、沉积物保持、土壤形成、养分循环、传粉、生物控制、避难所、休闲和文化等。Odum 和 Barrett（1971）在此基础上将生态系统服务功能划分为三类，提供生活与生产物质基础、维持生命系统和提供精神生活享受。联合国《千年生态系统评估报告》将生态系统服务功能分为四类，即供给服务、调节服务、支持服务和文化服务（赵士洞和张永民，2006）。

目前联合国千年生态系统评估的四分法得到更大程度的认可。

梳理国外对于生态系统服务价值研究的历程，主要存在两个里程碑事件：1997 年 Costanza 等在 "*nature*" 上发表的 "*The value of the world's ecosystem services and nature capital*" 引起了世界对于生态系统服务价值的普遍关注；21 世纪联合国千年生态系统评估计划的实施对全球、区域、国家和局地等不同尺度生态系统进行了评估。据此生态系统服务价值研究可以分为三个阶段：起步阶段、快速发展阶段和深入发展阶段。

1. 国外生态系统服务价值研究的起步阶段

1970 年联合国大学发表了《人类对全球环境的影响报告》，首次提出了生态系统功能的概念，并列举了生态系统的服务功能类型（Wilson and Matthews, 1970）。Westman（1977）提出了自然的服务概念及其评价。Brown 和 Ulgiati（2004）综合了系统生态、能量生态和生态经济，提出了能值理论。运用能值分析能够将生态系统不同种类的能量转化为统一的标准进行比较和分析，也便于分析生态系统的综合价值。20 世纪末以来，对于生态系统服务价值的研究日益增多。Barbier 等（2001）指出由于缺乏对于森林生态系统服务功能的了解，造成了对森林生态系统的过度利用，仅热带雨林每年被砍伐的面积为 710 万 hm^2。Maille 和 Mendelsohn（1993）对热带雨林的生态旅游价值进行了研究。Adger 等（1995）对墨西哥的森林生态系统价值进行了评估，并提出了相应的政策建议。Gren 等（1995）对多瑙河流域进行了生态系统服务价值的评估。Jakobsson 和 Dragun（1996）从生物多样性的角度评估了澳大利亚维多利亚州濒危动物物种价值。

这一时期，生态系统服务价值研究主要集中在概念界定、分析方法理论等方面，逐步认识到生态系统服务价值对人类的重要性，并对部分生态系统服务价值进行了初步研究。但这些研究是零散的，不具有综合性，缺乏对生态系统服务价值的完整认识。

2. 国外生态系统服务价值研究的快速发展阶段

Costanza 等 1997 在 "*nature*" 上发表了 "*The value of the world's ecosystem services and nature capital*"，在世界范围内引起了极大的轰动。关于生态系统服务价值的研究迅速成了热点。Costanza 等（1997）对全球生态系统服务功能进行了划分，综合了以往的主要方法对全球生态系统的经济价值进行了初步计算。计算得出，1997 年全球生态系统服务价值达到 33 万亿美元，是当年全球国民生产总值的近 2 倍。Daily（1997）对生态系统服务的概念、服务价值评估、不同生态系统服务功能和区域生态系统服务功能进行了系列的介绍。Grasso（1998）结合动态优化模型和动态模拟模型研究了红树林地区生态系统服务价值和林业、渔业协调发展的数量关系。Bolund 和 Hunhammar（1999）、Björklund 等（1999）对诸如城市生态系统、淡水生态系统等不同种类生态系统服务功能价值进行了评估。Sutton 和 Costanza（2002）对全球生态系统服务的市场价值和非市场价值，以及与世界各国 GDP 之间的关系进行了分析。

这一时期生态系统服务价值研究迅速兴起。大量研究成果出现，主要集中在生态系统服务价值估算、各类生态系统服务价值的关系以及影响因素分析等方面。

3. 国外生态系统服务价值研究的深入发展阶段

世界卫生组织、联合国环境规划署和世界银行等机构通过开展联合国千年生态系统评估(MEA)，发表了《生态系统与人类福利》，分别从全球和区域尺度评估了生态系统服务价值。生态服务科学与实施战略组从空间和时间尺度论证了生物多样性与生态系统功能的关系，以及生态系统功能和生态服务的关系。Hein 等(2006)对生态系统服务价值与尺度和利益相关者之间的关系进行了研究。Wu 等(2013)继 MEA 研究成果之后，建立了一套指标量化人类对于生态系统服务的依赖，结果表明低收入水平的人对生态环境的依赖性更大，并提出应多尺度管理生态系统服务变化引起的风险。Kozak 等(2011)评估了美国伊利诺伊州 Des Plaines 和 Cache 河的生态系统服务价值，提出空间对生态系统服务研究的重要性。Zari(2012)研究了生态系统服务分析在生态恢复设计方面的应用，认为生态系统服务主要起目标设定、过程和结果评价的作用，并进一步指出将生态系统服务分析方法用在城市生态环境建设中的重要意义。

Cornell(2011)总结了生态系统服务价值的研究进展，认为生态系统服务价值研究是连接生态和社会经济的桥梁，其目标是促进可持续发展。Potschin 和 Hainesyoung(2011)的一系列文章从地理学、社会学和经济学方面讨论了生态系统服务与人类社会的关系，以及生态系统服务评估的重要性。Dempsey 和 Roberson(2012)总结了世界生态系统服务保护政策的异质性，认为生态系统服务政策与实践背离新自由主义。

生态系统服务价值研究的兴起和完善逐渐引起社会的广泛关注。研究方法逐步深入，日益重视生态系统服务价值的时空特征研究。同时生态系统服务价值的研究成果开始应用于生态建设、城市生态环境设计等方面。此外，研究视角日益广阔，学者逐步从地理学、社会学、经济学甚至管理学等多角度进行生态系统服务价值研究。

8.2.2　生态系统服务价值国内研究

国内马世俊 1984 年发表的《社会-经济-自然复合生态系统》是国内较早关于生态系统与社会经济关系的研究。之后的相关研究成果相对较少，涵盖了各类生态系统和不同尺度。

1. 森林生态系统服务价值研究

侯元兆和王琦(1995)首次对中国森林资源涵养水源、防风固沙、净化空气功能的价值进行了评估。薛达元等(1999)运用费用支出法、旅行费用法及条件价值法对长白山自然保护区生物多样性的旅游价值进行了评估，该研究对森林生态系统的文化、娱乐价值进行了有益的探索。蒋延玲和周广胜(1999)根据第三次全国森林资源清查资料及科斯坦萨等的方法估算了我国 38 种主要森林类型生态系统服务价值，为 117.401 亿美元。肖寒等(2000)探讨了森林生态系统服务功能的内涵，并综合运用了市场价值、影子工程、机会成本和替代花费等方法，估算了海南尖峰岭热带地区森林生态系统的经济价值。赵同谦等(2004)、余新晓等(2005)分别评估了中国森林生态系统服务价值。马长欣等(2009)详细计算了森林固碳释氧、保育土壤、涵养水源等服务价值。李彧宏(2011)参照森林绿色核算体系,核算了张家界森林的生态效益,结果表明张家界的森林对经济总量的贡献是不断增加的。赵忠宝等(2012)依据国家林业局的森林服务功能评估规范,评估了秦皇岛的森林生态系统服务价值。

2. 农田生态系统服务价值研究

赵荣钦等(2003)总结了农业生态系统的各项生态服务功能,提出了相应的估算方法。赵海珍等(2004)运用市场价值法、替代工程法等方法评价了拉萨河谷农田生态系统服务功能。付静尘(2010)对农田生态系统服务价值核算方法进行了探讨,并对其影响因素进行了情景模拟。尹飞等(2006)认为农田生态系统具有产品服务功能、环境服务功能和维持生态安全的价值,人类活动是其根本驱动力。孙能利等(2011)对农业生态系统价值的测算方法进行了改进,并估算了山东省的农业生态系统服务价值。彭开丽等(2012)对我国各省份农地资源的价值量进行了评估,认为生态系统服务价值是农地价值的重要组成部分。谢高地和肖玉(2013)对我国农业生态系统服务价值研究进行了总结,提出发展多功能农业是未来生产农业的重要发展方向。王冬银等(2013)运用市场价格法、影子价格法等评估了重庆市耕地的非市场价值。

3. 草原生态系统服务价值研究

谢高地等(2003, 2001)在中国草地生态系统服务价值和青藏高原草地生态系统服务价值研究方面做了较多的工作。闵庆文等(2004)运用能值分析法评估了青海省草地生态系统服务价值,结果表明青海省草地生态系统主要服务功能的宏观价值为 609.35 美元/(hm² · a)。姜立鹏等(2007)利用遥感技术评估了我国草地生态系统服务价值,结果表明草地生态系统服务价值是生产价值的 19 倍,同时单位面积服务价值空间差异显著。刘兴元和冯琦胜(2012)依据地域差异、空间异质性和区域经济差异,建立草地生态系统服务价值评估体系,评估藏北高原草地生态系统服务价值。

4. 湿地和水域生态系统服务价值研究

欧阳志云等(2004)对我国陆地水生态系统服务功能的间接价值进行了评价与估算,结果表明水生态系统提供的间接价值是直接价值的 116 倍。李景保等(2007)对洞庭湖流域水生态系统服务功能进行了评估,其总价值为 1106.19 亿元,其中直接价值为 415.698 亿元,间接价值为 690.492 亿元。智颖飙等(2009)采用市场价值法,从生态系统服务功能分析的角度对洪泽湖的服务价值进行货币化评估,洪泽湖湿地每年服务于人类的各种价值总和可达 52 亿元。索安宁等(2009)利用遥感数据,综合运用环境经济学、资源经济学等方法对辽河三角洲湿地生态系统服务价值进行了评估,得出该区湿地生态系统服务功能总价值为 90.243 亿元。王春连等(2010)基于地理信息系统空间分析方法,研究了拉萨河流域湿地 30 年的动态变化过程,评价了湿地生态系统服务功能价值的变化。邢伟等(2011)以盐城海岸带为例研究了土地覆盖变化对湿地生态系统服务价值的影响。张文娟等(2010)对城市湿地生态系统服务价值进行了研究,分析了城市湿地生态系统服务功能内涵以及人为干扰方式。张振明等(2011)评估了永定河北京段生态系统服务价值,结果显示永定河以文化和调节服务为主。和建萍和刘立涛(2012)对纳帕海湿地生态系统服务价值进行了评估，20 年降幅高达 90%。

5. 荒漠生态系统服务价值研究

对荒漠生态系统也进行了相关研究。黄湘和李卫红(2006)划分了沙漠生态系统的主要服务功能，并提出了相应的价值估算方法。任晓旭和王兵(2012)将荒漠生态系统服务功能划分为固碳、水文调节、土壤保持、防风固沙、生物多样性和旅游 6 类，并建立了相应的生态系统服务价值评估指标体系。此外，中国林业科学研究院联合中国科学院、北京大学、北京林业大学等单位开展了"荒漠生态系统服务功能检测与评估"，这将有效促进荒漠生态系统服务价值的定量评估。

6. 区域综合生态系统服务价值研究

对于区域综合生态系统服务价值的研究，陈仲新和张新时(2000)根据 Costanza 的研究成果，对中国生态系统的功能和效益进行了价值评估，得出中国陆地生态系统服务价值为 56098.46 亿元/a；海洋生态系统服务价值为 21736.02 亿元/a。蔡中华等(2014)参考陈仲新等的方法，对中国 2010 年陆地生态系统服务价值进行了计算，服务价值总量较 1994 年有较大上升。冉圣宏等(2006)对不同类型土地生态系统服务价值系数进行了修正，并计算了我国不同省份土地利用变化引起的不同生态服务价值的变化。邸向红等(2013)分析了山东省生态系统服务价值的时空特征，并进行了相应的分区。常守志等(2011)分析了 1954~2005 年三江平原生态系统服务价值的变化，并对其影响因素进行了分析。张侃等(2006)利用 CITY green 模型，研究了土地利用变化对杭州市绿地生态系统服务价值的影响，表明土地利用的调整可有效促进经济和生态服务价值的增长。吴海珍等(2011)利用 4 期遥感数据，运用地理信息技术分析了内蒙古多伦土地利用变化引起的生态系统服务价值变化。乔旭宁等(2011)构建了价值转移评价方法，计算了流域上下游各县可转移的生态系统服务价值。

国内对于生态系统服务价值的研究日益增多。研究尺度涵盖全国、省、市，研究对象包括各类生态系统以及区域综合生态系统服务价值；研究手段日益多元化，地理信息系统、遥感等技术手段有力地支撑了生态系统服务价值研究。但目前关于生态系统服务价值的研究多关注区域生态系统服务价值的评估，对生态系统服务价值的时空变化问题研究仍较少，同时县级尺度的研究更少，尤其对于生态环境脆弱的西北地区。生态系统服务价值在社会实践中的应用研究则更少。

8.2.3　生态经济协调关系研究综述

生态经济协调发展是一个复杂的系统，涉及地理学、经济学、生态学、社会学等多学科交叉。比较而言，地理学更注重社会经济与生态环境的时空布局和优化调控；经济学更关注资源环境约束下的生存保障；生态学主要从生态经济学的角度研究生态和经济的最佳组合，寻求最适宜的生态经济平衡(王长征和刘毅, 2002)。Brock 和 Taylor(2005)基于新古典增长模型和内生增长模型，建立了生态与经济协调发展的 4 个模型，即绿色

Solow 模型、强化减排模型、源头与末端模型以及诱发创新模型。这些模型进一步解释了生态环境与经济协调发展的条件问题。

对于生态经济协调发展的状态评价，国内较多学者从不同尺度、不同角度进行了研究。吴玉鸣和张燕(2008)运用指标体系法和耦合协调度模型及熵值赋权法，对中国 31 个省级区域的生态经济协调发展进行了时空分析，结果表明中国大部分地区处于低强度的协调状态，区域之间差异较大。易定宏等(2010)运用能值理论和方法分析了贵州省生态经济系统 1992~2008 年的动态变化，得出贵州能值投入和使用强度呈上升趋势。尹海伟和孔繁花(2005)、马彩虹等(2009)、任曼丽和焦士兴(2007)、许萍(2012)分别运用生态足迹模型，分析了山东省、江西省、河南省和鄱阳湖经济区的生态经济协调发展状况。刘承良等(2009)、余瑞林等(2012)探讨了武汉城市圈的生态经济协调发展问题。王振波等(2011)基于生态系统服务价值理论，评价了长三角地区 1991~2008 年的生态经济协调度，并对其空间布局规律进行了分析。苏飞和张平宇(2009)、甘奇慧和夏显力(2010)分别基于生态系统服务价值，对大庆市和铜山县的生态经济协调发展状态进行了评价。

目前生态经济协调评价多是基于指标体系法、生态足迹模型和能值分析法等。指标体系法简单易行，研究使用较多。但生态经济系统是一个复杂系统，生态经济协调评价指标体系的指标构成是否合理难以检验，其准确性受指标体系构建者专业知识背景的影响。基于生态足迹模型的生态经济协调状态评价客观性更强，适宜时空比较。但其所需要的数据资料在微观尺度区域获取难度大，而在宏观尺度区域则容易获取，因此适宜运用于宏观尺度的研究。能值分析法是将区域资源环境的消耗统一转化为太阳能焦耳，便于区域不同系统之间、区域之间的比较分析。但由于能值分析法是将区域能流、物流、信息流等转化为太阳能，其能源转化效率指数在宏观区域内使用尚可，但对于小尺度区域，由于生产、生活方式的差异，其计算精度无法保证。生态系统服务价值评价法目前在生态经济系统协调发展评价中的应用不多。随着 LUCC 研究的不断扩展以及 3S 技术的发展，利用土地利用变化的生态效应可以准确地评估区域生态系统(李秀彬，1996；Sherrouse et al., 2011)。生态系统服务价值评价法是基于区域土地利用数据，将各类生态系统服务功能量化，转化为统一的单位(货币单位)。因此应用生态系统服务价值评价法可以方便地对区域生态系统的变化进行时空分析；同时，统一的单位也便于对区域生态系统服务价值与社会经济数据进行比较，评价区域生态经济协调发展状态。

8.3　青海省自然环境和自然资源概况

青海省是青藏高原的主体，东部属于黄土高原，跨两大地理单元，地理位置介于 31°39'N~39°19'N, 89°35'E~103°04'E，东西长约 1200km，南北宽约 800km，总面积 72.23 万 km²，占全国陆地面积的 7.5%。全省涉及黄河、长江、澜沧江、内陆河四大水系，是我国乃至亚洲部分地区的重要水源地，被誉为"三江之源""中华水塔"，其生态地位尤为重要。

全省地势西高东低，南北高中部低。全省属于典型的高原大陆性气候，主要特征是干燥、多风、寒冷，多年平均气温为–5.6~8.5℃。有高山、盆地、戈壁、丘陵、平原、沼泽、湖泊等地类。植被类型多样,以草甸植被为主。全省土地资源和社会经济发展不均衡,东部黄土高原区人口较密,内陆河区、黄河源区、长江源区、澜沧江源区人口稀少。省内多年平均径流量为 611.23 亿 m³,折合径流深 85.6mm。据第一次全国水利普查成果,全省土壤侵蚀总面积为 32.45 万 km²,占全省总土地面积的 46.58%。主要土壤侵蚀类型有水力侵蚀、风力侵蚀、冻融侵蚀(冻蚀)。

8.3.1 青海省自然环境条件

1. 青海省地形地貌

青海省地处青藏高原东北部和黄土高原西部,高海拔形成该区域独特的高寒气候和高原景观。西北部为柴达木盆地,东部为黄土高原区,西南部是三江源区。地势西高东低,高差悬殊。青南高原海拔超过 4200m,高原西部海拔在 4700m 以上。东部黄土高原海拔大多在 3000m 以下,最低点位于湟水在民和下川口村出省处,海拔 1650m。全省地势自西向东倾斜,高差达 5200 多米。

全省地貌类型复杂多样,有高耸挺拔的山脉、辽阔的高原、大小和高度不等的盆地、缓起伏的丘陵以及宽展的谷地、幽深的峡谷等。盆地约占全省面积的 30.0%,河谷占 4.8%,山地占 51%,戈壁荒漠占 4.2%。

2. 青海省的气候概况

青海省大部分地区属于青藏高原地区,气候上突出表现为高寒特征。全省年均温 −5.6~8.5℃,冬季漫长,大多在 150 天以上,青南高原和祁连山地中西部在 250 天左右。夏季短促,且分布地域狭小,主要分布在东部河湟谷地区,循化撒拉族自治县和民和回族土族自治县的夏季分别为 107 天和 101 天,其余在 60 天以下;青南高原和祁连山地中西部没有夏季。

青海降水总体偏少,全省年降水量在 16.7~776.1mm。地区分布极不均匀,由东南部向西北部递减。省内河南、大武、清水河、杂多一线东南部地区年均降水量大多在 500mm;东北部祁连山地降水量在 400~500mm,成为省内一个多雨中心;河湟谷地降水偏少,一般在 400mm 以下;中部地区降水量为 200~300mm;可可西里地区降水量在 150mm 以下;西北部的柴达木盆地,降水量东部为 150~180mm,中部为 100mm 左右,西部在 50mm 以下,西北部不足 20mm。

降水的季节差异也比较大,6~9 月的降水量占全年降水量的 80% 左右,10 月至翌年 3 月降水量仅占全年降水量的 4.1%~16.6%,4~5 月降水量占青海降水量比例相对较大。

全省年太阳辐射总量仅次于西藏,居全国第二位,是我国太阳能资源最丰富的省(市、自治区)之一。省内太阳年辐射总量分布趋势从东南部向西北部递增。全省 4~8 月的辐射总量占全年的 50% 以上,与全省气温、降水量分布一致,利于农牧业生产发展。全省年日照时数 2244~4432 h,由东南部向西北部递增,其空间分布与年辐射总量分布基本吻合。青海省年均气压 580~820 hPa,大部分地区气压低于 650hPa,为海平面的 2/3。

空气密度大多为 $0.72\sim1.2kg/m^3$，仅为海平面的 $56\%\sim80\%$。含氧量大多在 $0.174\sim0.233kg/m^3$，比海平面低 $20\%\sim40\%$。

3. 青海省的水文条件

青海省是黄河、长江及国际河流澜沧江的发源地，境内有我国最大的内陆咸水湖——青海湖。素有"中华水塔""江河源头"之美称。青海省东南部、东北部水系发育，河网密集；西北部为盆地地区，河流稀疏；柴达木盆地西北部属于无径流区。以乌兰乌拉山—布尔汗布达山—日月山—大通山一线为界，其以南以东为黄河流域、长江流域、澜沧江流域，为外流区，以北以西为内陆河流域。外流域主要为黄河、长江、澜沧江三大水系。内陆河区主要有祁连山北部、青海湖盆地、哈拉湖盆地、茶卡—沙珠玉盆地、柴达木盆地、可可西里六大水系。

青海省各河流主要控制水文站多年平均含沙量在 $0.122\sim23.6kg/m^3$。湟水支流巴州沟吉家堡水文站多年平均含沙量最高，达到 $23.6kg/m^3$；长江流、西南诸河多年平均含沙量较低，不超过 $1.0kg/m^3$。河流年内最大含沙量主要出现在 $6\sim8$ 月，年际变化较大。

黄河循化水文站多年平均输沙量为 3489 万 t，仅占黄河流域总输沙量的 3.45%（花园口站多年平均值 10.1 亿 t）。湟水干流西宁水文站、民和水文站多年平均输沙量分别为 322 万 t、1644 万 t；西北诸河德令哈水文站、布哈河口水文站、格尔木水文站多年平均输沙量分别为 24.1 万 t、35.5 万 t、250 万 t；长江干流直门达水文站多年平均输沙量为 933 万 t；澜沧江香达水文站多年平均输沙量为 341 万 t。

青海省河流输沙年内分配不均，各主要河流输沙年内分配不均，各主要河流输沙量一般主要集中在 $6\sim8$ 月，占全年输沙量的 $61.8\%\sim90.5\%$。河流年际变化较大，其中黄河流域输沙量的年际变化最大，西南诸河输沙量的年际变化最小。

4. 青海省的植被与土壤

青海省植被类型多样，分布错综复杂，以草甸植被为主，其次是荒漠植被和草原植被，森林植被很少。全省林草面积（不包括荒草地）为 4566.19 万 hm^2。草甸植被是青海省面积最大的植被类型，其中以高寒草甸植被为主，是我国独特的植被类型，主要分布于青南高原和祁连山地。森林植被类型有温性和寒温性落叶阔叶林与常绿针叶林，主要分布于 96°E 以东地区，即青海东部山地和青南高原东南边缘。

植被类型地区分异非常明显。在东部黄土高原区，以温性中生、旱中生或旱生灌木植被为主，主要分布在河谷两侧低山，一般呈小面积块状分布，属于森林植被类型。在黄河源区，以高寒草甸草地、干旱草原草地、荒漠化草原草地植被为主；在长江、澜沧江源区，植被分布错综复杂，由东南向西北水平分布规律为，山地森林、高寒草甸、高寒草原和高寒荒漠依次排列。在内陆河区，柴达木盆地和茶卡—沙珠玉植被稀少，只有少量荒漠植被分布；青海湖和哈拉湖区以高山草甸、草原植被为主；祁连山和黑河区以森林植被为主（主要是次生沙棘林），原始林次之；可可西里区为典型的高寒生态系统区，该区生物种类虽少，但多属于独特的高寒草甸、荒漠植被，高寒草原是亚洲中部高寒环境中典型的自然生态系统之一。

　　全省土壤发育比较年轻，以自然土壤为主。其中，高山寒漠土、高山草原土、高山草甸土分布最广，其次是黑钙土和沼泽土。土壤质地多为沙壤土，表层有机质含量在1%左右。

　　全省土壤类型多样，地区分异明显。在东部黄土高原区的河谷盆地、河漫滩、阶地区，土壤主要为熟化程度较高的灌淤型栗钙土，其次是灌淤型灰钙土；浅山区主要为淡栗钙土和灰钙土，质地为粉砂壤、轻壤或黏壤土质；南山区主要为暗栗钙土、黑钙土。黄河源区，在海拔2800~3400m的滩地、坡地主要为栗钙土和暗栗钙土，还有草甸土、沼泽化草甸土；在海拔3400~4300m地带为黑钙土和高山草甸土。黄河源区总体土层薄，质地粗。长江、澜沧江源区土壤主要有高山草甸土、高山草原土、高山寒漠土、灰褐森林土等。在内陆河区，主要土壤为棕钙土、灰棕土、荒漠盐土、草甸土、草甸盐土及沼泽盐土等。

8.3.2　青海省自然资源条件

1. 青海省的水土资源

　　青海省水资源总量为629.3亿m^3。人均占有水资源量为1.12万m^3/人，是全国人均水资源量的5倍多。但水资源及开发利用地域分布极不平衡。就地表水而言，省内径流深分布与降水量分布基本一致，总的趋势是由西南向东北递减，最高为东南部的玉树—囊谦、久治—班玛一带和河西内陆的东部地区，多年平均径流深在300mm以上，最低为柴达木盆地的中心地带，基本不产流。

　　省内人口集中、经济发展水平高的东部地区和柴达木盆地区，水资源严重短缺。青南高原、祁连山地区水资源丰富，但这里自然条件差，人口稀少，且有些地方还是无人居住区，水资源开发利用程度低。

　　青海省土地辽阔，土地总面积为69.66万km^2，人均土地面积为11.97hm^2/人。各区土地资源分布不均衡，人均土地数量相差悬殊。

2. 青海省的矿产资源

　　青海省矿产资源相当丰富，有134种，已探明储量的有108种，矿产资源潜在价值、保有储量的潜在价值、人均占有量均居全国第一位。矿产资源主要有石油、天然气、煤、铬、铅锌、金、银、湖盐、钾、硼、锂、镁、溴、碘、锶、芒硝、石棉、石灰岩、自然硫等。

3. 青海省的生物资源

　　青海省地域辽阔，地貌类型复杂多样，生物多样性相对丰富，动植物赖以生存的环境复杂多样，特别是山地动物、水域动物、草原动物等生存条件较为优越。

　　青海省植物区系复杂，有多种地理成分，以北温带成分为主，植物具有典型的北温带性质。据不完全统计，区内有高等植物1044种，占全省野生植物种类的1/3。

　　青海省有动物种类300多种；兽类40多种；鸟类100多种。昆虫种类2000多种，其中林草害虫近千种，天敌昆虫 200 多种。昆虫组成简单，表现出东西过渡类型。

4. 青海省的社会经济

全省包括 6 个民族自治州、2 个地级市、45 个县级单位(表 8-1)。

表 8-1　青海省行政区划

市(自治州)	面积/万 km²	涉及县、市、区、行政委员会个数/个	县(市、行政委员会)名
西宁市	0.76	7	城东区、城中区、城西区、城北区、大通回族土族自治县(简称大通县)、湟中区、湟源县
海东市	1.30	6	乐都区、平安区、互助土族自治县(简称互助县)、民和回族土族自治县(简称民和县)、化隆回族自治县(简称化隆县)、循化撒拉族自治县(简称循化县)
海北藏族自治州(简称海北)	3.44	4	祁连县、刚察县、海晏县、门源回族自治县(简称门源县)
海南藏族自治州(简称海南)	4.35	5	共和县、贵德县、同德县、贵南县、兴海县
黄南藏族自治州(简称黄南)	1.82	4	同仁市、尖扎县、泽库县、河南蒙古族自治县(简称河南县)
果洛藏族自治州(简称果洛)	7.42	6	玛沁县、甘德县、久治县、达日县、班玛县、玛多县
玉树藏族自治州(简称玉树)	20.49	6	玉树市、囊谦县、称多县、治多县、杂多县、曲麻莱县
海西蒙古族藏族自治州(简称海西)	30.09	7	格尔木市、德令哈市、乌兰县、都兰县、天峻县、茫崖市、大柴旦行政委员会
合计	69.67	45	

据《青海统计年鉴 2012》数据，全省总人口为 581.85 万人，平均人口自然增长率约为 9‰，平均人口密度 8.35 人/km²。

受自然环境、经济条件制约，各区人口分布相差悬殊。全省人口主要集中在西宁市和海东市。其中，西宁市常驻人口超过 200 万人，占全省的三分之一以上；海东市两区四县人口占全省的 28%，人口密度稠密；其余州人口稀疏。此外，青海省还是一个多民族地区，除汉族外，还有藏族、回族、土族、撒拉族、蒙古族等，少数民族人口占全省总人口的 40% 以上。

8.4　青海省土地利用历史动态

8.4.1　青海省土地利用变化分析方法

研究使用单一土地利用动态度和土地利用程度指数两种方法，评价青海省土地利用结构的变化特征。

1. 单一土地利用动态度

单一土地利用动态度（K）用来评价某一土地类型在一定时期内的变化速度（湛兰等，2008）。它对于比较区域土地利用变化的差异和预测土地利用变化的趋势具有积极的作用。其具体计算公式为

$$K = \frac{U_a - U_b}{U_b} \times \frac{1}{T} \times 100\%$$ (8-1)

式中，U_a 为土地利用末期面积；U_b 为土地利用初期面积；T 为土地利用周期。

2. 土地利用程度

土地利用程度是人类活动对土地的影响程度，能够直观地反映区域土地利用的强度和效率。便于对土地利用变化进行时空比较。刘纪远等将土地利用程度分为 4 级，并赋予了相应的级数，进而给出了土地利用程度的计算方法。具体计算公式为

$$L = \sum_{i=1}^{n} A_i \times C_i \times 100$$ (8-2)

式中，L 为土地利用程度指数；A_i 为 i 类土地面积比重；C_i 为 i 类土地利用程度级数；n 为土地类型数量。根据本书土地类型分类，参考原有的土地类型分类及级数表，建立本章所需要的土地类型级数表，见表 8-2。

表 8-2　土地类型级数

土地类型	级数
耕地	3
林地、草地、水域	2
荒漠、盐碱地、沼泽	1
建设用地	4

8.4.2　青海省土地利用历史动态特征

1. 青海省土地利用结构变化特征

青海省 1985～2008 年土地利用类型面积及比重见表 8-3。整体上，青海省土地利用类型以草地和荒漠为主，所占比重在 50% 和 30% 以上。草地面积处于波动变化状态，1985～2008 年三个时间段分别出现上升、下降、上升。青海省耕地面积比重较小，稍高于 1%，却一直处于稳步上升状态。1985～2008 年林地面积呈现下降、上升、再下降的波动变化状态。水域面积也处于波动状态，1985～1996 年出现下降，至 2000 年有所回升，2008 年再次下降，整体呈下降趋势。

建设用地主要包括城镇建设用地、农村居民点、工矿用地和交通用地，其比重 1985～1996 出现下降，1996 年之后处于上升状态，2000 年以后呈大幅度上升状态。随着国家

西部大开发战略的实施，西部地区的基础设施建设、自然资源开发利用及工业化进程加快，建设用地面积不断增加。在未来的一定时期，青海省建设用地仍将呈上升趋势。通过土地利用数据的对比，对于建设用地在 1985～1996 年出现的下降，主要是数据源误差造成的。

　　未利用土地主要包括荒漠、盐碱地和沼泽，青海省的未利用土地主要以荒漠为主。荒漠面积从 1985～1996 年出现了下降，之后一直处于不断上升状态。过度放牧和开垦土地造成了严重的水土流失，出现裸土地、黑土滩等。同时由于管理机制的不完善，不少地区出现了土地荒漠化—治理—再破坏的恶性循环状态，土地荒漠化的趋势没有得到有效遏制。盐碱地主要分布于柴达木盆地，其面积比重先上升后下降，整体呈逐步下降的趋势。沼泽地在 1985～1996 年呈上升状态，之后一直处于下降状态。沼泽地面积减少受气候干旱、建设用地使用和土地开垦等因素影响。

表 8-3　青海省 1985～2008 年各种土地类型面积及其比重

土地类型	1985 年		1996 年		2000 年		2008 年	
	面积/hm²	比重/%	面积/hm²	比重/%	面积/hm²	比重/%	面积/hm²	比重/%
耕地	801083.5	1.12	813048.4	1.13	827412.5	1.15	897866.2	1.25
林地	2840983	3.96	2719430	3.79	2839059	3.96	2664381	3.71
草地	37796955	52.68	38109759	53.12	37752282	52.61	38213995	53.25
水域	2796873	3.90	2616700	3.65	2782777	3.88	2398760	3.34
荒漠	23476871	32.72	22777559	31.75	23501636	32.76	23717774	33.07
盐碱地	2255328	3.14	2263170	3.15	2253970	3.14	2065266	2.88
沼泽	1687317	2.35	2370471	3.30	1689684	2.36	1520455	2.12
建设用地	92642.59	0.13	77914.05	0.11	101231.9	0.14	269555.4	0.38

2. 青海省土地利用动态度变化特征

1）土地利用纵向变化特征

　　单一土地利用类型动态度是评价土地类型在一定时期内变化速度的重要指标，能够定量地反映土地类型的变化速率。青海省 1985～2008 年三个时期内的土地利用变化动态度见表 8-4。其中耕地面积增长速度逐步加快；耕地的动态度在 1985～1996 年为 0.14%，在 1996～2000 年达到 0.44%；在 2000～2008 年上升至 1.06%。

　　林地面积的变化速度处于波动状态，1985～1996 年处于下降状态，动态度为–0.39%；1996～2000 年青海省林地面积由下降状态迅速转化为上升状态且上升速度较大，动态度为 1.10%；2000～2008 年青海省林地面积再次较快下降，动态度为–0.77%；由于青海省大部分地区处于高海拔地区，气候干旱，林地主要存在于沟壑等海拔较低处或者山坡阴面，同时由于缺乏后期管理，植树造林的效果往往难以实现，林地面积难以持续增加。

　　草地面积的变化速度较为缓慢，1985～1996 年面积缓慢增加，动态度为 0.08%；1996～2000 年下降速度较快，动态度为–0.23%；2000～2008 年草地面积再次回升，动态度为 0.15%；青海省多数草原区自然环境恶劣，草地恢复缓慢；此外，长期粗放式经营极易造成草原退化，草地面积锐减。农牧部门虽然通过生态建设措施使部分地区的退化草原得到一定程度的恢复，但往往缺乏后续管理，恢复的草原仍然存在退化趋势。

水域面积在 1985～1996 年下降较快，其动态度为–0.59%；1996～2000 年快速上升，动态度为 1.59%；2000～2008 年明显下降，动态度为–1.72%。整体来看，水域面积处于下降状态，且下降速度有加快的趋势。随着全球变暖，冰川面积较少，整体上青海省水域面积有下降趋势。荒漠面积在 1985～1996 年出现了较快下降，其动态度为–0.27%；但在 1996～2008 年的 2 个时段内增长速度较为明显，动态度分别为 0.79% 和 0.11%，表明随着人类活动范围的扩大和强度加剧，青海省土地荒漠化现象日益严重。

盐碱地面积在 1985～1996 年微弱上升，动态度为 0.03%；在 1996～2000 年和 2000～2008 年下降速度逐步加快，动态度分别为–0.10% 和–1.05%。沼泽面积在 1985～1996 年处于较快上升状态，其动态度为 3.68%；在后期的两个时段内均处于快速下降状态，动态度分别为–7.18% 和–1.25%。

建设用地在 1985～1996 年动态度为–1.45%；1996～2000 年动态度为 7.48%；2000～2008 年为 20.78%。建设用地增长速度日益加快。2000～2008 年建设用地动态度约为 1996～2000 年时段的 3 倍，表明近年来，随着青海省社会经济的快速发展，建设用地面积也迅速扩大。

2）土地利用横向变化特征

各类土地类型互相转换迅速。1985～1996 年耕地、草地、盐碱地和沼泽处于上升状态；林地、水域、荒漠和建设用地出现了下降。其中上升速度最快的是沼泽，其次是耕地，盐碱地出现了一定程度的上升；不考虑建设用地，水域面积下降速度最快，其次是林地和荒漠。表明在这一时期，减少的林地和水域等土地类型主要转化为耕地和沼泽等土地类型。1996～2000 年处于上升状态的是耕地、林地、水域、荒漠和建设用地；草地、盐碱地和沼泽面积则处于下降状态。建设用地面积增长速度明显加快，其次是水域、林地、荒漠和耕地；沼泽面积减少速度最快，其次是草地和盐碱地。这一时期内减少的沼泽、草地和盐碱地土地类型主要转化为建设用地、林地、耕地和水域。2000～2008 年建设用地和耕地增长速度继续加快，草地面积增长也较快，荒漠面积增长速度最小，为 0.11%。减少部分，水域面积减少速度最快，动态度达到–1.72%；其次是沼泽面积，动态度为–1.25%；盐碱地和林地减小的动态度分别达到了–1.05% 和–0.77%。这一时期主要是水域、沼泽、盐碱地和林地转化为建设用地、耕地、草地和荒漠。

表 8-4　1985～2008 年青海省土地利用动态度　　　　　　　　　（单位：%）

年份	耕地	林地	草地	水域	荒漠	盐碱地	沼泽	建设用地
1985～1996	0.14	–0.39	0.08	–0.59	–0.27	0.03	3.68	–1.45
1996～2000	0.44	1.10	–0.23	1.59	0.79	–0.10	–7.18	7.48
2000～2008	1.06	–0.77	0.15	–1.72	0.11	–1.05	–1.25	20.78

3. 青海省土地利用程度变化特征

土地利用程度指数能够反映人类对于土地开发活动的强度。青海省1985～2008年土地利用程度变化见表8-5。1985～2008年青海省土地利用程度综合指数始终都处在附近,整体处于轻微增长状态。从青海省土地利用程度指数的组成结构来看,草地和荒漠是主导成分,四个时期内,两者土地利用程度指数贡献率的和在80%以上;其次是林地和水域,土地利用程度指数贡献率都超过了 4%;然后是耕地、盐碱地和沼泽;建设用地虽然增长较快,但其所占比重不大,土地利用程度指数贡献率最小。耕地的土地利用程度指数贡献率随着耕地面积的增加,处于不断增长状态。林地和水域的土地利用程度指数贡献率变化趋势相似,都处于波动起伏状态。荒漠的土地利用程度指数贡献率虽然有一定的波动,但整体呈增长趋势;由于荒漠利用程度级数较低,其比重的增长将影响青海省土地利用程度综合指数的提高。盐碱地的土地利用程度指数贡献率变化较为平稳,前三期都为1.93%,至2008年出现下降。沼泽地的土地利用程度指数贡献率呈波动变化状态,整体上其土地利用程度指数贡献率呈下降趋势。建设用地的土地利用程度级数最高,由于其在青海省土地面积中的比重不大,因而其土地利用程度指数贡献率不高;但是其土地利用程度指数贡献率的增长速度却是最快的。

表 8-5　1985～2008 年青海省土地利用程度综合指数及其指数贡献率

土地类型及总计	1985 年		1996 年		2000 年		2008 年	
	利用程度指数	指数贡献率/%	利用程度指数	指数贡献率/%	利用程度指数	指数贡献率/%	利用程度指数	指数贡献率/%
耕地	3.35	2.05	3.40	2.08	3.46	2.12	3.76	2.29
林地	7.92	4.85	7.58	4.65	7.91	4.85	7.41	4.52
草地	105.36	64.58	106.23	65.11	105.24	64.49	106.50	64.96
水域	7.8	4.78	7.29	4.47	7.76	4.75	6.69	4.08
荒漠	32.72	20.05	31.75	19.46	32.76	20.07	33.07	20.17
盐碱地	3.14	1.93	3.15	1.93	3.14	1.93	2.88	1.77
沼泽	2.35	1.44	3.30	2.03	2.36	1.44	2.12	1.29
建设用地	0.52	0.32	0.43	0.27	0.56	0.35	1.51	0.92
总计	163.16	100	163.13	100	163.19	100	163.94	100

8.4.3　青海省土地利用空间变化特征

1. 土地利用结构空间变化特征

根据青海省实际情况,西宁市虽然为地级市,但其行政区面积较小,因此将西宁市与其他县域单元一起比较;芒崖市、大柴旦行政委员会,由于多数统计资料将其合并,因此本书将其合并为海西。传统上青海省主要分为西部柴达木盆地、东部黄土高原、南部三江源和青海湖四个分区;故在具体分析过程中,以县域单元为主,结合四个传统分区进行结果分析。

1) 青海省耕地空间变化特征

耕地整体增长，局部各异。1985～2008 年青海省耕地面积整体上有所上升，局部地区变化各异。东部西宁市周边城镇密集、耕地减少十分显著，而其外围地区耕地面积则增长明显；西部和青海湖周边地区耕地面积增长；南部三江源地区的主要行政中心地区以及农产品基地的耕地面积稍有变化，其他大部分地区没有耕地分布。

西宁市周边耕地减少最为显著，该地区地处东部地区，是青海省的主要粮食生产基地，耕地面积基数大；面积减少在 4000hm^2 以上的主要有西宁市、湟中区和同仁市。西宁市及周边地区社会经济发展迅速，生产建设占用大量耕地。其次耕地面积减少较快的是大通县、斑玛县和囊谦县，耕地减少面积在 1000hm^2 以上。大通县位于西宁市北部，社会经济条件相对较好，同时也是西宁市的水源地，退耕还林等生态建设工程较多，耕地面积有所减少。斑玛县和囊谦县分别是果洛州和玉树州的农产品生产基地，耕地面积相对较多，由于生态环境建设以及水土流失等自然灾害，耕地面积也有所较少。耕地面积减少在 1000hm^2 以下的区域主要有天峻县、湟源县、平安区、称多县和玛沁县。

地处三江源高原地区的治多县、杂多县、曲麻莱县、达日县、久治县、甘德县和河南县等地区，土地利用以草原放牧为主，没有耕地，耕地部分没有变化特征。耕地面积增加最多的地区主要分布在东部西宁市外围地区，其中民和县、贵南县和同德县的耕地面积增加都在 10000hm^2 以上。青海湖周边的德令哈市、都兰县、兴海县、共和县、海晏县以及中东部地区的贵德县、互助县、乐都区，耕地增长也较为明显，增加幅度在 5000～10000hm^2。格尔木市、乌兰县、祁连县、门源县、刚察县、循化县、尖扎县和化隆县的增加幅度在 1000～5000hm^2。位于三江源地区的泽库县和玉树市的耕地面积有所增加。

2) 青海省林地空间变化特征

林地北部增长，其他地区减少。1985～2008 年青海省大部分县(市、区)的林地面积都处于减少状态，仅部分地区有所增加。其变化特征是，东北部地区和西北部海西州地区的林地面积有所增长；中部和南部地区林地整体呈下降状态。

西北部的海西地区和东北部的大通县、互助县以及南部的斑玛县，林地面积增长最为显著，增长幅度都超过了 10000hm^2。其次为东北部地区的门源县、海晏县、尖扎县和同德县，林地面积增长幅度在 5000～10000hm^2。西宁市、湟源县、平安区、刚察县以及南部曲麻莱县的林地增长幅度在 1000～5000hm^2。

林地面积较少地区主要集中在南部和中西部地区。南部的囊谦县和玉树市，林地面积减少最多，减少幅度都在 30000hm^2 以上。甘德县和都兰县林地面积减少幅度在 20000hm^2 以上；祁连县、天峻县、乌兰县、杂多县、达日县和久治县，减少幅度在 10000hm^2 以上。其余地区林地面积较少幅度都在 1000～10000hm^2。整体来看，林地增加地区主要位于东北部，这些地区海拔低、自然条件相对较好，有利于植树造林的开展。

3) 青海省草地空间变化特征

草地南部增加、北部减少。整体来看，三江源中部和南部及青海湖周边地区草地面积有所增加；西部柴达木盆地和东部黄土高原区草地面积则明显减少。

草地增长幅度最大的地区位于三江源西部，主要有治多县、杂多县和唐古拉山乡（属于格尔木市），增长幅度都在 92977hm^2 以上。其次是天峻县和兴海县，增长幅度在 40352hm^2 以上；囊谦县、玉树市和玛多县草地面积增长幅度在 28529hm^2 以上；称多县、甘德县、泽库县、同仁市和青海湖周边的共和县、乌兰县和刚察县，草地面积增长幅度在 15648hm^2 以上；玛沁县、河南县和贵德县草地面积增长幅度在 10000hm^2 以上；湟中区和尖扎县草地面积增长幅度在 2000hm^2 以上。

草地面积减少幅度最大的地区主要位于西北部地区，海西州的德令哈市的草地面积减少量在 67000hm^2 以上；都兰县和曲麻莱县的草地面积减少量在 40000hm^2 左右，久治县草地面积减少 34770hm^2。门源县、互助县和同德县草地面积减少幅度在 20000hm^2 以上。贵南县、化隆县和民和县草地面积减少幅度在 10000hm^2 以上。大通县、平安区和乐都区草地面积减小幅度在 5000～10000hm^2。西宁市、海晏县和循化县草地面积减少幅度在 5000hm^2 以下。

4）青海省水域空间变化特征

水域面积局部增加，整体减少。研究期内水域面积整体呈减少状态。水域面积减少的地区主要集中于三江源地区和柴达木盆地西部地区；青海湖周边地区的水域面积也出现了减少；青海省东北部地区的水域面积普遍增长。

格尔木市水域面积减少最多，超过 270000hm^2；其次为治多县，水域面积减少 70000hm^2；海西州各市县及曲麻莱县的水域面积减少幅度都在 20000hm^2 以上；杂多县的水域面积减少幅度达到 11000hm^2；刚察县、共和县、兴海县和贵德县的水域面积减少都在 7000hm^2 左右。乌兰县、玛多县、玛沁县、称多县和囊谦县的水域面积减少量在 3000～6200hm^2；湟中区、同仁市、河南县、玉树市、达日县、斑玛县和久治县水域面积减少幅度在 700～2000hm^2。

水域面积增加地区中，德令哈市和天峻县增长幅度最大，分别达到 18000hm^2 和 25000hm^2；其次是门源县和都兰县，分别达到 6019hm^2 和 4968hm^2。海晏县、化隆县和尖扎县的水域面积增长幅度在 2000～4000hm^2。祁连县、大通县、乐都区、贵南县和同德县水域面积增长幅度都在 1000～1700hm^2。西宁市、平安区、互助县、民和县、循化县、泽库县和甘德县的水域面积也有所增长。整体上，水域面积增加幅度远小于减少幅度，青海省整体水域面积处于下降状态。

5）青海省荒漠空间变化特征

荒漠化局部好转，整体恶化。青海省荒漠面积的变化特征为，西部增长，东部稳定，整体增长。海西州格尔木市的荒漠面积增长幅度最大，分别为 180000 hm^2 和 120000hm^2；其次是德令哈市、都兰县、曲麻莱县、达日县和久治县，荒漠面积增幅在 40000～90000hm^2；治多县、乌兰县、门源县、甘德县和斑玛县，荒漠面积增幅在 6000～11000hm^2；湟源县和平安区的荒漠面积分别增长了 1155hm^2 和 765hm^2。

其余地区荒漠面积呈减少状态，天峻县、兴海县和杂多县荒漠面积减少最多，减少幅度在 66000～103900hm^2，泽库县荒漠面积减少 20000 余公顷；刚察、称多县、贵德县和尖扎县的荒漠减少面积在 13000～18000hm^2；大通县、海晏县、共和县、同仁县和玉树县荒漠面积减少在 8700hm^2～12000hm^2；贵南县、循化县、玛沁县和河南县荒漠面积减少幅度在 3700～5100hm²；其余地区中，西宁市没有荒漠分布；东部局部地区的裸地面积稍有增长。青海省荒漠面积变化呈现典型的圈层分布；自西向东，荒漠面积从增加过渡到减少，且荒漠面积增长区域的增长幅度也呈自西向东逐步减小的变化特征。

6) 青海省盐碱地空间变化特征

盐碱地面积明显减少。盐碱地面积变化的空间分布情况与荒漠分布相反：西部、中部地区大幅度减小；东部地区没有盐碱地分布。

海西州格尔木市盐碱地减少量最大，分别达到 46000 hm² 和 47000hm²，都兰县盐碱地面积减少达 42000hm²；乌兰县和治多县盐碱地面积分别下降 14500 hm² 和 28000hm²；德令哈市、天峻县、共和县和兴海县盐碱地面积下降在 2000～6000hm²。杂多县、玛多县、刚察县和贵南县盐碱地下降幅度都在 600hm² 以下。曲麻莱县盐碱地增加幅度较大，达到 5000hm²，平安区和民和县仅有少量增长。青海省盐碱地主要分布于西部柴达木盆地区，因此这些地区盐碱地面积降幅较大；其他地区盐碱地分布较少，因此变化幅度小。

7) 青海省沼泽空间变化特征

沼泽面积减少较快。沼泽面积变化呈西部明显减少、东部有所增加的状态；整体快速下降。海西州格尔木市和玉树州杂多县的沼泽面积减少最多，减幅在 24000～30000hm²；其次是治多县和达日县，减幅分别达到 18000～19000hm²；都兰县和曲麻莱县沼泽地减少 10000hm² 左右，刚察县的减幅为 8000hm²；海晏县和泽库县的沼泽面积减少在 3000hm² 以上；天峻县、祁连县、大通县、共和县等降幅都在 3000hm² 以下。西宁市、湟中区、湟源县、互助县、化隆县、循化县、贵南县等 10 县(市)由于在研究期内沼泽面积均为 0，因此没有变化。玛多县、乌兰县和门源县沼泽面积增长幅度在 2600～4036hm²，同仁市沼泽面积增长 1021hm²，平安区和民和县有少量增长。

8) 青海省建设用地空间变化特征

建设用地增长较快。研究期内除乌兰县建设用地减少外，其余都处于增长状态。建设用地增长幅度呈由西至东、由南至北减少的空间分布规律。海西州的格尔木市和都兰县的建设用地增加最多，增幅在 23000～28000hm²；其次是德令哈市、湟中区和民和县，增幅在 5900～6800hm²；杂多县、大通县、共和县、贵南县、化隆县和乐都区增幅在 3900～5067hm²；西宁市、天峻县、门源县、互助县、贵德县、兴海县和曲麻莱县增幅在 2900～3700hm²；其他地区增幅都在 2600hm² 以下，其中三江源东南部的玉树市、称多县、玛多县等建设用地增幅都在 1200hm² 以下。柴达木盆地矿产资源丰富，随着矿产资源的开发及相应基础设施的建设，该区域建设用地迅速增加。其次是以西宁市为中心的东部地区，其是青海省的经济、文化、政治中心，自然环境条件好，人口密集，建设用地面积也有较快的增长。

2. 土地利用动态度空间变化特征

1) 青海省耕地变化动态度特征

总体而言东北部耕地变化较快。河南县、甘德县、达日县、久治县、玛多县、杂多县、治多县和曲麻莱县等地处三江源地区，没有耕地分布，因此动态度为 0。海西州天峻县和果洛州玛沁县耕地下降最快，动态度在 -3.25%～-4.35%；其次是西宁市、同仁市和班玛县，动态度在-1.34%~-2.24%；大通县、平安区、湟源县、湟中区、称多县和囊谦县在-0.05%~-0.8%。研究期内，耕地面积下降较快的地区主要集中在柴达木北部和西宁市周边地区。

其余耕地面积增加地区，海晏县增长最快，动态度达到 9.83%；其次为祁连县、乌兰县、兴海县和同德县，动态度在 1.73%~3.31%；格尔木市、德令哈市、都兰县、共和县、贵德县、贵南县、民和县、乐都区、尖扎县、循化县和泽库县耕地变化动态度为 0.59%~1.49%；互助县、化隆县、门源县、刚察县和玉树市等耕地变化动态度都处于 0.4%以下。耕地面积增长较快的地区主要集中在柴达木南部—青海湖南部一线。

2）青海省林地变化动态度特征

林地面积变化的动态度分布情况为，西宁市周边林地增长较快。西宁市林地面积增长速度最为显著，动态度高达 27.73%；其次是海西州，动态度为 8.32%；海晏县、大通县、互助县、平安区、化隆县、尖扎县和曲麻莱县的动态度处于 0.76%~1.41%。林地面积减少地区中，治多县、杂多县和玛多县下降速度最快，动态度处于-2.72%~-4.35%；其次是德令哈市、天峻县、都兰县、乌兰县、玉树市、称多县、达日县、久治县和甘德县，减少的动态度处于-0.85%~-1.87%。其余地区林地变化速度相对较小。

3）青海省草地变化动态度特征

整体上，草地动态度变化较小。其中增长较快的是兴海县和同仁市，动态度分别达到 0.38%和 0.46%；其次是天峻县、乌兰县、刚察县、贵德县、泽库县和囊谦县，动态度处于 0.22%~0.3%。杂多县、玉树市、称多县等区域草地面积级数大，增长速度较小，动态度都在 0.17%以下。

面积减少区域中，减少速度较快的是门源县、互助县、西宁市、平安区和民和县等东部地区，动态度在-1.14%~-0.51%；其次是德令哈市、大通县、乐都区、化隆县、同德县和久治县，动态度在-0.36%~-0.2%。其余地区草地面积变化动态度较小，其中都兰县、曲麻莱县、海晏县、湟源县、贵南县、循化县、达日县和班玛县处于轻微减少状态，动态度在-0.16%~-0.08%。

4）青海省水域变化动态度特征

水域面积变化动态度，整体而言东北部地区水域面积增长较快。水域面积增长较快的地区主要集中在青海省东北部地区，其中大通县、平安区和尖扎县的水域面积增长最快，动态度在 7.82%~10.24%；其次为天峻县、门源县、乐都区和化隆县，水域面积变化动态度为 2.79%~5.64%；互助县、民和县和同德县的水域面积变化动态度略高于 1%，西宁市、祁连县、海晏县、循化县、泽库县、贵南县和甘德县的动态度均低于 1%。

水域面积减少地区中，湟源县、湟中区、贵德县和兴海县下降速度较快，动态度为-4.35%~-2.87%；其次为格尔木市、乌兰县、称多县、囊谦县、班玛县、久治县和同仁市，动态度在-1.35%~-1.96%；玉树市、刚察县等水域面积减少速度较小，动态度绝对值均在 1%以下。

5）青海省荒漠变化动态度特征

由荒漠面积变化动态度分析发现，荒漠面积增速明显，盐碱地面积缓慢减少。青海省 1985~2008 年荒漠面积变化动态度呈明显的积聚现象，荒漠面积增长速度较快的地区位于东南部的果洛州(除玛多县和玛沁县以外),其中久治县动态度高达23%;柴达木盆地和三江源西北部的县域荒漠面积增长速度相对较慢,动态度都在0.5%以下。荒漠面积减少速度较快的地区主要集中于东部地区,动态度绝对值大部分都在1%以上;中部大部分地区荒漠面积减少的动态度绝对值都在1%以下。

整体上盐碱地面积呈减少趋势。盐碱地减少速度较快的地区主要集中在中部地区,天峻县、贵南县、玛多县和杂多县的盐碱地减少动态度绝对值都达到了4.35%,乌兰县和兴海县的盐碱地面积较少动态度绝对值分别为1.79%和2.74%。西部地区盐碱地面积减少,大部分动态度绝对值小于1%。东部大部分地区无盐碱地分布,动态度为0。

6)青海省沼泽变化动态度特征

分析青海省1985~2008年沼泽面积变化动态度发现,沼泽局部增速明显,整体下降较快。青海省沼泽面积整体处于下降趋势,但动态度的空间变化类型多样。其中同仁市沼泽地面积增长速度最快,动态度达到103.41%;门源县、乌兰县、玛多县等增长动态度在0.69%~2.15%。西部大部分地区的沼泽面积处于减少状态,但减少速度较小,大部分动态度绝对值都在1%以下。东部大部分地区沼泽地面积为0,因此其动态度为0。

7)青海省建设用地动态度特征

建设用地从东至西增速逐渐增大。建设用地面积整体呈增长状态,其增长速度在空间上呈从东至西、逐步增长的变化规律。以西宁市为中心,大部分地区建设用地的动态度在2%~3.7%;其外围区域动态度在5%~7%;往西的德令哈市、都兰县、天峻县、兴海县等建设用地增长动态度在15%~20%;西部的海西州各市县、曲麻莱县、杂多县以及南部的玛多县、达日县等区域建设用地动态度在30%~55%;此外治多县和泽库县的建设用地动态度分别达到了86%和91%。这与青海省实际基本相符,东部地区发展基础好,建设用地始终处于稳步增长状态;西部和南部地区开发历史晚,基础设施缺乏,随着西部柴达木盆地矿产资源的开发和西部基础设施投入的加大,青海省西部地区的建设用地迅速增长,增长速度高于东部地区。

3. 土地利用程度空间变化特征

土地利用程度指数是区域土地利用活动不断累积的结果,这里主要分析青海省2008年各县(市、区)土地利用程度指数和1985~2008年各县(市、区)土地利用程度指数的变化量。

青海省土地利用程度指数空间分布的整体规律为,东部高,西部低。土地利用程度指数最高的地区集中于东部湟水谷地,综合指数都在210以上,其中西宁市和民和县分别达到280和259,远远高于全省163的平均水平。湟水谷地南部的贵德县、尖扎县、同仁市和同德县的土地利用程度指数略高于200。分别位于湟水谷地北部和南部的门源县、贵南县、河南县、甘德县和班玛县的土地利用程度指数都在195左右。青海湖周边和三江源中南部地区,大部分土地利用程度指数都在180~190。青海省西部广大地区土地利用程度指数最低,海西地区低至121。

研究期内青海省西部地区土地开发活动在数量和速度上都明显高于东部地区,但土地利用程度指数却较低,这主要是由于西部地区面积广阔,开发的比重相对较小,同时开发历史晚。同 1985 年相比,大部分地区的土地利用程度指数都有所上升,上升幅度较大的主要集中于中东部地区,其中西宁市和民和县分别增长了 9.7 和 14.8。但位于东南部的果洛州大部分地区出现了轻微下降;西北部地区也出现了下降。这主要是由于这些地区的荒漠化严重,荒漠面积增长,耕地面积减少或者增长缓慢,虽然西部地区建设用地面积增长迅速,但仍难以弥补荒漠化造成的损失。

4. 土地利用变化动力因素分析

青海省建设用地、水域、耕地等土地类型变化比较明显,主要受自然和人文综合作用的影响:首先,全球气候变化背景下,极端天气增多,直接导致水域、湿地等面积变化;其次,随着青海省经济规模和强度的不断增大,建设用地增长迅速,耕地面积持续增长。土地荒漠化不断扩展,土地变化动态度和土地利用稳步增长。

青海省东部地区是青海省主要的城镇、人口密集区,是全省政治、经济、文化中心,城镇化快速推进中,以西宁市为中心的周边区域建设用地增长明显;同时为改善人居环境,植树造林面积也有所增长;导致该区域耕地面积明显减少。而其外围区域是全省主要的农业生产区,农业人口集中,随着人口增加,耕地面积不断增长,从而导致大部分地区草地、林地面积减少。青海湖流域生态环境较好,自然条件良好,开展过植树造林等多项生态建设工程,林地、草地面积有所增长;但研究期内该区域降水减少,导致青海湖水面减小,水域面积下降。

青海省西部主要是柴达木盆地地区。该地区土地类型以荒漠为主,农业主要是绿洲农业类型。随着矿产资源开发、加工规模的扩大,该区域的建设用地增长较快,人口的不断增加使耕地面积有所增长。同时耕地面积增长造成草地、水域、湿地面积有所下降,土地荒漠化面积增长。

南部的三江源地区海拔高,气温低,生态环境脆弱,土地类型以草地为主。气候变化导致雪线后退,湿地、水域面积下降。草原放牧压力的增大加大了土地荒漠化的趋势。通过设立自然保护区,进行生态环境建设等措施,部分地区的土地荒漠化趋势得到一定程度的遏制。但该区域环境恶劣,生态恢复难度较大,实施生态建设的效果低于东部地区,因此应对其加大保护力度,避免土地荒漠化加剧。

8.5 青海省生态服务价值估算与分析

8.5.1 生态服务价值评估模型构建

1. 生态服务价值评估模型介绍

Costanzia 以货币价值法评估了全球生态系统服务价值。之后生态系统服务价值研究迅速增多,评估方法多使用 Costanzia 的方法。生态系统服务价值计算公式为

$$E_i = \sum_{j=1}^{n} A_i \cdot P_{ij} \cdot \beta \tag{8-3}$$

$$V = \sum_{i=1}^{n} E_i \tag{8-4}$$

式中，E_i 为 i 类生态系统服务价值；A_i 为 i 类生态系统土地面积；P_{ij} 为 i 类生态系统 j 项服务功能当量；β 为 1 个当量生态系统服务经济价值；V 为生态系统服务价值。

　　但是 Costanzia 的评估方法面向全球生态系统服务价值，在评估局部地区时往往存在较大误差。国内学者谢高地等参考 Costanzia 的评估方法和研究成果，分别在 2002 年和 2007 年进行了问卷调查，获得了 200 多位国内生态学家的有效问卷，对 Costanzia 的生态系统服务价值当量表进行了修改，建立了中国生态系统评估模型。其中生态系统功能分类采用联合国千年生态系统评估项目的分类方法，将生态系统服务功能分为 4 类：供给服务、调节服务、支持服务和文化服务。将农田单位面积食物生产的生态系统服务设置为 1，根据其他生态系统各种功能相对于农田食物生产的重要性，建立了中国生态系统单位面积生态服务当量因子表（表 8-6）。单位面积农田食物生产的收益与当量因子的乘积即为生态系统服务价值。

表 8-6　中国生态系统单位面积生态服务当量因子

生态系统服务	二级类型	森林	草地	农田	湿地	水域	荒漠
供给服务	食物生产	0.33	0.43	1	0.36	0.53	0.02
	原材料生产	2.98	0.36	0.39	0.24	0.35	0.04
调节服务	气体调节	4.32	1.5	0.72	2.41	0.51	0.06
	气候调节	4.07	1.56	0.97	13.55	2.06	0.13
	水文调节	4.09	1.52	0.77	13.44	18.77	0.07
	废物处理	1.72	1.32	1.39	14.4	14.85	0.26
	保持土壤	4.02	2.24	1.47	1.99	0.41	0.17
支持服务	维持生物多样性	4.51	1.87	1.02	3.69	3.43	0.4
文化服务	提供美学景观	2.08	0.87	0.17	4.69	4.44	0.24
合计		28.12	11.67	7.90	54.77	45.35	1.39

2. 生态系统服务价值模型的改进

　　谢高地改进的评估模型是以全国为平均水平。可以在研究全国尺度时直接采用，而在研究国内局部区域时，同样存在较大误差。谢高地等也认为使用中国生态系统单位面积生态服务价值当量评估国内中小尺度区域是不合适的，应进行修正。因此本书在青海省生态系统服务价值评估中，对中国单位面积生态系统服务价值当量进行修订，建立青海省生态系统服务价值当量表，以有效减小误差。

　　原模型中农田生态系统食物生产功能的服务当量为 1，其他生态系统服务当量以此为基准进行计算。因此借鉴谢高地的修正方法，用 1985 年、1996 年、2000 年和 2008 年青海省粮食平均产量与同期全国粮食平均产量的比例系数对生态系统服务当量进行调整，得到青海省生态系统服务当量因子。为能够直观反映生态系统服务功能在量上的变化，在评估四期生态系统服务价值时，统一采用 2000 年的物价水平；将 2000 年青海省单位播种面积种植业(粮食、油料)净收益作为单位面积农田食物生产价值。具体计算公式为

$$\alpha = \frac{Q_g}{Q_r} \tag{8-5}$$

$$P_n = \alpha \cdot P_g \cdot P_\alpha \tag{8-6}$$

式中，α 为全国与青海省平均单位面积粮食产量比；Q_g 和 Q_r 分别为全国和青海平均单位面积粮食产量；P_n 为青海省生态系统服务价值当量；P_g 为全国生态系统服务价值当量；P_α 为 2000 年青海省单位面积农田产值；其中土地面积单位为 hm^2，货币单位为元。基于修订方法，对全国生态系统单位面积服务价值当量表进行改进，得到了青海省生态系统单位面积服务价值系数，见表 8-7。

表 8-7　青海生态系统单位面积服务价值系数　　　　　(单位：元/hm^2)

一级类型	二级类型	森林	草地	农田	湿地	水域	荒漠
供给服务	食物生产	324.35	422.64	982.87	353.83	520.92	19.66
	原材料生产	2928.96	353.83	383.32	235.89	344.01	39.31
调节服务	气体调节	4246.01	1474.31	707.67	2368.73	501.27	58.97
	气候调节	4000.30	1533.28	953.39	13317.94	2024.72	127.77
	水文调节	4019.95	1493.97	756.81	13209.82	18448.54	68.80
	废物处理	1690.54	1297.39	1366.19	14153.38	14595.67	255.55
	保持土壤	3951.15	2201.64	1444.82	1955.92	402.98	167.09
支持服务	维持生物多样性	4432.76	1837.97	1002.53	3626.80	3371.26	393.15
文化服务	提供美学景观	2044.38	855.10	167.09	4609.68	4363.96	235.89
	合计	27638.40	11470.13	7764.69	53831.99	44573.32	1366.19

8.5.2　青海省生态系统服务价值时间变化分析

1. 生态系统服务价值总量变化分析

基于改进的生态系统服务价值评估模型和青海省 4 期土地利用数据，对各单元生态系统服务价值进行计算。不同类型的土地，参考目前相关研究成果，盐碱地的生态系统服务价值系数与荒漠一致，因此将盐碱地并入荒漠面积；建设用地的生态系统服务价值为 0，因此不予计算。

首先计算青海省不同类型生态系统的服务价值，结果见表 8-8。青海省 1985 年、1996 年、2000 年和 2008 年的生态系统服务价值分别为 7689.29 亿元、7970.50 亿元、7680.99 亿元和 7429.25 亿元。1996 年生态系统服务价值总量较高，但整体上处于下降趋势。从各年生态系统服务价值的组成结构看来，草地生态系统服务价值在青海省生态系统服务价值总量中始终处于主体地位。草地生态系统服务价值处于波动起伏状态；其次为水域

生态系统服务价值，2000 年以前变化较为平稳，至 2008 年明显减少，这与当地气候环境变化和人为开发利用有关；湿地生态系统服务价值与水域生态系统服务价值变化动态相似，只是 1996 年湿地生态系统服务价值明显高于其他年份，一方面是由于湿地面积增长，另一方面是由于数据源的误差；森林生态系统服务价值的变化同样呈波动状态，但有减少的趋势；荒漠生态系统服务价值的变化较为稳定，且荒漠生态系统服务价值系数较低，影响全省生态系统服务价值总量的提升；农田生态系统服务价值最小，但呈增长状态。

1985～1996 年青海省生态系统服务价值总量明显上升，增幅达 3.7%；这主要源于湿地生态系统服务价值增长的贡献，这一时期内部分水域转化为了湿地，森林转化为了草地。1996～2000 年生态系统服务价值总量再次下降，但与 1985 年基本一致，这一时期水域和森林生态系统服务价值明显增加,湿地生态系统服务价值恢复到与 1985 年相近水平，草地生态系统服务价值减少。2000～2008 年生态系统服务价值总量明显下降，主要是由于这一时期内的建设用地增长较快。农田、草地和荒漠的生态系统服务价值增长缓慢，湿地、水域和森林生态系统服务价值则明显下降。青海省生态系统服务价值总量减少的主要原因是湿地和水域面积减少，同时土地荒漠化面积扩大也影响到了生态系统服务价值总量的提升。

表 8-8　1985～2008 年青海省生态系统服务价值变化　　　（单位：亿元）

年份	农田	森林	草地	水域	荒漠	湿地	总量
1985	62.20	785.20	4335.36	1246.66	351.55	908.32	7689.29
1996	63.13	751.61	4371.24	1166.35	342.10	1276.07	7970.50
2000	64.25	784.67	4330.24	1240.38	351.87	909.59	7680.99
2008	69.72	736.39	4383.20	1069.21	352.25	818.49	7429.25

2. 不同生态系统服务功能的价值变化特征

表 8-9 为 1985～2008 年各类生态系统服务功能价值的变化量。其中森林、湿地和水域生态系统各项功能服务价值都处于减少状态；草地、农田和荒漠生态系统各项功能服务价值处于上升状态。从其变化总量情况看，水域、湿地和森林生态系统服务功能价值总量减少，总量达到 316.07 亿元；而草地、农田和荒漠生态系统服务功能价值总量增加了 56.02 亿元。这说明随着土地利用结构的变化，生态系统服务功能价值系数较高的生态类型转向了生态系统服务功能价值系数较低的生态类型，导致生态系统服务功能价值总量减少。此外，荒漠生态系统服务功能价值呈正增长，说明青海省在 1985～2008 年土地荒漠化程度还在增大，同样导致生态系统服务功能价值总量减少。

表 8-9　1985～2008 年各类生态系统服务功能价值的变化量　　　（单位：亿元）

类型	森林	草地	农田	湿地	水域	荒漠
食物生产	−0.57	1.76	0.95	−0.59	−2.07	0.01
原材料生产	−5.17	1.48	0.37	−0.39	−1.37	0.02

续表

类型	森林	草地	农田	湿地	水域	荒漠
气体调节	−7.50	6.15	0.68	−3.95	−2.00	0.03
气候调节	−7.06	6.39	0.92	−22.22	−8.06	0.06
水文调节	−7.10	6.23	0.73	−22.04	−73.45	0.03
废物处理	−2.99	5.41	1.32	−23.62	−58.11	0.13
保持土壤	−6.98	9.18	1.40	−3.26	−1.60	0.08
维持生物多样性	−7.83	7.67	0.97	−6.05	−13.42	0.20
提供美学景观	−3.61	3.57	0.16	−7.69	−17.37	0.12
合计	−48.81	47.84	7.50	−89.81	−177.45	0.68

　　青海省生态系统各类服务功能价值的分布情况见图 8-1。不同生态系统服务功能的价值差异较大；同一生态系统服务功能价值存在一定的时间变化。青海省生态系统服务功能以水文调节、废物处理、维持生物多样性、保持土壤和气候调节为主，这些生态系统服务功能大部分年份的服务价值都在 1000 亿元以上，比重在 75% 以上。其次为气体调节功能和提供美学景观功能，每个时期都在 700 亿元和 600 亿元以上。食物生产和原材料生产的服务价值所占比重较小，都在 200 亿元左右。原材料生产功能的服务价值呈波动变化；其余生态系统服务功能价值在研究期内都具有相同的变化趋势，在 1985~1996 年有所增长，之后在 1996~2000 年和 2000~2008 年逐步下降。但各类生态系统服务功能价值的变化幅度却呈现较大的差异，变化幅度较大的是水文调节功能、废物处理功能和气候调节功能。湿地和水域面积的变化是水文调节、废物处理服务功能价值变化的主要影响因素，而森林和沼泽面积的变化是气候调节变化的主要影响因素。1996 年以后各类生态系统服务功能价值有持续减少的趋势；一方面，建设用地的增加降低了生态系统服务功能；另一方面，水域、沼泽和森林等面积减少导致生态系统服务功能价值总量出现较大幅度的降低。

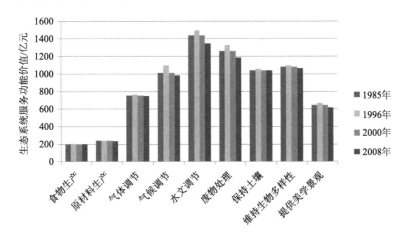

图 8-1　1985~2008 年青海省生态系统不同服务功能价值变化

8.5.3 青海省生态系统服务价值空间变化分析

1. 生态系统服务价值量变化分析

(1) 1985~1996 年整体有所增长。1985~1996 年，青海省生态系统服务价值总量减少较多的是德令哈市、曲麻莱县和囊谦县，减少量在 8 亿元以上，其中德令哈市达到 17 亿元以上。其次为共和县、乌兰县和贵南县，生态系统服务价值减少量在 2 亿~4.75 亿元；以西宁市为中心的东部地区和东南部地区，生态系统服务价值总量变化较小，除兴海县、河南县、尖扎县、班玛县、甘德县、化隆县和大通县的生态系统服务价值稍有增加外，其余减少。虽然青海省生态系统服务价值整体上有所增长，但增长主要集中于少数几个县(市、区)，没有在面上实现生态系统服务价值的整体提高。

(2) 1996~2000 年整体开始下降。1996~2000 年青海省生态系统服务价值空间分布出现了较大的变化。首先格尔木市的生态系统服务价值迅速下降，降幅达 120 亿元。其次为杂多县和治多县，降幅为 63 亿和 54 亿元。祁连县、天峻县、刚察县、都兰县、称多县和玛沁县的生态系统服务价值出现了下降，降幅在 10 亿元和 33.9 亿元之间。以西宁市为中心的东北部地区，大部分地区生态系统服务价值都出现了微量的增长。德令哈市和曲麻莱县的生态系统服务价值出现了增长，增幅分别达 17 亿元和 11 亿元；其次是海西州乌兰县和果洛州玛多县，增幅都在 4 亿~6.6 亿元。这一时期，青海省生态系统服务价值整体呈下降状态；降幅较大的县域主要集中于青海省西南部和中部地区；东部地区生态系统服务价值出现上升趋势。

(3) 2000~2008 年西部下降，东部提升。2000~2008 年青海省整体生态系统服务价值继续下降，但各地生态系统服务价值的变化出现了明显的分异。格尔木市生态系统服务价值继续大幅度下降，降幅高达 120.07 亿元；海西州各市县治多县、曲麻莱县和达日县的生态系统服务价值降幅都在 16.71 亿~29.32 亿元；都兰县、杂多县、囊谦县、久治县和甘德县生态系统服务价值降幅都在 5.66 亿~12.88 亿元。天峻县生态系统服务价值增长 15 亿元；其次是西宁市、大通县等东部地区生态系统服务价值出现了增长。这一时期青海省各地生态系统服务价值的空间变化特征是，西部地区普遍下降；东部地区局部生态系统服务价值有所提升。

(4) 1985~2008 年空间变化明显。1985~2008 年青海省生态系统服务价值的变化受2000~2008 年人类活动影响最明显。研究期内，青海省西部地区生态系统服务价值普遍下降且空间差异明显。青海省西部地区生态系统服务价值下降幅度以格尔木市为中心向外递减。柴达木地区矿产资源丰富，随着矿产资源开发，大量的土地开始转化为建设用地，生态系统服务价值下降十分明显。三江源西部地区生态环境脆弱，过度放牧导致土地荒漠化日趋严重，生态系统服务价值下降幅度明显高于三江源东部地区。

青海省东部的生态系统服务价值量变化幅度较小，一方面由于这些地区(县、市)的自然条件较好，另一方面青海省生态环境建设工程在东部布局较多。这一时期内东部地区，以西宁市为中心的湟水谷地区域大部分县域生态系统服务价值都有所提升；青海湖周边区域及东北部祁连山脉大部分地区生态系统服务价值则有所下降。

整体上，1985～2008 年青海省东部地区的生态系统服务价值有所回升，而西部地区则出现了不同幅度的下降。对比 1985～1996 年、1996～2000 年和 2000～2008 年三个时期可以发现：青海省西部地区生态系统服务价值呈先好转再持续恶化的变化规律；东部地区生态系统服务价值呈初期恶化再局部好转，再到大部分地区都有所好转的变化规律。

2. 生态系统服务价值强度空间变化分析

由于青海省县域面积相差悬殊，其生态系统服务价值总量相差较大，无法直观地比较区域生态系统服务价值强度。通过生态系统服务价值总量与土地面积的比重可以得到区域生态系统服务价值强度。

青海省西部地区生态系统服务价值强度低，东部地区尤其是东北部地区生态系统服务价值强度高。这主要与其自然地理环境相关，西部地区海拔高、多沙漠，自然条件恶劣，导致生态系统服务价值强度低；东部地区自然条件较好，尤其是青海湖边缘和祁连山脉，气候湿润、森林植被较多，生态系统服务价值强度较高。1985 年海西地区生态系统服务价值强度最低，为 0.48 万元/hm²；海晏县生态系统服务价值强度最高，达 2.31 万元/hm²。柴达木盆地生态系统服务价值强度普遍较低，除格尔木市以外，都在 1 万元/hm² 以下。西宁市生态系统服务价值强度为 0.89 万/hm²；治多县、曲麻莱县和贵南县生态系统服务价值强度也在 1 万/hm² 以下。东部青海湖边缘和祁连山脉区域生态系统服务价值强度最高，都在 1.47 万元/hm² 以上，高于全省平均 1.07 万元/hm²。西宁市、平安区等湟水谷地地区生态系统服务价值强度普遍低于外围区域。这一地区自然条件较好，土地利用强度较大，耕地和建设用地比重大，生态系统服务价值强度低。

1996 年和 2000 年青海省生态系统服务价值平均强度分别为 1.1 万元/hm²、1.07 万元/hm²，虽然 1996 年全省生态系统服务价值强度平均值有所提升，但这两个时期各个县(市、区)的生态系统服务价值强度分布格局基本一致。与 1985 年相比，杂多县 1996 年生态系统服务价值强度增长了 0.17 万元/hm²，达到 1.51 万元/hm²，是同期生态系统服务价值强度增长最明显的一个地区；但至 2000 年再次下降至 1.33 万元/hm²。柴达木盆地和东部区域县(市、区)生态系统服务价值强度的分布格局与 1985 年相比，变化幅度不明显。

与前三期相比，虽然 2008 年青海省平均生态系统服务价值强度降低至 1.035 万元/hm²，但各个县(市、区)的变化情况却出现较大的分异。首先青海湖边缘区域以及祁连山脉区域生态系统服务价值强度仍然较高，部分区域还有所提升。柴达木盆地、格尔木市生态系统服务价值强度降至 1.02 万元/hm²，其他区域都在 1 万元/hm² 以下，且大部分地区的生态系统服务价值强度进一步下降。三江源地区各个县域的生态系统服务价值强度分布格局与前三期相比基本一致，但大部分地区的强度指数都有下降。以西宁市为中心的青海省东部湟水谷地区域的生态系统服务价值强度变化最为明显，西宁市生态系统服务价值强度明显提高，达到 1.02 万元/hm²，接近全省平均强度；大通县、尖扎县、门源县和互助县的生态系统服务价值强度增长明显，增幅分别为 0.09 万元/hm²、0.19 万元/hm²、0.05 万元/hm² 和 0.07 万元/hm²。

比较青海省县域四期生态系统服务价值强度指数变化，西部柴达木盆地整体下降趋势明显；三江源区域强度指数略有下降；青海省东北部的青海湖边缘和祁连山脉区域则一直稳居较高的水平；东部地区是青海省的政治、经济和农业生产中心，随着生态建设的开展，生态环境有所好转，大部分地区的强度指数出现明显增长。但整体而言，区域间生态系统服务价值强度指数的下降幅度仍然大于上升幅度，造成全省平均生态系统服务价值强度的持续下降。

8.5.4　基于生态系统服务价值的青海省生态补偿分析

生态环境建设日益引起社会的关注。十八届三中全会公报中明确提出加强生态文明，建设美丽中国，建立完整系统的生态文明制度体系，以制度保护生态环境，并明确提出了生态补偿制度。生态补偿的标准及空间配置一直是生态补偿研究的核心和难点。本节主要从理想"经济人"的角度，假定生态补偿与生态环境为简单线性关系，不考虑实施生态补偿制度过程中的社会人为要素，分析了基于生态系统服务价值的青海省生态补偿问题。

1. 生态系统服务价值与生态补偿关系分析

生态系统服务价值与生态补偿是相互统一的，生态系统服务价值是生态补偿的依据，生态补偿是生态系统服务价值的保障。生态系统服务功能的多样性为人类生存提供了重要的物质基础；生态系统服务的受益者与提供者在空间分布上不一致，需要生态系统服务受益者为生态系统服务提供者提供补偿，以弥补生态系统服务提供者为维护生态系统服务而丧失的发展机会。生态系统服务价值将生态系统服务功能量化，为生态补偿提供基础。生态系统虽然具有一定的自我修复能力，但随着人类开发强度的日益增大，单靠生态系统自身难以修复，需要生态补偿，促进生态系统的可持续发展。因此实施生态补偿也是维护和提升区域生态系统服务价值的重要手段。

2. 生态系统服务价值与生态补偿类型划分

由于生态系统服务功能的复杂性，服务供给的非市场性，生态补偿标准一直是生态补偿的难题。欧阳志云等(2013)认为生态补偿的成本主要包括直接成本、机会成本和生态投入成本(欧阳志云等, 2013)。赵雪雁(2012)总结了相关研究，认为生态补偿应包括交易成本、机会成本和实施成本。从生态系统的自身特性来看，生态补偿成本主要包括直接成本和间接成本两部分。目前生态补偿中的直接成本较易核算；间接成本往往难以科学、合理地核算，如水源涵养、空气净化等。通过对区域生态系统服务价值的综合评估，能够有效地评价生态系统直接和间接的服务功能价值。刘春腊等(2014)基于生态系统服务价值法对中国省域生态补偿进行了研究，结果与实际较为符合。

区域生态系统服务价值可以作为生态补偿标准的参考。基于本书对青海省生态系统服务价值的评估和时空特征分析，初步构建了基于生态系统服务价值的生态补偿体系：首先，区域生态系统服务价值总量作为生态补偿标准参考；生态补偿依据生态系统服务价值变化而变动；根据生态系统服务价值的动态变化对区域进行生态补偿类型划分；依据生态系统服务价值与区域开发活动的协调关系建立生态补偿空间配置优先级。生态补偿类型区主要分为维持型和盈余型两个类型，见图 8-2。维持型生态补偿类型区是指生态环境质量随着开发规模扩大而下降，生态补偿以维持目前现状为主；盈余型生态补偿类型区是指生态环境质量没有随着经济发展而下降，但实施生态补偿可以促进生态环境质量的提升。根据青海省研究期内生态系统服务价值空间变化情况，维持型生态补偿类型区主要分布在青海省西部地区，盈余型生态补偿类型区主要分布于青海省东部地区。

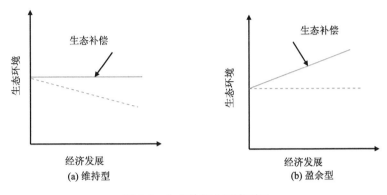

图 8-2　生态补偿主要类型区

8.6　青海省生态经济协调关系分析

基于土地利用变化数据，利用生态系统服务价值评估方法将生态系统的服务功能货币化，便于不同类型生态系统和不同区域生态服务的比较。同时经济产出是衡量人类活动规模的重要指标，通过对区域生态系统服务价值和经济产出量的比较，可以将区域生态经济协调度进行量化。生态经济协调度对区域可持续发展状态的评价和比较具有重要意义。

8.6.1　数据与方法

1. 数据来源与处理

青海省 1996 年、2000 年和 2008 年各县(市、区)社会经济数据主要来源于《青海统计年鉴》和《中国县市社会经济统计年鉴》。其中海西州社会经济数据来自大柴旦行政委员会、茫崖市和冷湖镇数据的合并，西宁市社会经济数据来自西宁市四区数据的合并。由于 1985 年青海省县(市、区)社会经济数据缺乏，本书主要基于 1985 年青海省经济总量，按照 1986 年青海省县(市、区)经济总量比例进行推算得来。

对于社会经济数据，为了直观地反映社会经济活动随时间在量上的变化，必须剔除价格变动因素，使用统一的物价水平，将名义 GDP 转化为实际 GDP。本书选用 2000 年的物价作为统一物价水平，利用 GDP 指数进行调整，得到 1985 年、1996 年、2000 年和 2008 年统一物价的经济总量数据。具体计算公式为

$$GDP_{ni} = GDP_{\alpha} \times \frac{\beta_i}{\beta_{\alpha}} \qquad (8\text{-}7)$$

式中，GDP_{ni} 为 i 年实际 GDP；GDP_{α} 为基准年 GDP；β_i 为 i 年的 GDP 指数；β_{α} 为基准年的 GDP 指数。

2. 生态经济协调度评价方法

生态经济协调度的计算主要通过比较区域一定时期内的生态系统服务价值变化率和经济总量变化率得到。其计算公式为

$$EEH = \frac{ESV_c}{GDP_c}, \ \text{其中} \ ESV_c = \frac{ESV_e - ESV_r}{ESV_r}; \ GDP_c = \frac{GDP_e - GDP_r}{GDP_r} \qquad (8\text{-}8)$$

式中，ESV_c 为单位面积生态系统服务价值变化率；GDP_c 为单位面积经济总量变化率；ESV_r 为初期单位面积生态系统服务价值；ESV_e 为末期单位面积生态系统服务价值；GDP_r 为初期单位面积经济总量；GDP_e 为末期单位面积经济总量。根据青海省实际情况，结果主要有两种情况：①$EEH>0$，$ESV_c>0$，$GDP_c>0$；②$EEH<0$，$ESV_c<0$，$GDP_c>0$。$EEH \geq 1$ 时，表明生态系统服务价值增长率不低于经济增长率，生态经济处于协调状态；$0<EEH<1$ 时，生态系统服务价值增长率低于经济增长率，生态经济仍处于协调状态，但有恶化的可能性；$-1<EEH<0$ 时，生态系统服务价值出现负增长，经济发展对环境造成了影响，生态经济开始不协调；$EEH \leq -1$ 时，生态经济关系处于恶化状态。参考已有相关研究，结合青海省生态经济协调度状况，对其生态经济协调度进行分级，参照标准见表 8-10。

表 8-10　生态经济协调度分级标准

生态经济协调度 (EEH)	等级	生态经济协调度 (EEH)	等级
−0.25~0	微度不协调	0~0.25	微度协调
−0.5~−0.25	轻度不协调	0.25~0.5	轻度协调
−0.75~−0.5	中度不协调	0.5~0.75	中度协调
−1~−0.75	较高不协调	0.75~1	较高协调
<−1	高度不协调	>1	高度协调

为了进一步分析青海省生态经济协调度类型，参考相关研究构建了生态经济类型区的分类方法。由于青海省 1985 年县域 GDP 数据的缺失，本书所使用的 1985 年数据是根据 1985 年青海省经济总量数据和临近年份各县 GDP 比重推算得到的，具有一定的误差。因此在进行生态经济类型分区时主要使用 1996 年、2000 年和 2008 年的生态经济协调度数据。根据青海省 1996~2000 年和 2000~2008 年两个时段县 (市、区) 生态经济协调度的变化构建了以下标准，见表 8-11。其中，EEH_1 为 1996~2000 年生态经济协调度；EEH_2 为 2000~2008 年生态经济协调度。

表 8-11 青海省生态经济类型区分区标准

分区标准	类型区
$EEH_1 < 0$，$EEH_2 < 0$；$|EEH_1| < |EEH_2|$	持续恶化区
$EEH_1 < 0$，$EEH_2 < 0$；$|EEH_1| > |EEH_2|$	恶化减弱区
$EEH_1 > 0$，$EEH_2 < 0$	初始恶化区
$EEH_1 < 0$，$EEH_2 > 0$	初始协调区
$EEH_1 > 0$，$EEH_2 > 0$；$|EEH_1| > |EEH_2|$	协调降低区
$EEH_1 > 0$，$EEH_2 > 0$；$|EEH_1| < |EEH_2|$	协调升高区

8.6.2 青海省 GDP 增长率时空特征

以 2000 年价格为标准，对青海省县（市、区）不同年份 GDP 数据进行处理，得到不同时期的不变价 GDP，计算各地的年平均增长率。1996～2000 年经济增长率最高的区域主要集中在柴达木地区，海西地区的年均增长率达到 181%；其次是三江源地区，其西部地区的增长率都在 20%～41%；西宁市及周边地区增长较为稳定，多数在 10% 左右；青海湖以北地区的增长率最低。柴达木地区仍然是增长率最高的地区；其次是西宁市周边地区，该区域大部分地区增长率较 1996～2000 年有所提高；三江源地区，大部分县域增长率都在 8%～13%，但是东部果洛州的增长率较低，都在 6% 以下；青海湖以北地区较上一时段增长率也有所提高。

西宁市及周边经济总量基数大，增长率较稳定，一直是青海省的经济重心。柴达木地区由于矿产资源的开发，经济增长迅速，已经成为青海省继西宁市之后新的经济重心。这两个地区在两个时段的工业开发活动规模都在持续扩大。三江源和青海湖周边地区，经济活动以牧业或者农牧结合为主，经济增长主要受生态环境质量影响。

8.6.3 青海省生态经济协调度时空变化分析

1. 生态系统服务价值和经济对比分析

青海省 1985～2008 年四个时间段生态系统服务价值量和经济总量的变化情况见表 8-12。1985～2008 年青海省年均生态系统服务价值损失为 10.84 亿元；同期年均不变价 GDP 为 254.62 亿元；年均生态系统服务价值损失占经济产出的比重为 4.26%。

表 8-12 青海省生态系统服务价值和经济变化关系

生态系统服务价值/亿元			1985～2008 年均不变价 GDP/亿元	生态系统服务价值损失比重/%
1985 年	2008 年	年均损失量		
7689.29	7429.25	10.84	254.62	4.26

1985～1996 年由于水域面积明显增长，生态系统服务价值的增长率明显高于经济总量，生态经济整体处于协调状态，协调度为 0.066；1996～2000 年生态系统服务价值迅速下降，经济总量增长有所加快，生态经济关系进入不协调状态，协调度为

–0.045；说明这一时段内的社会经济发展过程中，生态环境建设力度一直低于经济活动的破坏。2000～2008 年生态经济仍处于不协调状态，但这一时段生态系统服务价值下降的速率有所减小，经济总量的增长速度明显加快，生态经济关系开始好转，协调度为–0.022；说明这一时期以来，经济活动的资源环境利用效率有所提升，生态建设有所加强。

2. 1985～1996 生态经济协调度空间变化

三江源西部地区的治多县和曲麻莱县生态经济协调度分别为 0.854 和 0.985，处于较高协调状态。青海东北部、柴达木盆地等大部分区域的协调度都在 0～0.164，处于微度协调状态。其余地区协调度都在 0 以下，其中杂多县的协调度最低，为–0.439，处于轻度不协调状态；其次是德令哈市和囊谦县，协调度分别为–0.122 和–0.191，处于微度不协调状态；其余的以西宁市为中心的青海东部大部分地区和三江源东南部分区域的协调度都在 0～–0.1，处于微度不协调状态。这一时段内，三江源地区的生态经济协调度空间变化最为复杂，协调度最高值和最低值均出现在这一地区。柴达木地区大部分生态经济都处于协调状态，但整体生态经济协调度较低，以微度协调为主。青海省东部黄河—湟水流域大部分地区生态经济处于不协调状态。整体生态经济协调度变化规律为由西向东递减。说明这一时期青海省东部地区虽然经济增长迅速，但资源环境利用效率低，生态系统服务价值下降较快。

3. 1996～2000 年生态经济协调度空间变化

1996～2000 年青海省县(市、区)生态经济协调关系发生了较大的变化，首先在青海省东北部地区，刚察县生态经济协调度超过 1，处于高度协调状态，但祁连县生态经济协调度明显下降，协调度小于–1，由上一时段内的协调状态转变为高度不协调状态；天峻县的生态经济协调度下降至–1～–0.75，由上期的协调状态转变为较高不协调状态，此外，门源县、大通县和海晏县的生态经济协调度分别下降至轻度不协调和微度不协调状态。三江源地区的生态经济协调度变化也较为明显，西北部的生态经济协调度有所下降，东南部部分地区的生态经济协调度有所提升。治多县的生态经济协调度由上期的较高协调关系转变为微度不协调，曲麻莱县虽然仍处于协调状态，但生态经济协调度出现较大幅度下降；东部的囊谦县、玉树市和玛多县等地区都由上期的不协调状态进入协调状态，但还处于微度协调状态。青海省东部地区的湟水谷地区域大部分地区生态经济协调度出现了好转，处于微度协调状态。柴达木盆地、北部的海西州德令哈市的生态经济协调关系有所好转，南部的乌兰县、格尔木市则有所下降。

东部地区的生态经济协调度有所提升，大部分地区都进入微度协调状态；而西部地区整体有所下降，局部地区协调度的提升无法整体促进生态协调关系的好转，1996～2000年生态经济协调度明显提升的地区在上一时段内则有明显下降，因此这一时期内部分地区的生态经济协调度是在低基础之上的提升，是对已破坏生态环境的修复。

4. 2000～2008 年生态经济协调度空间变化

2000～2008 年生态经济协调度出现了明显变化,柴达木盆地全部处于不协调状态;三江源大部分地区都处于不协调状态;东部地区有大部分地区仍处于协调状态。

柴达木盆地的生态经济协调度在这一时段普遍都在–0.25～0,处于微度不协调状态。与前两个时段相比,柴达木盆地的生态经济协调度处于持续下降状态,生态经济由协调转变为不协调状态。这表明随着柴达木盆地矿产资源开发利用、基础设施建设等经济活动的开展,柴达木盆地的经济总量虽然得到了明显提高,但其生态环境破坏严重,生态系统服务价值损失的速度大于经济总量的增长速度。

三江源大部分地区的生态经济协调度都在 0 以下,只有三江源东部玛多县等少部分地区生态经济协调度在 0～0.25。与前两个时段相比,2000～2008 年三江源地区生态经济协调度下降最为明显,大部分地区都处于微度不协调状态。这一时段三江源地区的草地面积减少较为明显,表明过度放牧等土地利用开发导致其生态系统服务价值降低,三江源大部分地区进入了生态经济不协调状态。

以青海湖为中心的青海省东北部地区,自然环境较好,生态系统服务价值强度较高,这一时段内天峻县、门源县和海晏县等生态经济协调度在 0～0.25,处于微度协调状态;祁连县和刚察县等地生态经济协调度在–0.25～0,处于微度不协调状态。对比前两个时段,这一地区的生态经济协调度处于波动变化状态,但整体呈下降趋势。随着社会经济发展,这一地区的土地荒漠化、水土流失等现象造成了生态系统服务价值下降,同时铁路、公路等基础设施建设也导致大部分生态系统服务价值的损失。

以西宁市为中心的青海东部湟水谷地区域,大部分地区生态经济协调度都在 0～0.25,处于微度协调状态。这一地区开发历史悠久,生态环境受人为活动影响最为明显,比较三个时段该地区生态经济协调度的变化,其生态经济协调度处于逐步好转的趋势。由于历史上该地区生态环境破坏较为明显,青海省各类生态环境建设工程开展较多,已有明显成效。但由于该地区历史上生态环境破坏较为严重,生态经济协调度的提高只是表明该地区的生态环境有好转现象。

8.6.4　青海省生态经济协调度的类型分析

1. 生态经济协调度类型区分布格局

根据生态经济类型区分区标准对青海省 41 个单元进行分区,分析时段内,生态经济关系恶化区主要分布于青海省中西部地区;协调区则主要集中于东部地区。

其中贵德县和三江源东部的河南县、甘德县和班玛县属于持续恶化区,在研究期内的生态经济协调度始终为负,且处于持续下降状态。贵德县自然条件较好,农牧业发达,有青海小江南之称;研究期内,大量的林地、水域等转换为耕地、草地和建设用地等,导致其生态系统服务价值下降较快,生态经济关系持续恶化。河南县、甘德县和班玛县地处三江源地区,土地荒漠化和盐碱化面积增加,沼泽面积减少,导致其整体生态系统服务价值快速下降。

恶化减弱区主要分布在柴达木和三江源西部地区，主要包括格尔木市、都兰县、杂多县和治多县。东部的祁连县也处于恶化减弱区。这些区域的生态经济关系虽然处于恶化状态，但其恶化程度已经开始减弱。其中格尔木市主要是林地、水域和沼泽转化为建设用地、耕地和荒漠等，导致生态系统服务价值下降；格尔木市和都兰县地处柴达木盆地，是青海省重要的工业中心，随着生产效率的提高，经济发展对生态系统服务价值的影响将有所减轻。杂多县、治多县等地区主要是水域、沼泽等减少，荒漠和草地等增加，导致生态经济关系恶化。这些地区生态环境脆弱，在开发过程中容易造成生态环境破坏。但随着该区域生态环境治理、生态移民等政策的实施，生态经济关系恶化的趋势得到了一定的遏制。

柴达木盆地北部、青海湖周边以及三江源东南部地区属于初步恶化区，从 1996～2000 年的协调状态转变为 2000～2008 年的不协调状态。这些地区在 2000～2008 年水域、沼泽、草地等土地类型面积减少较多，生态系统服务价值下降明显。这些地区社会经济发展过程中，生态环境保护和建设落后于对资源环境的破坏规模，生态经济关系进入恶化状态。

生态经济协调区主要分布于青海省东部地区，中部地区也有少量分布。青海省东北部的天峻县、门源县、大通县和海晏县，以及共和县、兴海县和泽库县属于生态经济初始协调区，生态经济关系逐步好转。这些地区生态经济关系恶化的趋势已经得到遏制，进入协调状态。其中门源县、大通县和海晏县得益于林地和水域面积的增加，生态经济协调度由负转正；天峻县和共和县荒漠面积的减少以及草地、水域面积的增加促使生态经济协调度提升；泽库县和循化县生态经济协调度的转变源于荒漠面积减少。湟中区、化隆县、同仁市、同德县和玛多县属于生态经济协调度降低区，两个时期虽然都处于协调状态，但生态经济协调度有所下降。这些地区在研究期内荒漠化土地面积下降明显，这也是其生态经济协调度始终为正的主要原因；但林地等生态系统服务价值系数较高的土地类型增长不明显或减少，同时建设用地不断增加，其生态经济协调度有所下降。

东部湟水谷地的西宁市、互助县、尖扎县和循化县属于生态经济协调度升高区，生态经济都处于协调状态，且生态经济协调度有所上升。这些地区在研究期内，草地和荒漠等土地类型减少，森林、水域等面积增长较快；建设用地面积增长同样明显，但森林等生态系统服务价值系数较高的生态系统类型保证了区域整体生态系统服务价值的提高。说明这些地区的生态和经济处于协调发展的状态。

2. 生态经济协调度类型区形成原因分析

青海省生态经济协调度类型区的分布与其自然条件和经济活动密切相关。东部地区良好的自然条件是其生态类型多样性的重要基础，同时也十分利于生态环境建设，因此生态经济协调区多集中于该地区。柴达木盆地河流较少，气候干旱，沙漠面积较广；三江源地区海拔高，气温低，生态环境十分脆弱。这些地区生态环境极易遭到破坏且恢复难度大，因此多分布生态经济恶化区。在自然条件的基础上，人类活动对生态经济协调度类型区的分布也有一定的影响。东部地区农业开发历史悠久、人口密集，因此湟水谷地及青海湖周边等虽然生态环境良好，但有较多生态经济恶化区分布。西部柴达木盆地由于工业规模不断扩大，其生态经济关系呈恶化状态。三江源地区生态环境脆弱，人为过度放牧等活动及土地荒漠化现象明显，生态经济恶化区分布较多。整体上生态经济恶化区在青海省分布较广，已经对青海省区域可持续发展造成了明显的影响。因此加快生态建设，提升生态经济协调度日益迫切。

3. 生态经济协调度变化与生态补偿空间配置分析

生态补偿应根据区域生态经济协调关系的变化进行空间配置。具体就是，生态补偿应该优先在生态经济恶化的地区配置，其效果最为明显；其次是生态经济协调区，以激励生态系统服务价值的持续提高。在生态经济恶化区，生态补偿的优先级从高到底依次是持续恶化区、恶化减弱区和初始恶化区，以维持型生态补偿为主；在生态经济协调区，优先级应从初始协调区向协调升高区递减，以盈余型生态补偿为主。基于此，青海省生态补偿应优先在尖扎县、河南县、甘德县地区展开；其次是青海省西南部地区；最后是柴达木北部—青海湖周边地区。

8.6.5　青海省生态经济协调问题分析

1. 生态经济效益低

1985 年以来，青海省经济获得了快速的发展，但生态经济协调关系迅速恶化。其生态资源开发活动的产出效益较低。一方面生态环境脆弱导致其经济产出较低；另一方面区域科技文化落后，限制其经济效益的提高。因此生态补偿是解决保护生态环境和促进经济发展矛盾的有效制度。相同生态损失情景下，生态经济效益高的地区取得更大的经济产出；通过生态补偿弥补生态效益低的地区因生态环境保护而失去的经济效益；达到经济与生态的高效共赢。根据生态系统服务价值与经济活动的协调关系情况，配置生态补偿的空间优先级，切实提高生态补偿的实施效果。

2. 忽视生态资产损失

长期以来，传统的 GDP 核算没有考虑区域发展过程中的生态资产损失。这种背景下，常常以资源环境的破坏换取 GDP 的快速增长，导致生态系统服务价值下降，生态经济协调关系恶化。事实上，生态资产的消耗也是经济发展的成本要素之一，在 GDP 核算中应考虑生态资产损失。这就涉及目前较为关注的绿色 GDP 理论。绿色 GDP 理论倡导在现有 GDP 中扣除生态资产损失。因此，逐步实施绿色 GDP 统计和考核制度，能够促使区域在发展过程中降低生态资产损失，提高生态资产利用效率，促进生态经济的协调发展。

参 考 文 献

蔡中华, 王晴, 刘广青. 2014. 生态经济. 中国生态系统服务价值的再计算, 30(2): 16-18,23.

常守志, 王宗明, 宋开山, 等. 2011. 1954-2005 年三江平原生态系统服务价值损失评估. 农业系统科学与综合研究, 27(2): 240-247.

陈仲新, 张新时. 2000. 中国生态系统效益的价值. 科学通报, (1): 17-22,113.

邸向红, 侯西勇, 徐新良, 等. 2013. 山东省生态系统服务价值时空特征研究. 地理与地理信息科学, 29(6): 116-120.

付静尘. 2010. 丹江口库区农田生态系统服务价值核算及影响因素的情景模拟研究. 北京: 北京林业大学.

甘奇慧, 夏显力. 2010. 铜山县土地利用/覆被变化对生态经济协调度的影响研究. 国土与自然资源研究, (4): 66-70.

和建萍, 刘立涛. 2012. 纳帕海湿地生态系统功能与服务价值评估研究. 环境科学导刊, 31(5): 5-9.

侯元兆, 王琦. 1995. 中国森林资源核算研究. 世界林业研究, 8(3): 51-56.

黄湘, 李卫红. 2006. 荒漠生态系统服务功能及其价值研究. 环境科学与管理, (7): 64-70,3.

姜立鹏, 覃志豪, 谢雯, 等. 2007. 中国草地生态系统服务功能价值遥感估算研究. 自然资源学报, (2): 161-170.

李景保, 常疆, 李杨, 等. 2007. 洞庭湖流域水生态系统服务功能经济价值研究. 热带地理, (4): 311-316.

李秀彬. 1996. 全球环境变化研究的核心领域-土地利用／土地覆被变化的国际研究动向. 地理学报, (6): 553-558.

李彧宏. 2011. 世界自然遗产地张家界市森林生态效益研究. 经济地理, 31(10): 1728-1732.

刘承良, 熊剑平, 龚晓琴, 等. 2009. 武汉城市圈经济-社会-资源-环境协调发展性评价. 经济地理, 29(10): 1650-1654,95.

刘春腊, 刘卫东, 徐美. 2014. 基于生态价值当量的中国省域生态补偿额度研究. 资源科学, 36(1): 148-155.

刘兴元, 冯琦胜. 2012. 藏北高寒草地生态系统服务价值评估. 环境科学学报, 32(12): 3152-3160.

马彩虹, 兰叶霞, 赵先贵, 等. 2009. 江西省生态经济系统耦合态势分析. 水土保持研究, 16(3): 221-224.

马长欣, 刘建军, 康博文, 等. 2009. 1999-2003 年陕西省森林生态系统固碳释氧服务功能价值评估. 生态学报, 30(6): 1412-1422.

闵庆文, 谢高地, 胡聃, 等. 2004. 青海草地生态系统服务功能的价值评估. 资源科学, (3): 56-60.

欧阳志云, 赵同谦, 王效科, 等. 2004. 水生态服务功能分析及其间接价值评价. 生态学报, (10): 2091-2099.

欧阳志云, 郑华, 岳平. 2013. 建立我国生态补偿机制的思路与措施. 生态学报, 33(3): 686-692.

彭开丽, 彭可茂, 席利卿. 2012. 中国各省份农地资源价值量估算——基于对农地功能和价值分类的分析. 资源科学, 34(12): 2224-2233.

乔旭宁, 杨永菊, 杨德刚. 2011. 生态服务功能价值空间转移评价——以渭干河流域为例. 中国沙漠, 31(4): 1008-1014.

冉圣宏, 吕昌河, 贾克敬, 等. 2006. 基于生态服务价值的全国土地利用变化环境影响评价. 环境科学, (10): 2139-2144.

任曼丽, 焦士兴. 2007. 基于生态足迹理论的河南省生态经济协调发展研究. 农业经济, (11): 36-38.

任晓旭, 王兵. 2012. 荒漠生态系统服务功能的评估方法. 甘肃农业大学学报, 47(2): 91-96, 103.

苏飞, 张平宇. 2009. 基于生态系统服务价值变化的环境与经济协调发展评价——以大庆市为例. 地理科学进展, 28(3): 471-477.

孙能利, 巩前文, 张俊飚. 2011. 山东省农业生态价值测算及其贡献. 中国人口·资源与环境, 21(7): 128-132.

索安宁, 赵冬至, 卫宝泉, 等. 2009. 基于遥感的辽河三角洲湿地生态系统服务价值评估. 海洋环境科学, 28(4): 387-391.

王春连, 张镱锂, 王兆锋, 等. 2010. 拉萨河流域湿地生态系统服务功能价值变化. 资源科学, 32(10): 2038-2044.

王冬银, 杨庆媛, 何涛. 2013. 重庆市耕地资源非市场价值估算. 中国土地科学, 27(10): 76-82.

王长征, 刘毅. 2002. 经济与环境协调研究综述. 中国人口·资源与环境, (3): 34-38.

王振波, 方创琳, 王婧. 2011. 1991 年以来长三角快速城市化地区生态经济系统协调度评价及其空间演化模式. 地理学报, 66(12): 1657-1668.

吴海珍, 阿如旱, 郭田保, 等. 2011. 基于 RS 和 GIS 的内蒙古多伦县土地利用变化对生态服务价值的影响. 地理科学, 31(1): 110-116.

吴玉鸣, 张燕. 2008. 中国区域经济增长与环境的耦合协调发展研究. 资源科学, (1): 25-30.

肖寒, 欧阳志云, 赵景柱, 等. 2000. 森林生态系统服务功能及其生态经济价值评估初探——以海南岛尖峰岭热带森林为例. 应用生态学报, 11(4): 481-484.

谢高地, 鲁春霞, 肖玉, 等. 2003. 青藏高原高寒草地生态系统服务价值评估. 山地学报, (1): 50-55.

谢高地, 肖玉. 2013. 农田生态系统服务及其价值的研究进展. 中国生态农业学报, 21(6): 645-651.

谢高地, 张钇锂, 鲁春霞, 等. 2001. 中国自然草地生态系统服务价值. 自然资源学报, (1): 47-53.

邢伟, 王进欣, 王今殊, 等. 2011. 土地覆盖变化对盐城海岸带湿地生态系统服务价值的影响. 水土保持研究, 18(1): 71-76, 81.

许萍. 2012. 基于生态足迹模型的区域生态经济协调发展评价与分析. 南昌: 江西师范大学.

薛达元, 包浩生, 李文华. 1999. 长白山自然保护区生物多样性旅游价值评估研究. 自然资源学报, 14(2): 140-145.

易定宏, 礼章, 肖强, 等. 2010. 基于能值理论的贵州省生态经济系统分析. 生态学报, 30(20): 5635-5645.

尹飞, 毛任钊, 傅伯杰, 等. 2006. 农田生态系统服务功能及其形成机制. 应用生态学报, (5): 929-934.

尹海伟, 孔繁花. 2005. 山东省各市经济环境协调度分析. 人文地理, (2): 30-33+100.

余瑞林, 刘承良, 熊剑平, 等. 2012. 武汉城市圈社会经济-资源-环境耦合的演化分析. 经济地理, 32(5): 120-126.

余新晓, 鲁绍伟, 靳芳, 等. 2004. 中国森林生态系统服务功能价值评估. 生态学报, 25(8).

湛兰, 周勇, 徐艳. 2008. 区域土地利用变化及其生态服务价值响应——以湖北省荆州市为例. 资源与产业, (2): 93-97.

张侃, 张建英, 陈英旭, 等. 2006. 基于土地利用变化的杭州市绿地生态服务价值 CITYgreen 模型评价. 应用生态学报, (10): 1918-1922.

张文娟, 李贵才, 曾辉. 2010. 城市化地区湿地生态系统服务干扰评价——以深圳坪山河流域为例. 应用生态学报, 21(5): 1137-1145.

张振明, 刘俊国, 申碧峰, 等. 2011. 永定河(北京段)河流生态系统服务价值评估. 环境科学学报, 31(9): 1851-1857.

赵海珍, 李文华, 马爱进, 等. 2004. 拉萨河谷地区青稞农田生态系统服务功能的评价——以达孜县为例. 自然资源学报, 19(5): 632-636.

赵荣钦, 黄爱民, 秦明周, 等. 2003. 农田生态系统服务功能及其评价方法研究. 农业系统科学与综合研究, (4): 267-270.

赵士洞, 张永民. 2006. 生态系统与人类福祉——千年生态系统评估的成就、贡献和展望. 地球科学进展, 9: 895-902.

赵同谦, 欧阳志云, 郑华, 等. 2004. 中国森林生态系统服务功能及其价值评价. 自然资源学报, 1(4): 480-491.

赵雪雁. 2012. 生态补偿效率研究综述. 生态学报, 32(6): 1960-1969.

赵忠宝, 李克国, 曾广娟, 等. 2012. 秦皇岛市森林生态系统服务功能评价研究. 干旱区资源与环境, 26(2): 31-36.

智颖飙, 韩雪, 吴建军, 等. 2009. 洪泽湖湿地生态系统服务功能货币化评价. 安徽大学学报(自然科学版), 33(1): 90-94.

Adger N, Brown K, Cervigni R, et al. 1995. Total economic value of forests in Mexico. Ambio, 24(5): 286-296.

Barbier E B, Burgess J C, Hanley N, et al. 2001. The economics of tropical deforestation. Journal of Economic Surveys, 77(2): 155-171.

Björklund J, Limburg K E, Rydberg T. 1999. Impact of production intensity on the ability of the agricultural landscape to generate ecosystem services: An example from Sweden. Ecological Economics, 29(2): 269-291.

Bolund P, Hunhammar S. 1999. Ecosystem services in urban areas. Ecological Economics, 29(2): 293-301.

Boyd J, Banzhaf S. 2007. What are ecosystem services? The need for standardized environmental accounting units. Ecological Economics, 63(2): 616-626.

Brock W A, Taylor M S. 2005. Economic growth and the environment: A review of theory and empirics. Handbook of Economic Growth, 1, part b(5): 1749-1821.

Brown M T, Ulgiati S. 2004. Energy quality, emergy, and transformity: H.T. Odum's contributions to quantifying and understanding systems. Ecological Modelling, 178(1-2): 201-213.

Cornell S. 2011. The rise and rise of ecosystem services: Is "value" the best bridging concept between society and the natural world. Procedia Environmental Sciences, 6: 88-95.

Costanza R, d'Arge R, De Groot R, et al. 1997. The value of the world's ecosystem services and natural capital. World Environment, 387(6630): 253-260.

Daily G. 1997. Nature's services: Societal dependence on natural ecosystems. Pacific Conservation Biology, 6(2): 220-221.

Dempsey J, Robertson M. 2012. Ecosystem services: Tensions, impurities, and points of engagement within neoliberalism. Progress in Human Geography, 36(6): 758-779.

Grasso M. 1998. Ecological–economic model for optimal mangrove trade off between forestry and fishery production: Comparing a dynamic optimization and a simulation model. Ecological Modelling, 112(2-3): 131-150.

Gren I M, Groth K H, Sylvén M. 1995. Economic values of danube floodplains. Journal of Environmental Management, 45(4): 333-345.

Hein L, Koppen K V, Groot R S D, et al. 2006. Spatial scales, stakeholders and the valuation of ecosystem services. Ecological Economics, 57(2): 209-228.

Jakobsson K M, Dragun A K. 1996. Contingent Valuation and Endangered Species: Methodological Issues and Applications. London: Edward Elgar Publishing.

Kozak J, Lant C, Shaikh S, et al. 2011. The geography of ecosystem service value: The case of the Des Plaines and Cache River wetlands, Illinois. Applied Geography, 31: 303-311.

Maille P, Mendelsohn R. 1993. Valuing ecotourism in Madagascar. Journal of Environmental Management, 38(3): 213-218.

Odum E P, Barrett G W. 1971. Fundamentals of Ecology. Philadelphia: Saunders.

Potschin M, Hainesyoung R. 2011. Ecosystem services: Exploring a geographical perspective. Progress in Physical Geography, 35(5): 575-594.

Sherrouse B C, Clement J M, Semmens D J. 2011. A GIS application for assessing, mapping, and quantifying the social values of ecosystem services. Applied Geography, 31(2): 748-760.

Sutton P C, Costanza R. 2002. Global estimates of market and non-market values derived from nighttime satellite imagery, land cover, and ecosystem service valuation. Ecological Economics, 41(3): 509-527.

Westman W E. 1977. How much are nature's services worth. Science, 197(4307): 960-964.

Wilson C L , Matthews W H . 1970. Mans Impact on the Global Environment: Assessment and Recommendations for Action. Report of the Study of Critical Environment Problems (SCEP) 1970. Cambridge:MIT Press.

Yang W, Dietz T, Liu W, et al. 2013. Going beyond the millennium ecosystem assessment: An index system of human dependence on ecosystem services. PLOS ONE, 8(5): e64581.

Zari M P. 2012. Ecosystem services analysis for the design of regenerative built environments. Building Research & Information, 40(1): 54-64.

第9章 土地利用变化的辐射强迫

由于生物地球化学和生物地球物理两种机制均对地表气温产生影响，因此在全球气候变化大背景中，区分出 LUCC 通过改变地表物理参数作用于局部气候的信息，显得尤为困难(Yang et al., 2009)。城市化进程不仅影响区域土地覆盖变化，而且也影响全球环境变化。城市周边土地利用类型多样，且类型之间的相互转换频繁发生，不断加速的城市化对城市和区域气候也有深远的影响(Zhou et al., 2004)。区域气候本身具有开放性和综合性特征，地表辐射、能量及动能不同都会直接/间接地影响近地表气温，局地微气象条件、城市冠层、城郊区的大气边界层切换及大气环流都会对温度变化造成一定影响(张学珍等, 2011; 崔耀平等, 2012a)。例如，城市热岛(urban heat island, UHI) 现象在很大程度上正是这种影响的具体体现(陈爱莲等, 2012)。

9.1 全球 CO_2、太阳辐射和地表反照率

人类活动和自然因子共同作用，既影响温室气体排放，又改变地表物理性质，并通过生物地球化学和生物地球物理机制持续影响气温。整个地球有超过 1/3～1/2 的地方已经被人类活动所影响(Ellis, 2011; Ellis and Ramankutty, 2008)。并且，人类活动带来的温室气体排放还具有全球效应。碳排放和温室气体浓度水平一直被用来代表人类活动对气候的影响强度，IPCC 也用典型浓度路径(RCP)来表示其对气温的影响。但要注意的是，RCP 其实是用了与气温关系更为直接的辐射强迫(RF)概念来表示出其具体的路径值(如 RCP2.6 表示的是 RF 达到 2.6W/m^2 的情景)。事实上，不单是仅仅涉及生物地球化学循环的温室气体，人类活动对下垫面和大气环境的影响还可以直接通过辐射传输和能量平衡过程涉及的生物地球物理参量，如地表反照率、比辐射率、粗糙度、太阳辐射等，扰动地球的热收支(崔耀平等, 2012a, 2012b, 2015)。自然因素也是如此，众多非人类作用下的自然环境因子的波动对地球系统的影响相互交织，非常复杂，使得很难有效地从总的气温变动中剥离出人类的影响(Fang et al., 2017)。因此，很多气候强迫因子实际上受到了人类和自然的综合作用。

生物地球化学和生物地球物理机制对气温的作用往往是相悖的。生物地球化学作用因为其明确的温室气体效应而带来升温；而在生物地球物理作用下却存在降温的可能。尽管如此，国内外学者开展单一方面的研究较多，而联立两种机制开展的研究较少。很多研究从单一温室气体 CO_2，或联立 CH_4、N_2O 等化合物的排放，分析其对应的升温作用(Anderson-teixeira et al., 2012; Wang et al., 2012; Tian et al., 2015; Mendoza et al., 2015)。包括"京都议定书"制定的碳核算规则在内均没有考虑生物地球物理效应，从而严重高估了一些人为调控措施，如造林的降温效应(Montenegro et al., 2009)。有研究显示，同一强迫因子变化在不同区域和不同气候背景场下对气温的影响有异，即便是在相近区域，

其净气温效应也有不同(李巧萍等, 2006)。有学者认识到这一问题,联立两大主要的辐射强迫因子(CO_2 和反照率)开展研究(Devaraju et al., 2015)。还以造林为例,有学者认为温带地区造林的结果为升温效应(0.56℃),而有学者则得到了降温效应(−0.50℃) (Perugini et al., 2017)。Montenegro 等(2009)的结果显示,高纬度地区造林使反照率降低,其导致的升温效应大于吸收温室气体带来的降温效应。Kirschbaum 等(2013)和 Schwaab 等(2015)分别量化了植被覆盖类型变化引发 CO_2 和反照率变化导致的辐射强迫及气温效应。Brovkin 等(2013)利用多个气候模式,在不同的排放情景下开展全球尺度的模拟。但很多是在长时间尺度下进行的模拟研究,而对应短时间尺度的研究相对较少,但是短时间,尤其是强迫作用产生的头 20 年,才是其对气温扰动最为明显的时期。Joos 等(2013)的研究证实,100Gt C 的气温效应在头 20 年从 0.49℃ 降到 0.2℃,随后进入缓慢变化的稳定阶段,1000 年后的气温效应衰减至 0.13℃。并且,近期的研究还显示,1750 年以来 CO_2 的辐射强迫为 1.82±0.19W/m²,而仅 2000 年以来的 10 年间(到 2010 年),辐射强迫就提升了 0.2W/m² (Feldman et al., 2015)。因此,开展短时间尺度的对应分析亟待加强,尤其是近十几年来,还可以利用更为充足和翔实的数据来开展对应时间段的研究。

针对人类活动和自然因素变化及其对气温影响研究中存在的问题,本章联立生物地球化学和生物地球物理作用,在全球尺度上,以 2000 年为基准本底,量化评估 2000~2015 年对应的气温反馈调节作用。

9.1.1　全球 CO_2 的时空变化

全球陆域 CO_2 通量空间分布由三个不同来源的通量值共同决定。其中,化石燃料燃烧产生的 CO_2 通量反映的是人类经济活动的密集分布状态,直接对应的是人类经济发展的碳排放。中国、日本、美国、欧盟、俄罗斯、印度、中亚和南非等国家和地区基本上占据了绝大部分碳排放空间。就变化而言,全球基本上所有区域碳排放都出现了增加的趋势,其中变动较为明显的区域主要分布在中国、印度及中亚等,全球化石燃料燃烧产生的 CO_2 通量分布中心明显东移。自然野火产生的 CO_2 通量主要分布在赤道附近及南半球区域,高值区尤其出现在非洲中南部、南美洲东南部、南亚和澳大利亚北部等地。和同为自然因素的野火不同,生态系统产生的 CO_2 通量正值和负值分别表示 CO_2 的排放和吸收。对比 2000 年的初始年份,CO_2 吸收和排放的区域差异性很大。其中,除南美洲北部外,其余陆域整体呈现出碳吸收增加态势,即全球的净生态系统生产力(net ecosystem productivity, NEP)在增加。

合并自然和人为碳排放,得到最终的 CO_2 通量空间分布图。对比初始年份和 2001~2015 年的均值,可以发现 CO_2 通量整体明显增加,其中尤以南美洲、东亚区域的 CO_2 增加为多。

从年际变化看,人为和自然碳排放迥异。人为化石燃料排放情况为逐年单调增加,其全球排放均值从 2000 年的 0.92 mol/(m²·a)上升到 2015 年的 1.29mol/(m²·a)。自然排放特征包括陆地生态系统和野火燃烧的碳通量,在研究时间段内均为负值,说明陆域生态系统总体为碳汇 "sink"。其值域范围从负到正,波动很大,且整体上呈现一定程度的下降趋势[图 9-1 (a)]。但是,就陆地生态系统的 NEP 而言,生态系统吸收了大气中的 CO_2,

多年平均 NEP 为 1.67Pg C，虽有波动但仍呈现上升趋势，上升的年趋势达到了 0.0256Pg C/a。自然排放总量约占人为直接排放量的 30%，且这个比例多年来的变化并不大，即使人为排放量一直在增加。原因可能是 CO_2 浓度的增大和 CO_2 对植被的施肥效应，以及其他因素共同作用使自然生态系统的碳汇作用加强了。

图 9-1(b) 显示了 2000～2015 年全球及陆域 CO_2 的年排放变化情况。全球 CO_2 浓度从 2000 年的 369.18ppm[①]达到了 2015 年的 400.12 ppm，呈现稳步的线性上升状态，年增加趋势可达 2.06 ppm。陆域生态系统的碳汇作用降低了化石燃料的碳排放浓度总量和变化趋势，但 CO_2 浓度值仍逐年增大，陆域碳排放使得大气 CO_2 浓度在研究时段内的增大速率为 0.053 ppm/a。相对应地，考虑年增加量及其对应年份的脉冲响应函数(impulse response function, IRF)之后的 CO_2 浓度从初始年份(2000 年)的 0 到 2015 年的 25.07 ppm。

此外，从图 9-1(b) 中还可以看出，全球 CO_2 浓度变化与本书计算得到的陆域 CO_2 浓度变化非常一致，两者相关系数达到 0.999。考虑到这两个数据非同源，一个是同化数据，一个主要是站点观测数据，这一方面说明了本书用的这套数据本身的可靠性，在不考虑大气——海洋交换时的结果可以进行单纯的陆域范围分析；另一方面也说明了 IRF 参数的可靠性，其计算的陆域 CO_2 浓度变化结果符合全球 CO_2 浓度的一般性变化特征。

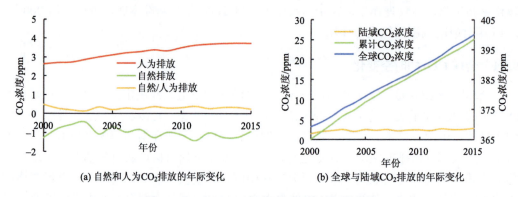

(a) 自然和人为CO_2排放的年际变化　　　　(b) 全球与陆域CO_2排放的年际变化

图 9-1　2000～2015 年全球 CO_2 排放年际变化

9.1.2　太阳辐射和地表反照率的时空变化

不同于 CO_2 通量在空间上的诸多变化，太阳辐射和地表反照率两大强迫因子在空间上的变化并不明显。地表反照率是一种主要反映土地利用/土地覆盖情况的物理参量，其同时又受太阳辐射角度和大气状况等因素的影响。其在陆域的低值区主要分布在有植被覆盖的区域，其高值区则主要分布在南北极的雪被覆盖区域。地表反照率的细微变化就可以影响地球系统的能量收支，进而引起气候变化。干旱、土壤湿度、植被生长过程和生长季长度、融雪速率等均可以通过影响地表反照率而对气候产生作用。因此，需要就区域的变化特征逐栅格开展相应的运算，以分析其具体的变化量值。

太阳辐射主要受维度、海拔、日照长度及大气状况的影响，地表对其影响有限，但

---

① 1ppm=10^{-6}。

是其在全球陆域的分布也具有明显的空间分异。太阳辐射的高值区集中分布在非洲、中亚、澳大利亚，除了加拿大之外，美洲大部、青藏高原、南亚和东南亚也有较高的太阳辐射值。低值区主要分布在南北中高纬度区域，即东亚、赤道附近的热带雨林等。

全球地表反照率的均值波动非常小，趋势略有下降，但是通过了 0.1 水平的显著性检验(图 9-2)。单纯对比 2000 年与 2015 年，其值稳定在 0.17 基本不变，与 2001~2015 年的评估年份比，其值下降 0.001，为 0.169。太阳辐射整体呈现一定程度的波动上升趋势。单纯对比 2000 年与 2015 年的太阳辐射，其值从 154.13 W/m² 上升为 155.84W/m²，而 2001~2015 年评估年份的均值等于 156.79 W/m²。根据生物地球物理因子的 RF 计算方法，这里求算的 RF 主要体现为地表反照率变化的结果。但是就理论和公式本身而言，太阳辐射是一个对气候扰动极为敏感的辐射强迫因子，其作为地球能量的来源，其微小波动总能带来相应 RF 的变化。因此，在计算生物地球物理因子的 RF 时，使用对应时间和空间的太阳辐射参量，比单纯用一个特定或者多年均值的太阳辐射得到的结果更准确，也能反映出现实情况。

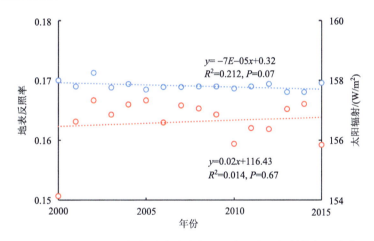

图 9-2　2000~2015 年全球陆域地表反照率和太阳辐射的年际变化

红色和蓝色的圆圈和虚线分别对应太阳辐射和地表反照率

9.2　经由生物地球化学循环的辐射强迫

9.2.1　研究数据

在以气温为研究背景下，本节主要对 CO_2 及其各组成部分进行分析。从人为碳排放和陆地生态系统碳循环两方面考虑 CO_2。其中陆地生态系统碳循环包括自然野火的碳排放与生态系统的碳汇作用。

本节所用的 CO_2 与气温数据都来源于 NOAA。CO_2 数据包含人为碳排放、自然野火以及生态系统三者的同化数据，其空间分辨率为 1°，时间间隔为月。气温数据是平均地面 2m 处的数据，为分析整体气温背景，本节选取 1980~2017 年的数据进行分析，空间分辨率为 0.5°，时间间隔为月。为方便在年际尺度上进行分析，本节在具体应用时处理为年均值，具体信息见表 9-1。

表 9-1　各数据具体信息

类型	来源	时间序列	空间分辨率	时间分辨率
CO_2	NOAA	2000～2015 年	1°×1°	月
气温	NOAA	1980～2017 年	0.5°×0.5°	月

9.2.2　研究方法

对于 CO_2 而言，本节考虑由于脉冲响应，CO_2 在排放过后部分会被全球碳循环的汇吸收，逐年衰减，这一过程可以用脉冲响应函数来表示（Joos et al. 2013）。具体表示为

$$IRF(t) = a_0 + \sum_{i=1}^{3} a_i \cdot \exp(\frac{-t}{\tau_i}) \tag{9-1}$$

式中，$IRF(t)$ 为脉冲响应函数，表示第 t 年大气中的气体由脉冲导致浓度增大的部分；$a_0 \sim a_3$ 和 $\tau_1 \sim \tau_3$ 为临界常数。

CO_2 排放到大气中随着时间的推移会被一些碳汇所吸收，大气浓度随着这些碳汇中的碳在恢复平衡的过程中而改变（Kirschbaum et al., 2013）。脉冲响应函数可应用于负脉冲，大气中 CO_2 浓度降低也会减少陆地生物圈和海洋吸收的 CO_2 的量。为进一步估计大气中持续的 CO_2 脉冲在 t 年时产生的 CO_2 量，广泛应用以下卷积函数来表示：

$$CO_2 = \int_{t_0}^{t} e(t') \cdot IRF_{CO_2}(t - t')dt' + CO_2(t') \tag{9-2}$$

式中，$CO_2(t')$ 为 t' 年排放到大气中 CO_2 的浓度；而 $e(t')$ 为第 t' 年的 CO_2 的衰减量；2001 $\leqslant t' \leqslant$ 2015（取整数）。

这种方法近似于将地球系统除 CO_2 之外的其他因子的作用表示为一组非相互作用的一阶响应，并且这样的响应具有恒定的周期，进而探究地球系统对 CO_2 扰动的响应。因而可表述以任意一个时间为初始年，之后任一时间 CO_2 浓度变化对大气中 CO_2 负荷的扰动程度（Dommain et al., 2018）。

综合以上过程对化学因子的辐射强迫进行计算。可在辐射转移方案的基础上，运用一种与大气 CO_2 浓度变化相关的参数来推导辐射强迫（Myhre et al., 1998）：

$$\Delta RF_{CO_2}(t') = \alpha \ln\left[(CO_2 / C_0)\right] \tag{9-3}$$

式中，$\Delta RF_{CO_2}(t')$ 为 CO_2 在第 t' 年的辐射强迫；α 为 5.35；CO_2 表示 t' 年受扰动后大气的 CO_2 浓度；C_0 表示本底年（2000 年）的 CO_2 浓度。计算得到的辐射强迫为正值则表示强迫因子能够带来增温效应，负值则表示降温效应。

本节将通过雷达图、空间分布图、线性回归图等来分析各地区的 CO_2 浓度及各要素的变化。雷达图与空间分布图主要根据上文所述的研究模式，以 2000 年为本底年份，探究 2015 年相对于本底年份的变化，即用 2015 年的数据减去本底年份的数据而呈现的图。

线性回归图则用来表示研究因子在研究时段内的浓度变化趋势。

9.2.3 全球及中国生物地球化学因子的辐射强迫

温室气体浓度的变化对气候的影响可以用辐射强迫来表示，正的辐射强迫值表示对气候有升温作用，负的辐射强迫值表示对气温有降温作用。对全球及中国人为 CO_2 变化引起的辐射强迫进行分析，可以看出：2000～2015 年全球及中国的人为 CO_2 辐射强迫呈上升趋势，表现为升温的气候效应(图 9-3)。全球人为 CO_2 辐射强迫从 2000 年的 0.04 W/m^2 累积增加到 2015 年的 0.57 W/m^2，增加速率为 0.0353 $W/(m^2 \cdot a)$；中国的增加速率则小于全球的增加速率，为 0.0133 $W/(m^2 \cdot a)$，辐射强迫在研究时段内从 0.01 W/m^2 上升至 0.21 W/m^2。结合图 7-24、图 9-3 还能得到，虽然全球及中国在 2000～2015 年每年人为的 CO_2 排放量相对于前一年有增有减，但是由于 CO_2 的长寿命特征，以前排放的 CO_2 对当前的气候仍有影响，导致其辐射强迫呈稳定增加趋势。

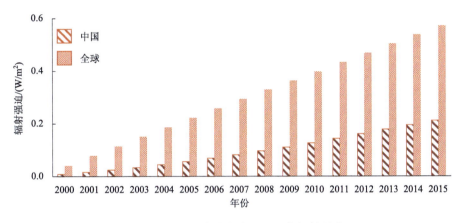

图 9-3 中国和全球人为源 CO_2 的辐射强迫

对全球及中国的自然 CO_2 辐射强迫进行直观分析可以看出同为自然源的陆地生态系统和自然野火对气候的影响呈相反作用，即陆地生态系统对气候有降温作用，而自然野火则起升温作用。2000～2015 年全球陆地生态系统的辐射强迫波动范围为 -0.0706～-0.0399 W/m^2，对气候的降温作用最强的年份出现在 2011 年，最弱年份为 2002 年；中国陆地生态系统对气候的降温作用最强的年份出现在 2000 年，为 0.0068 W/m^2，最弱年份为 2012 年，起了升温作用[图 9-4(a)]。全球和中国的自然野火辐射强迫均呈线性增加趋势，分别从 2000 年的 0.0106 W/m^2、0.0003 W/m^2 累积增加到 2015 年的 0.1355 W/m^2、0.0040 W/m^2，增加趋势分别为 0.0083 $W/(m^2 \cdot a)$、0.0002 $W/(m^2 \cdot a)$[图 9-4(b)]。将陆地生态系统和自然野火综合起来考虑就得到了全球自然 CO_2 的辐射强迫[图 9-4(c)]。经过分析可以得到，虽然自然野火对气候起升温作用，但是由于陆地生态系统吸收 CO_2 的能力较强，全球及中国自然 CO_2 的辐射强迫仍为负值，对气候起降温作用。在研究时段内，全球自然辐射强迫波动范围为 -0.0709～-0.0206 W/m^2，对气候的降温作用最强的年份出现在 2011 年，最弱年份为 2003 年；中国自然对气候的降温作用最强的年份出现在 2000

年，为 0.0065 W/m^2，最弱年份为 2012 年，起了升温作用。

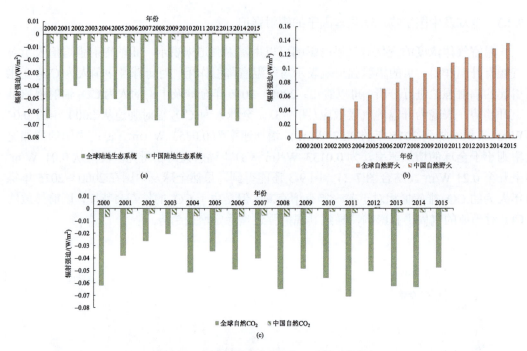

图 9-4　中国和全球自然源 CO_2 的辐射强迫

联立人为 CO_2 和自然 CO_2 对全球及中国的净 CO_2 辐射强迫分析可以得到，全球及中国在 2000～2015 年的辐射强迫呈稳定的增长趋势（图 9-5）。全球在研究时段的净 CO_2 辐射强迫从 2000 的 0.02 W/m^2 以 0.0245 W/(m^2·a) 的速率逐渐累积到 2015 年的 0.39 W/m^2，中国 2000年的净 CO_2 辐射强迫为 0.002 W/m^2，2015 年为 0.17 W/m^2，增加速率为 0.0112 W/(m^2·a)，小于全球的增加速率。同时，将图 9-3 和图 9-4 对比并进一步分析可发现，如果单纯

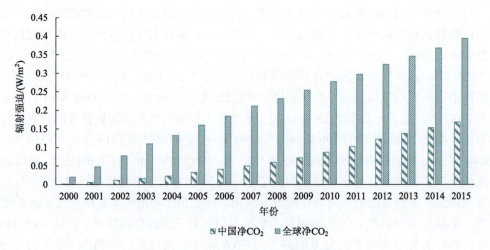

图 9-5　中国和全球净 CO_2 的辐射强迫

考虑人为排放因素，则会高估 CO_2 的增温效应，全球在 2000～2015 年累积的人为和净 CO_2 辐射强迫分别为 0.57 W/m^2、0.39 W/m^2，表明全球的自然源对气候起了 0.18 W/m^2 的降温作用，抵消了人为辐射强迫的 30.96%；同样地，中国的自然源抵消了人为辐射强迫的 20.27%。

9.2.4　中国 CO_2 对全球辐射强迫的贡献

2000～2015 年的 15 年间，全球人为 CO_2 排放总量为 87.19 Pg C，净 CO_2 排放总量为 59.33 Pg C，中国人为 CO_2 排放总量为 30.32 Pg C，净 CO_2 排放总量为 23.53 Pg C，中国人为 CO_2 排放总量占全球人为 CO_2 排放总量的 34.77%，中国净 CO_2 排放总量占全球净 CO_2 排放总量的 39.66%。图 9-6 具体反映了在研究时段内中国每年 CO_2 排放量占对应年份全球的 CO_2 排放量。中国人为 CO_2 排放占比呈逐年增加态势，从 2000 年的 20.46% 增加到 2015 年的 43.59%。中国自然 CO_2 的吸收量占比波动幅度较大，2003 年占比最大，达到了 49.89%，随后整体呈下降趋势，下降到 2015 年的 10.60%。中国净 CO_2 排放的全球占比在 2000～2011 年呈波动上升趋势，从 8.91% 增加到 62.45%，随后有所下降，到了 2015 年为 54.24%。

分别对中国人为排放的 CO_2 和净 CO_2 对全球辐射强迫的贡献结果进行分析，可以看到，中国人为排放的 CO_2 累积到 2015 年使全球大气 CO_2 浓度增加了 11.21 ppm（表 9-2），但是陆地生态系统的碳汇作用使得中国净 CO_2 浓度增加了 8.90 ppm，抵消了中国人为 CO_2 排放的 20.61%。由于辐射强迫是对 CO_2 浓度变化的响应，中国 2000～2015 年人为排放的 CO_2 对全球辐射强迫的贡献为 9.73%，净 CO_2 对全球的贡献要低于人为排放的 CO_2，为 7.93%，说明中国陆地生态系统起到了 1.80% 的负强迫作用，即降温效应。计算结果还表明，中国 CO_2 排放所引起的辐射强迫对全球辐射强迫的贡献率远低于中国近年来 CO_2 排放量的全球占比。

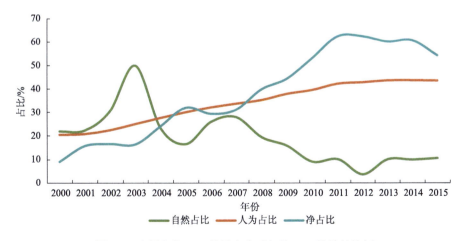

图 9-6　中国年均 CO_2 排放占全球年均 CO_2 排放的比例

表 9-2　中国 2000～2015 年 CO_2 排放及其对全球升温作用的贡献

类型	CO_2 排放占全球的百分比/%	2000～2015 年 CO_2 增加的浓度/ppm	中国的贡献值/%D
人为排放的 CO_2	34.78	11.21	9.73
净 CO_2	39.65	8.90	7.93

9.3　经由生物地球物理机制的辐射强迫

地表和大气之间通过交换水分、能量和动量相互作用，任何通量发生变化都会影响大气热力状况和大气环流。地表下垫面的变化通过改变地表物理特性(如地表反照率、粗糙度及比辐射率)引起地表能量收支改变而影响气候(尹云鹤等，2010)。其中，辐射平衡的各分量，特别是净辐射是地表能量平衡的关键部分，也是陆地-大气能量交换和再分配过程中重要的物理参数和生态参数(Dabberdt et al.，1993)。本节以中国地区为例，对中国陆域表面反照率、相对上一年和相对 2000 年的地表反照率差以及太阳辐射的时空分布和动态变化进行分析，衡量地表反照率变化产生的气候效应。

9.3.1　研究数据

地表反照率数据为北京师范大学的 GLASS(Global Land Surface Satellite)陆表反照率产品(http://glass-product.bnu.edu.cn/)，分为对应于 AB(Angular Bin)算法的反照率初级产品和对应于基于统计的时态过滤器(statistics-based temporal filter, STF)算法的反照率融合产品。覆盖的空间范围是全球陆地表面，时间范围是 1981～2015 年，其中 1981～1999 年的产品基于 AVHRR 数据生成，空间分辨率是 0.05°，2000～2015 年的产品基于 MODIS 数据生成，空间分辨率是 1km (Liu et al.，2013)。对应 STF 算法输出的地表反照率融合产品为 GLASS02A06，它融合了 GLASS02A21、GLASS02A22、GLASS02A23、和 GLASS02A24 共 4 种不同来源的反照率初级产品，并结合全球地表反照率先验知识背景场等数据，实现反照率时间序列的平滑和填补，使其具有更好的时空一致性。它的空间分辨率为 1km，时间分辨率为 8 天。投影方式为正弦投影。产品采用 HDF-EOS 格式，共包含 9 个子数据集，本节选用宽波段黑天空短波反照率数据集、宽波段白天空短波反照率数据集和对应的短波质量控制数据集。

下行短波辐射数据来自韩国首尔国立大学环境生态实验室的短波辐射产品 BESS (Breathing Earth System Simulator)。BESS 是一种简化的基于过程的模型，它耦合了大气和冠层辐射传递、冠层光合作用、蒸腾作用和能量平衡。现有 BESS 短波辐射(SW)、光合有效辐射(PAR)和漫反射 PAR(PARdif)三种产品，其是将大气辐射传输模型与人工神经网络(ANN)相结合并分别计算 SW、PAR 和 PARdif，同时将一系列 MODIS 的大气和陆地产品作为输入以运行 ANN，以产生覆盖全球陆地表面的,5km 空间分辨率的,2000～2016 年每 4 天一个间隔的 BESS 产品(Ryu et al.，2018)。现已发布的三种 BESS 数据产品又分为空间分辨率为 0.05°、时间分辨率为天以及空间分辨率为 0.5°、时间分辨率为月的两种产品。

对于时间范围为 2000~2015 年、空间分辨率为 0.05°、时间分辨率为天的 BESS 短波辐射产品原始数据，使用 MATLAB 批量读取并转化为 TIFF 格式，定义投影为 GCS-WGS-1984 地理坐标系，利用研究区范围对定义投影后的影像进行裁剪，得到研究区可用的下行短波辐射数据。使用 ArcGIS 软件得到逐年逐栅格的平均下行短波辐射数据。

针对研究时段内缺失的 2000 年第 1~60 天的 BESS 短波辐射数据，采用 2001 年对应时间的 BESS 短波辐射数据进行插补，从而得到 2000 年年均太阳辐射数据。

9.3.2　研究方法

计算 2000~2015 年地表反照率变化引起的大气层顶辐射强迫（RF_{alb}），根据 Munoz 等（2010）、Bright 等（2012）的研究，RF_{alb} 的表达式为

$$RF_{alb} = -R_{TOA}\Delta\alpha_p \tag{9-4}$$

式中，R_{TOA} 为穿过大气层顶向下的太阳辐射；负号表示如果辐射强迫为负，则表明反照率增加；$\Delta\alpha_p$ 为行星反照率的变化，根据 Lenton 和 Vaughan（2009）的研究，地表反照率变化与行星反照率变化线性相关。即

$$RF_{alb} = -R_{TOA}f_a\Delta\alpha_s \tag{9-5}$$

式中，$\Delta\alpha_s$ 为地表反照率的变化；f_a 为整个大气层吸收和反射太阳辐射的参数，在不同的天空条件下（晴空或者多云的天空），f_a 的值不相同。Lenton 和 Vaughan（2009）估计了多云天空的 f_a：

$$f_a = \frac{R_s}{R_{TOA}}T_a \tag{9-6}$$

式中，R_s 为到达地球表面的下行太阳辐射，W/m²；T_a 为大气透过率系数，表示到达大气层顶的地表反射太阳辐射的部分。结合式（9-5），RF_{alb} 的表达式为

$$RF_{alb} = -R_sT_a\Delta\alpha_s \tag{9-7}$$

这里使用式（9-7）估算地表反照率变化引起的大气层顶辐射强迫。特定位置的 T_a 值需要用详细的大气辐射传输模型进行计算（不在本节研究范围之内），因此使用 $T_a = 0.854$ 的全球平均值。

GWP 是一个相对值，而且是在一定的时间间隔内计算得到的。计算地表反照率变化的全球增温潜势（GWP_{alb}）：

$$GWP_{alb}(TH) = \frac{\int_0^{TH} RF_{alb}dt}{\int_0^{TH} RF_{CO_2}dt} = \frac{\int_0^{TH}\left(-\dfrac{S}{S_{earth}}R_sT_a\Delta\alpha_s\right)dt}{\int_0^{TH} RF_{CO_2}dt} \tag{9-8}$$

式中，RF_{alb} 为地表反照率变化引起的大气层顶辐射强迫；RF_{CO_2} 为 CO_2 脉冲排放在相同时间范围内的辐射强迫；S 为受到反照率变化影响的区域面积；S_{earth} 为地球表面面积（5.1×10^{14} m²）；$\dfrac{S}{S_{earth}}$ 为将局部反照率变化引起的辐射强迫转换为有效的全球辐射强迫；TH 为一定的时间范围，参考《联合国气候变化框架公约》使用的 GWP 的时间范围，

本书选择 100 年的时间范围。

估算 CO_2 辐射强迫的表达式为

$$RF_{CO_2} = A_{CO_2} \times R_{CO_2} \qquad (9\text{-}9)$$

式中，A_{CO_2} 为 CO_2 的辐射效率，即大气中每增加 1kg CO_2 引起的辐射强迫；R_{CO_2} 为 CO_2 脉冲排放后大气中的剩余 CO_2 部分。

A_{CO_2} 的表达式为

$$A_{CO_2} = \frac{RF_{CO_2}(\Delta C)}{\Delta C} = b\left[\frac{\ln\left(\dfrac{C_0 + \Delta C}{C_0}\right)}{\Delta C}\right] \qquad (9\text{-}10)$$

式中，b 为常数，为 5.35 W/m^2；C_0 为 CO_2 的背景浓度；ΔC 为相对于 CO_2 背景浓度的变化值。

当 $\Delta C \to 0$ 时，A_{CO_2} 可以用导数表示

$$A_{CO_2} = \frac{dRF_{CO_2}(\Delta C)}{d\Delta C}\Big| \Delta C = 0 = \frac{b}{C_0} \qquad (9\text{-}11)$$

这就是说，在小扰动的极限下，A_{CO_2} 为 5.35 除以恒定的 CO_2 的背景浓度。因此，对于足够小的排放和在近似恒定的背景条件下，随着时间的变化 A_{CO_2} 可以近似为恒定。

参考气体 CO_2 的时间响应函数的表达式为

$$R_{CO_2}(t) = a_0 + \sum_{i=1}^{n} a_i \exp(-\frac{t}{\tau_i}) \qquad (9\text{-}12)$$

式中，$R_{CO_2}(t)$ 为 CO_2 的 IRF，用于估算对于额外的 CO_2 脉冲排放，随着时间的演变仍存在于大气中的 CO_2 部分；$t \geqslant 0$；无量纲系数 a_i 为与某个名义时间尺度 τ_i 有关的数值；a_0 表示 CO_2 脉冲排放后大气中永久存在的 CO_2 部分；a_i 和 a_0 的总和等于 1。表 9-3 列出了本节 a_i 和 τ_i 的取值 (Joos et al., 2013)。

表 9-3　CO_2 时间响应函数方程的参数值

参数	a_1	a_2	a_3	a_4
—	0.2173	0.2240	0.2824	0.2763
时间尺度(τ_i)/年	—	394.4	36.54	4.304

参考气体 CO_2 辐射强迫的积分可以表示为

$$\int_0^{TH} RF_{CO_2}(t)dt = A_{CO_2}\left\{ a_0 \times TH + \sum_{i=1}^{n} a_i \tau_i \left[1 - \exp(-\frac{TH}{\tau_i}) \right] \right\} \qquad (9\text{-}13)$$

9.3.3　中国地区地表反照率时空变化

1. 地表反照率的时空变化

2000～2015 年中国陆域表面年均地表反照率整体呈现波动变化(图 9-7)。2000～2004 年年均地表反照率持续下降，虽然之后的 2005 年和 2006 年年均地表反照率略有上升，但 2006 年以后年均地表反照率仍表现为持续波动下降，但波动幅度小于 2000～2004 年。最大值为 2000 年的 0.206，最小值出现在 2004 年，为 0.197，多年平均地表反照率值为 0.201。

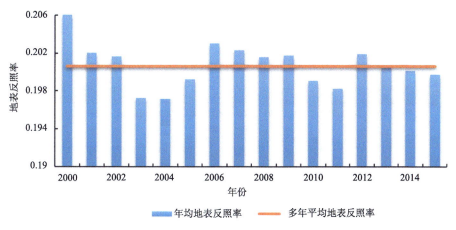

图 9-7　2000～2015 年地表反照率

对中国年均地表反照率进行逐年分析可以发现，中国年均地表反照率在空间上表现出明显的异质性。结合年均地表反照率在不同分布区间的百分比统计(图 9-8)，可以看出虽然年均地表反照率在各个分布区间均有分布，并呈现波动变化，但分布主要集中在 0.10～0.34。中国年均地表反照率的空间分布主要表现为中国东南部普遍低于中国西北部，并且空间异质性小于中国西北部。在研究时段内虽然这种空间分布格局整体上没有发生太大的改变，但在局地尺度上却有不小的变化，并且低反照率空间分布有逐渐从东南向西北和东北蔓延的趋势。东南部除华北平原中部小部分地区以及其他零星分布的地区年均地表反照率为 0.19～0.26 外，绝大部分地区的年均地表反照率在 0.18 以下。西北部地区年均地表反照率的空间分布异质性明显，主要分布在 0.19～0.34。年均地表反照率的高值区主要分布在新疆的北部以及天山、昆仑山脉、喜马拉雅山脉、唐古拉山脉等地区，年均地表反照率超过 0.43。塔里木盆地和黄土高原的中东部等荒漠地区的年均地表反照率也较高，介于 0.27～0.34。青藏高原南部和东南部、大兴安岭等地区的年均地表反照率主要分布在 0.11～0.18。低值区主要分布在华北地区的山西，西北地区的陕西，华中地区的江西、湖北、湖南，华东地区的江苏、浙江、安徽、福建，西南地区的四川，华南地区的广东以及台湾等省份。西北部地区的甘肃西部和青海东部在研究时段内年均地表反照率存在波动变化，尤其是在青海西部，年均地表反照率逐年波动减小。新疆逐年的年均地表反照率变化比较剧烈，新疆北部主要表现为波动降低，而内蒙古东北部也存在相同的变化趋势。但新疆南部，尤其是塔里木盆地的年均地表反照率表现为逐年波动增大。黑龙江大部分地区和吉林的年均地表反照率在研究时段内虽然在 2009 年、2010年等个别年份表现为增大，但绝大部分年份表现为逐年波动减小。

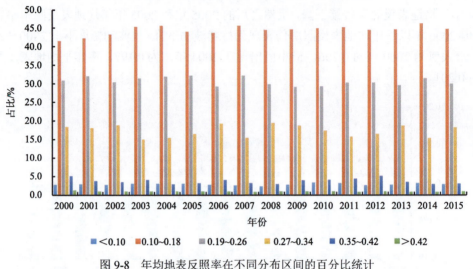

图 9-8　年均地表反照率在不同分布区间的百分比统计

2. 年均地表反照率的变化趋势

逐像元拟合研究区年均地表反照率的年际变化速率可以看出，大部分地区的年均地表反照率的年际变化速率呈现减小的趋势[图 9-9(a)]，这些地区的平均减小速率约为 $0.5×10^{-3}/a$，面积约占研究区总面积的 58%。同时中国年均地表反照率的年际变化速率存在明显的空间差异，东南部和东北部年际变化速率主要呈现增加的趋势，西北部则主要表现为减小的趋势。年均地表反照率减小较快的地区主要分布在新疆北部、西藏东部、四川西部、内蒙古中西部和东南部、陕西北部、吉林西北部和辽宁西北部等，这些地区中，除东北平原外，其他都是高原地区，年均地表反照率的年际变化速率均大于 $2×10^{-3}/a$。内蒙古东北部的呼伦贝尔高原、黑龙江的西部和东北部、吉林的中部以及青藏高原西南部的喜马拉雅山脉等是中国年均地表反照率年际变化(增大)较快的地区，年际变化速率均大于 $2×10^{-3}/a$。

显著性分析的结果表明[图 9-9(b)]：年均地表反照率的年际变化速率通过 0.05 显著性水平检验的地区约占研究区总面积的 23%。中国东南部大部分地区、四川盆地以及东北部黑龙江、吉林、内蒙古的部分地区和青藏高原西南部喜马拉雅山脉等地区年均地表反照率的年际变化速率为负并且通过了 0.05 显著性水平检验，说明 16 年间这些地区的年均地表反照率在显著减小。新疆北部的小部分地区、青藏高原的中东部、内蒙古高原的中西部和东部、黄土高原和华北平原北部等地区的年均地表反照率的年际变化速率为正并且通过 0.05 显著性水平检验，这说明 2000～2015 年这些地区的年均地表反照率是显著增大的。

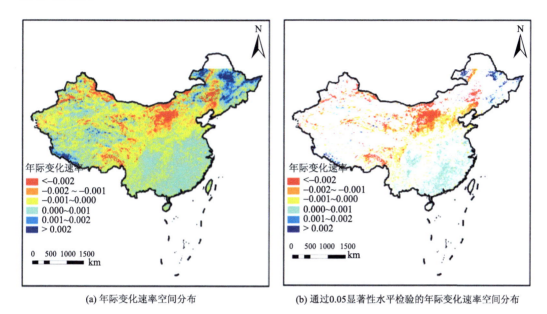

(a) 年际变化速率空间分布　　　　　　(b) 通过0.05显著性水平检验的年际变化速率空间分布

图 9-9　年均地表反照率年际变化速率

3. 年均地表反照率差(相对于 2000 年)的时空变化

研究的时间范围是 2000~2015 年,所以以 2000 年为基准年,分析比较之后年均地表反照率变化情况,得到相对于 2000 年,中国年均地表反照率差的累积变化(图 9-10)。可以看出年均地表反照率差自 2001 年以后持续增大至 2004 年,之后虽然在 2005 年和 2006 年年均地表反照率差逐渐变小,但是 2006 年以后仍然表现为波动增大。这与中国年均地表反照率的年际变化趋势正好相反。所以中国年均地表反照率差相对于 2000 年的

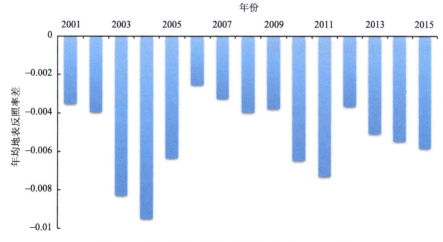

图 9-10　年均地表反照率差变化(相对于 2000 年)

累积变化与相对于前一年的年均地表反照率差相比，前者可以更好地表现中国年均地表反照率的年际变化情况。所以本节对地表反照率变化引起的辐射强迫变化研究也是将以2000年为基准年的年均地表反照率差作为基础数据展开的。

逐年对相对于 2000 年的年均地表反照率差的空间分布特征以及动态变化进行分析可以看出，在空间上，主要表现为年均地表反照率变化幅度在中东部和东南部普遍小于东北部和中西部地区，结合相对于 2000 年的年均地表反照率差在不同分布区间的百分比（图 9-11）可以发现，与相对于前一年的年均地表反照率差的主要分布相同，相对于 2000 年的年均地表反照率差的变化同样主要分布在–0.015～0.015。特别地，淮河平原和江汉平原附近地区 2008 年年均地表反照率差主要集中在 0.015～0.030。西藏、新疆、青海、甘肃、内蒙古、黑龙江等省份内部的年均地表反照率差的变化情况比较复杂。新疆北部、青藏高原的东部、内蒙古高原的中部以及东北平原是年均地表反照率减小最明显的地区，减小幅度大于 0.015，并且大部分地区达到了 0.030 以上。

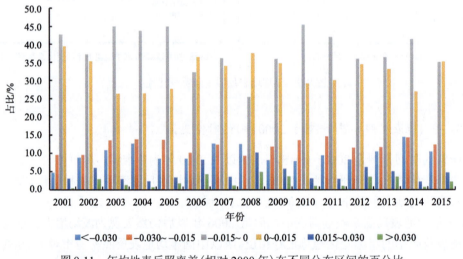

图 9-11　年均地表反照率差（相对 2000 年）在不同分布区间的百分比

9.3.4　中国太阳辐射的时空变化格局

1. 太阳辐射的时空变化

分析中国 16 年来年均太阳辐射变化可以看出，年均太阳辐射表现出缓慢的波动变化（图 9-12）。多年平均太阳辐射为 181.46W/m²，高于年均太阳辐射的年份有 8 个，与年均太阳辐射小于多年平均太阳辐射的年数相同。其中，年均太阳辐射的最大值出现在 2004年，为 185.11W/m²，其次是 2013 年的 184.54 W/m²；最小值为 177.64 W/m²，出现在 2012年，与年均太阳辐射最大值的差值为 7.47 W/m²，然后是 2003 年的 178.85 W/m²。

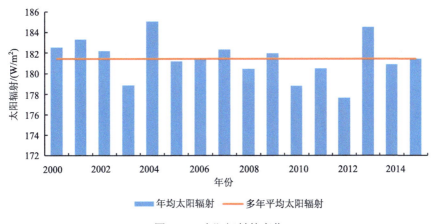

图 9-12　太阳辐射的变化

对中国年均太阳辐射的空间分布进行逐年分析可以看出，2000～2015 年年均太阳辐射的分布整体上呈现出明显的空间差异，主要表现为研究区东部的年均太阳辐射整体小于研究区西部。其中，东北地区黑龙江的北部，华北地区内蒙古的东北部，华中地区的河南南部、湖北、湖南、江西，华东地区安徽的中南部、江苏的南部、浙江的北部，西南地区的四川东部、重庆、贵州的中东部、云南中北部，华南地区广东的北部以及青藏高原的东南部等地区的多年平均太阳辐射小于 150 W/m²。新疆南部、西藏和青海大部分地区、四川东部、甘肃西北部和内蒙古西部等地区的多年平均太阳辐射大于 200 W/m²。太阳辐射的高值区主要分布在青藏高原的中西部以及东部的柴达木盆地附近，多年平均太阳辐射普遍大于 225 W/m²，与该地区海拔较高、地区上空云层较少、一年中晴天天数较多有很大关系。高值中心在喜马拉雅山脉的珠穆朗玛峰，年均太阳辐射超过 280 W/m²。低值区主要分布在四川盆地，年均太阳辐射小于 125 W/m²。这主要是因为该地区海拔低，阴雨天气较多，大气透明度低。低值中心的多年平均太阳辐射更是小于 100 W/m²。

与研究区地表反照率空间分布的年际变化一样，虽然总体上年均太阳辐射的空间分布格局在研究时段内没有发生明显变化，但在区域内部仍然存在较大的变化。其中，年均太阳辐射小于 175 W/m² 的空间分布变化最为剧烈。结合年均太阳辐射在不同分布区间的百分比(图 9-13)可以发现，年均太阳辐射小于 125 W/m² 的地区整体上呈现增多的趋势，在中西部该变化主要发生在东北和东南方向。虽然 2012 年年均太阳辐射小于 125 W/m² 的地区的空间分布最大，但是到了 2013 年，小于 125 W/m² 的地区却断崖式减少，说明这一年的年均太阳辐射增多，对比 2000～2015 年年均太阳辐射变化(图 9-13)可以看出，2013 年是近年来年均太阳辐射最高的年份。特别地，2003 年内蒙古和黑龙江的北部也分布有年均太阳辐射小于 125 W/m² 的地区。年均太阳辐射在 200～225 W/m² 的地区在内蒙古中部表现为向西北波动缩减。

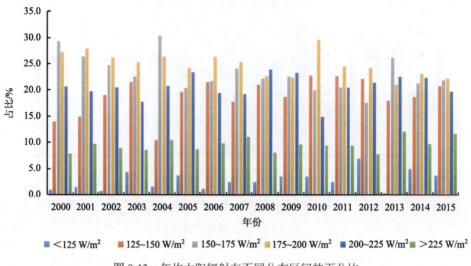

图 9-13　年均太阳辐射在不同分布区间的百分比

2. 年均太阳辐射的变化趋势

分析 2000～2015 年中国年均太阳辐射的年际变化速率可以看出，大部分地区的年均太阳辐射呈减小的趋势，减小速率约为 0.43W/(m^2·a)，其面积约占研究区总面积的 55.2%。同时中国年均太阳辐射的年际变化速率存在明显的空间异质性[图 9-14 （a）]，主要表现为东部年均太阳辐射减少，西部增加。年均太阳辐射的年际变化减小较快的地区主要分布在辽东丘陵、山东丘陵、长江三角洲、浙闽丘陵和两广丘陵等中国的东部和东南部，以及贵州、四川盆地和甘肃南部等地区，这些地区年均太阳辐射的年际减小速率普遍大于 0.6W/(m^2·a)，其中山东中部和广西北部部分地区年均太阳辐射减小得最快，年际减小速率超过 1.2W/(m^2·a)。年均太阳辐射的年际变化增大较快的地区主要分布在青藏高原的中西部和东南部的横断山脉，以及云南的中西部等地区，这些地区的年均太阳辐射的年际增大速率普遍大于 0.7W/(m^2·a)，云南中部个别地区年均太阳辐射的年际增加速率甚至超过了 1.3W/(m^2·a)。

显著性分析结果表明，年均太阳辐射的年际变化通过 0.05 显著性水平检验的地区约占研究区总面积的 16.7%。内蒙古局部地区、东北黑龙江和吉林的中部、辽河平原、河北东部沿海地区、山东、长江中下游平原、东南沿海地区、广西、贵州东部、湖南西南部、甘肃中南部、新疆局部等地区年均太阳辐射年际变化速率为负，并且通过了 0.05 显著性水平检验，说明这些地区在研究时段内的年均太阳辐射显著减小。新疆北部、甘肃局部、内蒙古局部以及青藏高原的中西部和东南部、云南中部和西部等地区年均太阳辐射的年际变化速率为正，并且通过了 0.05 显著性水平检验，说明在研究时段内这些地区的年均太阳辐射显著增加[图 9-14 (b)]。

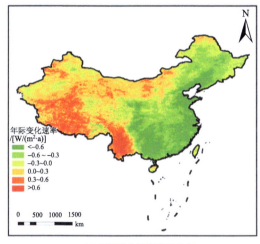 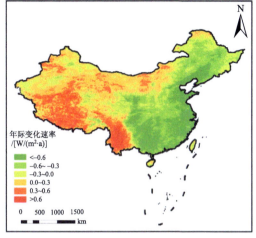

(a) 年际变化速率空间分布　　　　　　(b) 通过0.05显著性水平检验的年际变化速率空间分布

图 9-14　年均太阳辐射年际变化速率

9.3.5　中国地表反照率变化的辐射强迫

　　地表反照率变化与多年平均太阳辐射引起的辐射强迫未考虑太阳辐射变化对地表反照率变化引起的辐射强迫值的影响。分析地表反照率变化与当年太阳辐射引起的逐年辐射强迫的平均值可以看到，辐射强迫值虽然和地表反照率变化与多年平均太阳辐射引起的辐射强迫一样，在研究时段内波动变化，但地表反照率变化与当年太阳辐射引起的辐射强迫逐年的平均值不仅能反映地表反照率的变化，同时还可以体现当年太阳辐射的变化 (图 9-15)，如在年均太阳辐射高于多年平均太阳辐射的 2004 年，地表反照率变化与当年太阳辐射引起的辐射强迫平均值为 1.489 W/m^2，同样地，在 2012 年年均太阳辐射低于多年平均太阳辐射的年份，地表反照率变化与当年太阳辐射引起的辐射强迫的平均值为 0.531 W/m^2。

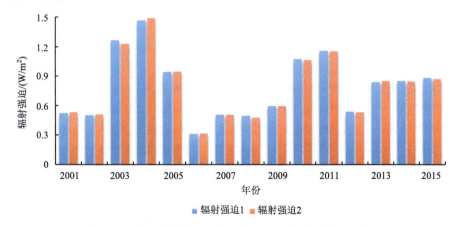

图 9-15　地表反照率变化与年均太阳辐射引起的辐射强迫

辐射强迫 1 为地表反照率变化与 2001~2015 年多年平均太阳辐射引起的辐射强迫；辐射强迫 2 为地表反照率变化与当年年均太阳辐射引起的辐射强迫

　　分析 2 在 2001~2015 年逐年逐栅格的空间分布，同时结合图 9-15 中的辐射强迫 2 在不同分布区间像元数量的百分比统计（图 9-16）可以看出，与图 9-15 中的辐射强迫 1 的空间分布相比，辐射强迫 2 的逐年空间分布整体上没有发生较大的变化，依然表现为辐射强迫为正值的地区多于辐射强迫为负值的地区，且辐射强迫的绝对值主要表现为中国的东南部整体低于西北部和东北部，同时在空间异质性上，西北部和东北部大于东南部。

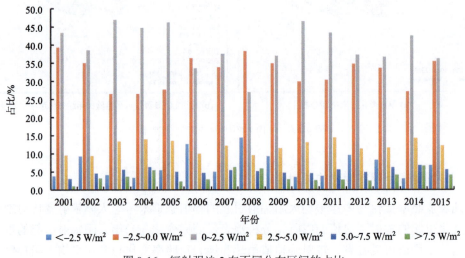

图 9-16　辐射强迫 2 在不同分布区间的占比

　　分析地表反照率每年单位变化 0.001 所引起的辐射强迫可以看出，地表反照率年均单位增加 0.001 与 2001~2015 年多年平均太阳辐射引起的辐射强迫 1 在研究时段内呈下降趋势，表现为降温的气候效应，并且辐射强迫以每年 1.550×10^{-3} W/m^2 速率在减少（图 9-17）。而地表反照率年均单位减少 0.001 与 2001~2015 年多年平均太阳辐射引起的辐射强迫 3 在研究时段内则呈现上升趋势，表现为增温的气候效应，辐射强迫每年稳定增加 1.550×10^{-3} W/m^2（图 9-18）。

　　地表反照率年均单位增加 0.001 与当年太阳辐射引起的辐射强迫 2 虽然与辐射强迫 1 一样，在研究时段内表现为降温效应，但由于辐射强迫 2 考虑了当年平均太阳辐射的影响，所以辐射强迫的逐年变化速率并不相同。在研究时段内辐射强迫平均每年减少 1.549×10^{-3} W/m^2，小于辐射强迫 1 的年均减少速率。其中 2013 年辐射强迫减少最多，为 2.283×10^{-3} W/m^2，辐射强迫减少最小为 1.139×10^{-3} W/m^2，出现在 2014 年（图 9-17）。这与 2013 年和 2014 年分别是研究时段内太阳辐射增加和减少最多的年份有关。地表反照率年均单位减少 0.001 与当年太阳辐射引起的辐射强迫 4 在研究时段内的变化与辐射强迫 2 刚好相反，呈上升趋势，表现为增温的气候效应（图 9-18）。

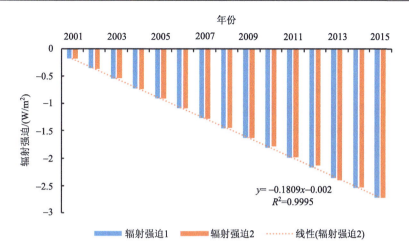

图 9-17 地表反照率年均单位增加 0.001 与年均太阳辐射引起的辐射强迫

辐射强迫 1 为地表反照率年均单位增加 0.001 与 2001～2015 年多年平均太阳辐射引起的辐射强迫；辐射强迫 2 为地表反照率年均单位增加 0.001 与当年太阳辐射引起的辐射强迫

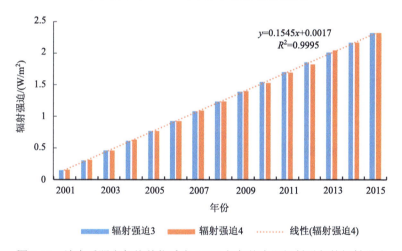

图 9-18 地表反照率年均单位减少 0.001 与年均太阳辐射引起的辐射强迫

辐射强迫 3 为地表反照率年均单位减少 0.001 与 2001～2015 年多年平均太阳辐射引起的辐射强迫；辐射强迫 4 为地表反照率年均单位减少 0.001 与当年太阳辐射引起的辐射强迫

 对地表反照率变化与当年年均太阳辐射引起的辐射强迫分别与地表反照率变化和年均太阳辐射之间的关系进行进一步分析。直观分析辐射强迫与地表反照率变化的散点图[图 9-19（a）]可以发现散点之间存在着明显的线性关系。对二者进行相关性分析发现，辐射强迫与地表反照率变化之间的相关系数高达–0.988，并且通过 0.01 显著性水平（双侧）检验。因为|r|>0.8，说明辐射强迫与地表反照率变化之间存在显著的高度负相关关系。采用简单的线性回归模型进一步分析地表反照率变化对辐射强迫的影响。通过进行 Casewise Diagnostics 检验没有发现显著的异常值，保证了数据的代表性，同时绘制标准化残差与标准化预测值之间的散点图以及标准化残差带正态曲线的柱状图和标准 P-P 图，验证了数据具有等方差性和残差正态性。回归方程为，辐射强迫=–164.12×地表反

照率变化– 0.07058。在剔除了自变量个数对结果的影响后，本节调整后的 R^2 值为 0.974，说明自变量(地表反照率变化)可以解释 97.4%的因变量(辐射强迫)变异。$F(1,13)=$ 519.929$(P<0.05)$，地表反照率变化对引起的辐射强迫的影响有统计学意义。年均地表反照率每增加 1，辐射强迫减少 164.12 W/m^2，95%的置信区间在–179.671～–148.571 W/m^2。

直观分析辐射强迫与年均太阳辐射变化的散点图，可以发现线性关系并不明显[图 9-19(b)]。对辐射强迫与年均太阳辐射进行皮尔逊相关性分析，得到辐射强迫与年均太阳辐射的相关系数仅为 0.072，$|r|$介于 0～0.3，并且没有通过 0.01 显著性水平(双侧)检验，说明两变量之间没有相关关系。简单线性回归结果同样显示，辐射强迫与年均太阳辐射之间不存在线性关系，回归方程为，辐射强迫=0.0117×年均太阳辐射–1.3380，调整后的 R^2 值为–0.0713。因为 $F(1,13)=0.067(P>0.05)$，说明该回归没有统计学意义，即因变量(辐射强迫)和自变量(年均太阳辐射)之间不存在线性相关关系。

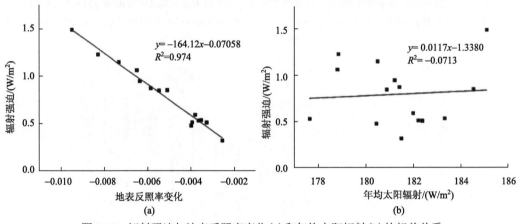

图 9-19　辐射强迫与地表反照率变化(a)和年均太阳辐射(b)的相关关系

综上所述，地表反照率和太阳辐射虽然都会对辐射强迫产生影响，但是地表反照率与辐射强迫之间存在显著的高度负相关，而太阳辐射与辐射强迫之间不存在线性相关关系，这说明在地表反照率、太阳辐射和辐射强迫的关系中，地表反照率的变化对辐射强迫起主导作用。通过地表反照率变化与 2001～2015 年多年平均太阳辐射引起的辐射强迫以及地表反照率变化与当年平均太阳辐射引起的辐射强迫的对比分析可以发现，在辐射强迫计算中不能忽视太阳辐射的变化，而 2001～2015 年多年平均太阳辐射会忽略太阳辐射变化对辐射强迫的影响。所以在辐射强迫计算中，应该使用当年年均太阳辐射。所以地表反照率变化与当年年均太阳辐射能更真实地反映地表反照率变化引起的辐射强迫。

9.3.6　地表反照率变化的全球增温潜势

1. 辐射强迫 1 的全球增温潜势

分别从区域尺度和像元尺度对通过图 9-17 中的辐射强迫 1(即地表反照率变化与2001～2015 年多年平均太阳辐射引起的辐射强迫)计算得到的地表反照率的全球增温潜势(GWP$_{alb}$)进行分析。由于部分数据缺失，本章实际研究区面积为 939×10^{10}m^2。

　　首先,对研究区地表反照率变化的全球增温潜势进行整体分析可以看到,2001～2015 年地表反照率的全球增温潜势均为正值,表明地表反照率变化在研究区整体上表现为与二氧化碳相同的增温的气候效应。通过图 9-17 中的辐射强迫 1 计算得到的地表反照率的全球增温潜势的波动变化主要分布在 $0.624×10^{13}～2.928×10^{13}$ kg CO_2,波动变化幅度为 $2.304×10^{13}$ kg CO_2。地表反照率变化的全球增温潜势的最大值出现在 2004 年,2006 年为 2001～2015 年地表反照率变化的全球增温潜势的最小值(图 9-20)。

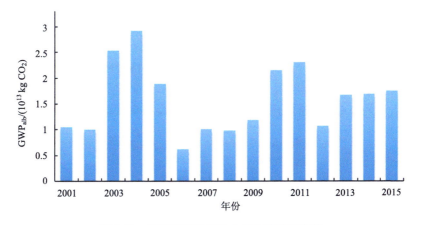

图 9-20　研究区辐射强迫 1 的全球增温潜势

　　从像元尺度即单位面积(km^2)上对 2001～2015 年通过图 9-17 中的辐射强迫 1 计算得到的地表反照率变化的全球增温潜势进行分析可以发现,单位面积地表反照率变化的年平均全球增温潜势同样呈现波动变化,地表反照率变化对全球气候变化的影响与 CO_2 排放产生的气候效应相同。单位面积地表反照率变化的全球增温潜势最大值出现在 2004 年,为 $3.132×10^6$ kg CO_2,最小值出现在 2006 年,为 $0.668×10^6$ kg CO_2(图 9-21)。研究时段内地表反照率变化的全球增温潜势值大于 $1.500×10^6$ kg CO_2 的年份有 8 个,并且集中分布在 2010

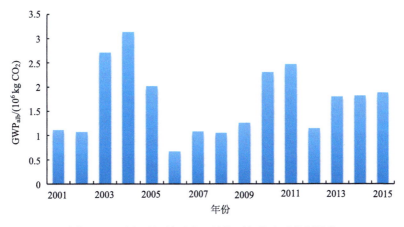

图 9-21　研究区辐射强迫 1 单位面积的全球增温潜势

年以后(图 9-21)。地表反照率变化在单位面积上的全球增温潜势值明显小于图 9-20 所示的研究区整体地表反照率变化的全球增温潜势值,说明地表反照率变化在单位面积产生的气候效应小于研究区整体,同时也说明研究尺度对于定量衡量地表反照率变化对全球气候变化的作用具有不容忽视的影响。

　　通过对单位面积地表反照率变化的全球增温潜势值逐年的空间分布(图 9-22)进行直观分析,并结合 2001~2015 年地表反照率变化的全球增温潜势值在不同分布区间像元数量占像元总数的百分比统计(图 9-22)可以得出,虽然在研究时段内地表反照率变化的全球增温潜势值在各个分布区间均有分布,但集中分布在$-2.5 \times 10^6 \sim 2.5 \times 10^6$ kg CO_2,该分布区间的像元数平均占像元总数的 53%,其次是分布区间大于 5.0×10^6 kg CO_2 的像元数。同时地表反照率变化的全球增温潜势值大于 0 的栅格数明显多于地表反照率变化的全球增温潜势值小于 0 的栅格数,表明研究区内部单位面积上地表反照率变化产生的气候效应主要表现为与 CO_2 相同的气候效应,即地表反照率变化产生了增温效应。

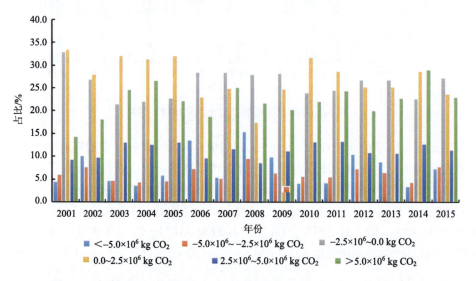

图 9-22　辐射强迫 1 单位面积的全球增温潜势值在不同分布区间的百分比

　　进一步对单位面积上通过辐射强迫 1 计算得到的地表反照率变化的全球增温潜势的空间分布进行分析可以发现,虽然在研究时段内,研究区域整体上表现为增温的气候效应,但在研究区内部单位面积上地表反照率变化的全球增温潜势值存在明显的空间差异,主要表现为中国东南部的全球增温潜势的绝对值普遍低于西北部和东北部,并且空间异质性也小于中国的西北部和东北部。在研究时段内不同分布区间在空间分布上变化明显,但与东南部相比,研究区西北部和东北部的空间变化更为剧烈。高值中心分布在青藏高原唐古拉山北部,地表反照率变化相当于产生 80×10^6 kg 潜在 CO_2 排放。低值中心主要分布在青藏高原南部,地表反照率变化相当于抵消了约 60×10^6 kg 潜在 CO_2 排放。

　　在研究时段内,华中地区的江西、湖北、湖南,华东地区的上海、江苏、安徽,西南地区的重庆、贵州,华南地区的广东、广西等省份的地表反照率变化的全球增温潜势

主要表现为对潜在 CO_2 排放的抵消，即产生降温的气候效应。而产生与 CO_2 相同的增温的气候效应主要涉及东北地区的黑龙江、吉林、辽宁，华北地区的北京、天津、河北、山西、内蒙古，西北地区的陕西、甘肃、青海、宁夏、新疆，华中地区的河南，西南地区的四川，以及香港等地。

对通过辐射强迫 1 计算得到的单位面积地表反照率变化的全球增温潜势的年际变化速率进行分析可以看出，大部分地区地表反照率变化的全球增温潜势呈增大趋势，这些地区平均增加速率约为 2.479×10^5 kg CO_2/a，其面积约占研究区总面积的 54%。同时地表反照率变化的全球增温潜势的年际变化速率存在明显的空间异质性，研究区东南部和东北部主要表现为地表反照率变化的全球增温潜势的减小，西部主要表现为地表反照率变化的全球增温潜势的增大。地表反照率变化全球增温潜势年际变化(减小)较快的地区主要分布在东北平原、内蒙古高原东北部、青藏高原等，这些地区地表反照率变化全球增温潜势的减小速率普遍大于 0.6×10^6 kg CO_2/a。其中青藏高原的东北部部分地区地表反照率变化的全球增温潜势减小最快，减小速率超过 3.0×10^6 kg CO_2/a。年际变化速率增大较快的地区主要为内蒙古高原西部、新疆东北部、青藏高原东南部等，这些地区地表反照率变化的全球增温潜势年际变化速率普遍大于 0.6×10^6 kg CO_2/a。青藏高原个别地区的年际增加速率甚至超过了 4.0×10^6 kg CO_2/a[图 9-23（a）]。

显著性分析结果表明，单位面积地表反照率变化的全球增温潜势年际变化通过 0.05 显著性水平检验的地区约占研究区总面积的 19.6%。地表反照率变化的全球增温潜势年际变化显著减小的地区主要分布在长江中下游平原、东南丘陵、四川盆地、喜马拉雅山脉以及东北平原等地区。地表反照率显著增大的地区主要分布在内蒙古高原、黄土高原以及研究区西部等地区[图 9-23（b）]。

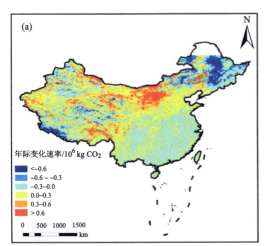
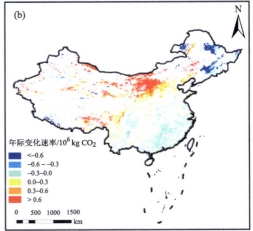

图 9-23　辐射强迫 1 单位面积的全球增温潜势的年际变化速率

(a)为年际变化率图；(b)为通过了 0.05 水平显著性检验的结果

2. 辐射强迫 2 的全球增温潜势

从区域尺度对通过辐射强迫 2(即地表反照率变化与当年年均太阳辐射引起的辐射强迫)计算得到的地表反照率变化的全球增温潜势进行分析可以看出，研究区在 2001～2015 年地表反照率变化的全球增温潜势的波动变化与通过辐射强迫 1 计算得到的地表反照率变化的全球增温潜势的波动变化相同。同样地，2010 年以后的波动变化明显小于2010 年之前的，表现为与 CO_2 相同的气候效应。该变化趋势也与相对 2000 年的地表反照率差的年际变化趋势相同，但与研究时段内地表反照率的年际变化相反。地表反照率变化的全球增温潜势的波动变化主要集中在 $0.637×10^{13}～2.978×10^{13}$ kg CO_2，地表反照率变化的全球增温潜势波动变化的幅度为 $2.341×10^{13}$kg CO_2。其中，2004 年地表反照率变化的全球增温潜势达到最大，其次为 2003 年。地表反照率变化的全球增温潜势的最小值则出现在 2006 年(图 9-24)。由于地表反照率变化与当年年均太阳辐射引起的辐射强迫能更真实地反映地表反照率变化引起的辐射强迫，所以通过地表反照率变化与当年年均太阳辐射引起的辐射强迫计算得到的地表反照率变化的全球增温潜势更接近实际。

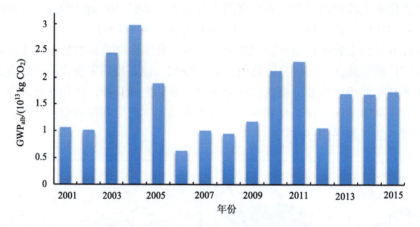

图 9-24　研究区辐射强迫 2 的全球增温潜势

对研究区单位面积上通过辐射强迫 2 计算得到的地表反照率变化的全球增温潜势进行分析可以看出，在研究时段内地表反照率变化的全球增温潜势与通过辐射强迫 1 计算得到的单位面积的地表反照率变化的全球增温潜势一样，呈现出明显波动，表现为与 CO_2排放相同的气候效应。地表反照率变化在单位面积上的平均全球增温潜势值相当于$(1.701±0.693)×10^6$kg 潜在 CO_2 排放产生的气候效应。波动变化主要发生在 $0.681×10^6～3.187×10^6$ kg CO_2。通过辐射强迫 2 计算得到的地表反照率变化的全球增温潜势的波动变化的幅度为 $2.501×10^6$ kg CO_2。其中，在单位面积上 2001～2015 年地表反照率变化的平均全球增温潜势的最大值同样出现在 2004 年，最小值出现在 2006 年(图 9-25)。

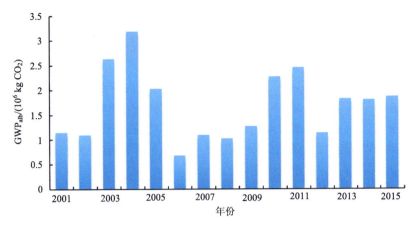

图 9-25　研究区辐射强迫 2 单位面积的全球增温潜势

对通过辐射强迫 2 计算得到的地表反照率变化的单位面积全球增温潜势值逐年的空间分布进行直观分析,并结合 2001～2015 年相应地表反照率变化的全球增温潜势值在不同分布区间像元数量占像元总数的百分比统计可以得出,虽然在研究时段内地表反照率变化的全球增温潜势值在各个分布区间均有分布,并且与通过辐射强迫 1 计算得到的地表反照率变化的全球增温潜势值在不同分布区间的像元数量占总像元数的百分比相比,仍主要集中在 $-2.5 \times 10^6 \sim 2.5 \times 10^6$ kg CO_2(图 9-26),该分布区间的像元数平均占总像元数量的 53%,其次是大于 5.0×10^6 kg CO_2 分布区间的像元数量。但像元数量在不同分布区间的百分比却存在着微小的差异。同时地表反照率变化的全球增温潜势值大于 0 的栅格数也是明显多于地表反照率变化的全球增温潜势值小于 0 的栅格数,表明研究区单位面积地表反照率变化主要产生了增温效应。

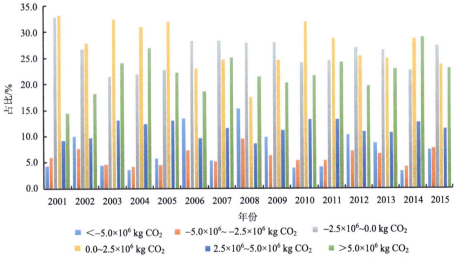

图 9-26　辐射强迫 2 单位面积的全球增温潜势值在不同分布区间的百分比

进一步对研究区地表反照率变化单位面积的全球增温潜势值在 2001～2015 年的空间分布进行分析,虽然在研究时段内研究区整体上表现为增温的气候效应,但与通过辐射强迫 1 计算得到的单位面积地表反照率变化的全球增温潜势的空间分布相比，在研究区内部地表反照率变化的全球增温潜势值同样存在明显的空间差异。整体上，除个别地区外，研究区东南部地表反照率变化的全球增温潜势的绝对值普遍小于中国西北部，主要分布在 $0 \sim 2.5 \times 10^6$ kg CO_2，并且空间分布在研究时段内并不稳定。研究区东南部的空间异质性也小于研究区西北部。西北部地表反照率变化的全球增温潜势值不仅在各个分布区间均有分布，而且在研究时段内空间分布变化也比较剧烈。除个别年份外，研究区东北部、中西部以及新疆北部的地表反照率变化的全球增温潜势普遍大于 2.5×10^6 kg CO_2，产生与潜在 CO_2 排放相同的增温的气候效应。高值区主要分布在东北平原、内蒙古高原、黄土高原、华北平原的北部、青藏高原的东部以及准噶尔盆地等地区，主要涉及东北地区黑龙江的西南部、吉林西部、辽宁，华北地区的河北、北京、天津、内蒙古的中东部，西北地区的陕西北部、甘肃南部、宁夏、青海东南部、新疆的北部，华中地区的河南北部以及西南地区的西藏东部等，高值中心则分布在青藏高原，地表反照率变化的全球增温潜势高达 70×10^6 kg CO_2。低值区主要分布在东北部的小兴安岭、三江平原和呼伦贝尔高原以及内蒙古高原，青藏高原的北部、西南部等地区，这些地区地表反照率变化的全球增温潜势值普遍低于 -5×10^6 kg CO_2，产生与 CO_2 排放相反的气候效应，即降温的气候效应，相当于抵消了 5×10^6 kg 潜在 CO_2 排放产生的气候效应。低值中心同样主要分布在青藏高原，部分地区的全球增温潜势值低至 -70×10^6 kg CO_2。

特别地，2008 年地表反照率变化的全球增温潜势值小于 -5.0×10^6 kg CO_2 的地区的空间分布在研究时段内最广，结合地表反照率变化的全球增温潜势值在不同分布区间像元数量占像元总数的百分比统计 (图 9-26) 也可以发现，2008 年小于 -5.0×10^6 kg CO_2 的栅格数占像元总数的百分比在 2001~2015 年最大，为 15.3%，其次是 2006 年的 13.4%。同时，除了在中国西北部有分布外，2008 年在淮河平原以及长江中下游平原也有全球增温潜势值小于 -5.0×10^6 kg CO_2 的大范围分布，主要涉及华中地区的河南东部、湖北中部以及华东地区的安徽北部和浙江南部等地区。2014 年地表反照率变化的全球增温潜势大于 5.0×10^6 kg CO_2 的空间分布在研究时段内最广，对应的栅格数占像元总数的百分比与其他年份相比也是最大的，为 28.8%。

分析通过辐射强迫 2 计算得到的地表反照率变化的单位面积的全球增温潜势的年际变化速率可以发现，其与通过辐射强迫 1 计算得到的地表反照率变化的全球增温潜势的年际变化速率 (图 9-26) 的空间分布相比没有明显的差异，仍是大部分地区地表反照率变化的全球增温潜势呈增大趋势，但平均增大速率约为 2.475×10^5 kg CO_2/a，其面积约占研究区总面积的 53.9%，均小于通过辐射强迫 1 计算得到的地表反照率变化的全球增温潜势。地表反照率变化的全球增温潜势的年际变化速率同样存在明显的空间异质性，研究区东南部和东北部主要表现为地表反照率变化的全球增温潜势的减小，西部主要表现为地表反照率变化的全球增温潜势的增大，并且东南部地表反照率变化的全球增温潜势年际速率变化的绝对值普遍小于东北部和西部地区[图 9-27(a)]。但在局部地区，与通过辐射强迫 1 计算得到的地表反照率变化的全球增温潜势的年际变化速率的空间分布相比，仍存在差异。

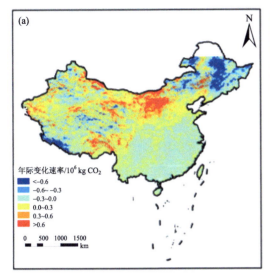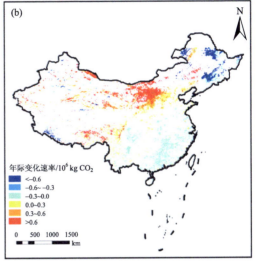

图 9-27　辐射强迫 2 单位面积的全球增温潜势的年际变化速率

(a)是年际变化率图；(b)是通过了 0.05 显著性水平检验的结果

显著性分析结果表明，通过辐射强迫 2 计算得到的单位面积的地表反照率变化的全球增温潜势年际变化通过 0.05 显著性水平检验的地区与辐射强迫 1 相比，虽然空间分布整体上没有明显的差异，但在局部地区仍然存在差异，并且通过 0.05 显著性水平检验的地区面积约占研究区总面积的 19.36%，少于通过辐射强迫 1 计算得到的结果[图 9-27(b)]。通过 0.05 显著性水平检验同时地表反照率变化的全球增温潜势年际变化显著减小的地区主要分布在东北地区的黑龙江西部、吉林中部，华北地区的内蒙古东北部，华中地区的江西、湖北、湖南，华东地区的江苏、浙江、安徽南部，西南地区的四川东部、西藏的喜马拉雅山脉，以及华南地区的广东、广西等。

通过 0.05 显著性水平检验同时地表反照率变化的全球增温潜势年际变化显著增大的地区主要分布在华北地区的河北、北京、山西、内蒙古的西部，西北地区的陕西北部、甘肃、宁夏、青海北部、新疆北部以及西南地区的四川西部和西藏东部等。

3. 地表反照率变化的两种全球增温潜势的对比

对比分析通过辐射强迫 1 计算得到的地表反照率变化的全球增温潜势和通过辐射强迫 2 计算得到的地表反照率变化的全球增温潜势在 2001～2015 年的平均值可以发现，研究时段内研究区整体和单位面积的通过辐射强迫 1 计算得到的地表反照率变化的全球增温潜势的平均值分别相当于 $(1.592 \pm 0.650) \times 10^{13}$ kg 潜在 CO_2 排放和 $(1.703 \pm 0.656) \times 10^{6}$ kg 潜在 CO_2 排放产生的气候效应，通过辐射强迫 2 计算得到的地表反照率变化的全球增温潜势在研究区整体和单位面积上的平均值则分别相当于 $(1.589 \pm 0.648) \times 10^{13}$ kg 潜在 CO_2 和 $(1.701 \pm 0.693) \times 10^{6}$ kg 潜在 CO_2 排放产生的气候效应，与通过辐射强迫 1 计算得到的地表反照率变化的全球增温潜势不同。同时，通过辐射强迫 2 计算得到的地表反照率变化的全球增温潜势在研究区整体和单位面积上波动变化的幅度分别为 2.341×10^{13}

kg CO_2 和 2.506×10^6 kg CO_2，均大于通过辐射强迫 1 计算得到的地表反照率变化的全球增温潜势分别在研究区整体和单位面积上的 2.304×10^{13} kg CO_2 和 2.501×10^6 kg CO_2（图9-28）。这是因为年均太阳辐射在研究时段内也呈现波动变化。所以通过地表反照率变化与当年年均太阳辐射引起的辐射强迫计算得到的地表反照率变化的全球增温潜势更接近实际。

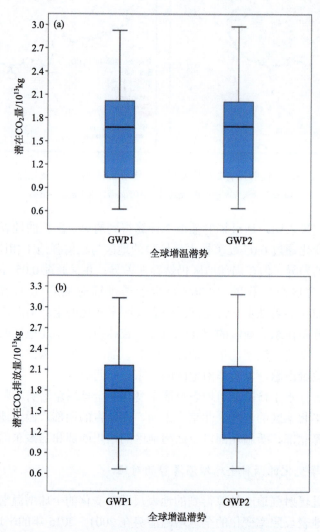

图 9-28　地表反照率变化的全球增温潜势

GWP1 为辐射强迫 1 的全球增温潜势；GWP2 为辐射强迫 2 的全球增温潜势

4. 结论

本节利用 2000～2015 年 GLASS 地表反照率融合产品 GLASS02A06 数据和 BESS 短波辐射产品数据，首先对中国陆域地表反照率、相对上一年和相对 2000 年的地表反照率差以及太阳辐射的时空分布和动态变化进行了分析。然后对比分析了地表反照率变化分别与多年平均太阳辐射和当年年均太阳辐射引起的辐射强迫的时空分布，衡量地表反照率变化产生的气候效应；同时分析了地表反照率、太阳辐射和辐射强迫的关系。最后通过地表反照率变化的全球增温潜势在不同尺度量化了地表反照率变化对全球气候变化的相对贡献。主要结论如下。

(1) 2000~2015 年中国陆域表面年均地表反照率呈现波动变化，最大值为 2000 年的 0.2056，最小值为 2004 年的 0.1973。地表反照率主要分布在 0.10~0.42，在空间上表现出明显的差异，表现为中国东南部普遍低于中国西北部，在空间异质性上东南部小于中国西北部。低地表反照率分布区有逐渐从东南向西北和东北蔓延的趋势。大部分地区的年均地表反照率的年际变化速率呈现减小趋势，同时存在明显的空间差异性，主要表现为东南部和东北部增大、西北部减小的趋势。

(2) 2001~2015 年，相对前一年的年均地表反照率差波动变化剧烈，空间上年际变化明显；2006 年年均地表反照率增大最多，为 3.8×10^{-3}；2003 年减小最多，为 4.4×10^{-3}。相对 2000 年的地表反照率差与中国年均地表反照率的年际变化趋势相反，空间上主要表现为中东部和东南部普遍小于东北部和中西部地区。中国年均地表反照率差相对 2000 年的累积变化可以更好地表现中国年均地表反照率的年际变化情况。

(3) 2000~2015 年年均太阳辐射呈缓慢波动变化，多年平均太阳辐射为 181.46W/m²。空间分布差异明显，主要表现为东部高、西部低的分布特征，区域内部年均太阳辐射波动变化较大。年际变化速率存在明显的空间异质性。山东中部和广西北部部分地区年均太阳辐射减小得最快，年际减小速率超过 1.2 W/(m²·a)。年际增大速率较快的地区主要分布在青藏高原的中西部和东南部的横断山脉以及云南的中西部等地区，年际增大速率普遍大于 0.7 W/(m²·a)。

(4) 2001~2015 年，地表反照率变化与多年平均太阳辐射引起的辐射强迫和与当年年均太阳辐射引起的辐射强迫均为正值，表现为增温的气候效应。地表反照率变化引起的辐射强迫在空间分布上存在明显的差异，主要表现为中国东南部辐射强迫的绝对值整体低于西北部和东北部，同时空间异质性小于西北部和东北部。大部分地区表现为增温的气候效应。辐射强迫与地表反照率变化之间存在显著的高度负相关，对辐射强迫起主要作用。地表反照率变化与当年太阳辐射引起的辐射强迫值能更真实地反映地表反照率变化引起的辐射强迫。

(5) 2001~2015 年地表反照率变化的全球增温潜势值波动变化比较明显，表现为与 CO_2 排放相同的增温的气候效应。2004 年地表反照率变化的全球增温潜势值最大，2006 年则最小。研究区通过地表反照率变化与多年平均太阳辐射引起的辐射强迫计算得到的地表反照率变化对全球气候变化的影响相当于 $(1.592 \pm 0.650) \times 10^{13}$ kg 潜在 CO_2 排放产生的增温的气候效应。通过地表反照率变化与当年年均太阳辐射引起的辐射强迫计算得到的地表反照率变化相当于 $(1.589 \pm 0.648) \times 10^{13}$ kg 潜在 CO_2 排放产生的增温的气候效应。后者更能真实地反映地表反照率变化对全球气候系统的贡献。

(6) 单位面积上中国地表反照率变化的增温效应小于研究区整体。单位面积地表反照率变化的全球增温潜势的空间分布格局主要表现为东南部地表反照率变化的全球增温潜势的绝对值普遍小于西北部和东北部，且空间异质性也小于西北部，同时在局部地区动态变化明显。主要分布在$-2.5\times10^6\sim2.5\times10^6$ kg CO_2 区间。大部分地区地表反照率变化的全球增温潜势呈增大趋势，并且存在明显的空间异质性，主要表现为研究区东南部和东北部减小，西部增大。

9.4 辐射强迫与全球升温波动对应分析

温度的变化趋势具有明显的时间尺度特征。类比 1970～2015 年的年际变化，2000～2015 年的升温变化趋缓，但均通过了显著性检验[图 9-29(a)]。有关全球增温趋缓甚至停滞的研究和争议也从未停止，这也提示气温波动影响因素多而复杂(Knight et al., 2009; Fyfe et al., 2016; Knutson et al., 2016)。而在对应时间段内分析气候变化比模拟未来气候情景下的结果具有的实际意义更加明确，且还可以与相应的气候强迫因子进行对应分析。

气候系统高度复杂，具有诸多影响因子，本书仅选取典型的强迫因子探究升/降温效应。虽然本节也显示了 CO_2 为升温的主要因子之一，但只考虑 CO_2 的辐射强迫并不够，CH_4、N_2O、水汽(H_2O)等影响需要一并纳入；生物地球物理因子也只考虑到了短波辐射，而未考虑到长波辐射以及能量平衡的问题(崔耀平等, 2012a, 2012b)。此外，还有气溶胶、ENSO 等的气候效应也未在本节研究范畴(刘永强和丁一汇, 1995; 倪敏等, 2016)。尽管如此，本节最终的辐射强迫年际波动还是与温度变化本身存在很强的相关性。两者线性相关系数为 0.59，辐射强迫对同时间段气温变化的可解释度达到了 34.4%[图 9-29(b)]。

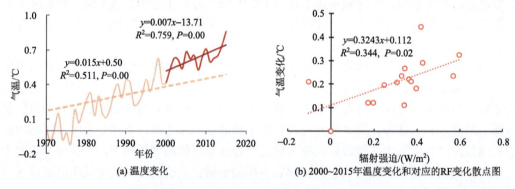

(a) 温度变化   (b) 2000~2015年温度变化和对应的RF变化散点图

图 9-29　全球范围的辐射强迫和温度的变化

本书利用全球 CO_2 通量同化数据，以及遥感反演的地表反照率和太阳辐射数据，对各因子的生物地球化学和生物地球物理效应进行分析和评估，并对比其最终结果和对应时间段的气温变化情况。

生物地球化学的 CO_2 和生物地球物理的地表反照率及太阳辐射在 2000～2015 年均为正辐射强迫，即升温效应。其中，CO_2 作为主导的升温因子，单纯计算人为活动产生的化石燃料排放而忽视自然因素，将会明显高估 CO_2 的升温效应。陆地生态系统吸收大气中的 CO_2，多年平均 NEP 为 1.67 Pg C。自然排放总量约占人为直接排放量的 30%。同时，考虑生物地球物理因子，使用对应时间和空间的太阳辐射参量能反映现实情况。综合生物地球化学和生物地球物理因素的辐射强迫，其与相应时段的气温年际变化具有显著的相关关系。

在中国地区，15 年来 CO_2 在华东地区的增长尤为明显，地表反照率在中部及东南部地区均有所增大，整体略有下降。进一步从生物地球化学及生物地球物理机制入手，得到截至 2015 年，CO_2 的辐射强迫为 $0.11W/m^2$，而地表反照率的辐射强迫年变化达到 $0.025W/m^2$，均表现为增温效应，且其辐射强迫大于 CO_2。本节同时将陆地生态系统碳循环（包括生态系统及森林野火）纳入在内，发现生态系统碳循环对人为碳排放的增温效应存在明显的削减作用，削减占比达到了 19%。因此如果仅考虑人为碳排放，而忽略生态系统的气候调节能力，将会明显高估人为碳排放对气候的影响程度。

参 考 文 献

陈爱莲, 孙然好, 陈利顶. 2012. 基于景观格局的城市热岛研究进展. 生态学报, 32(14): 4553-4565.

崔耀平, 刘纪远, 胡云锋, 等. 2012a. 城市不同下垫面辐射平衡的模拟分析. 科学通报, 57(6): 465-473.

崔耀平, 刘纪远, 张学珍, 等. 2012b. 城市不同下垫面的能量平衡及温度差异模拟. 地理研究, 31(7): 1257-1268.

崔耀平, 刘纪远, 张学珍, 等. 2015. 京津唐城市群土地利用变化的区域增温效应模拟. 生态学报, 35(4): 993-1003.

李巧萍, 丁一汇, 董文杰. 2006. 中国近代土地利用变化对区域气候影响的数值模拟. 气象学报, 64(3): 257-270.

刘永强, 丁一汇. 1995. ENSO 事件对我国季节降水和温度的影响. 大气科学, 19(2): 200-208.

倪敏, 郑军, 马嫣, 等. 2016. 气溶胶的辐射强迫作用研究进展. 环境科学与技术, (10): 73-78.

尹云鹤, 吴绍洪, 戴尔阜. 2010. 1971~2008 年我国潜在蒸散时空演变的归因. 科学通报, 55(22): 2226-2234.

张学珍, 郑景云, 何凡能, 等. 2011. MODIS BRDF/Albedo 数据在中国温度模拟中的应用. 地理学报, 66(3): 356-366.

Anderson-teixeira K J, Snyder P K, Twine T E, et al. 2012. Climate-regulation services of natural and agricultural ecoregions of the Americas. Nature Climate Change, 2(3): 177-181.

Bright R M, Cherubini F, Stromman A H. 2012. Climate impacts of bioenergy: Inclusion of carbon cycle and albedo dynamics in life cycle impact assessment. Environmental Impact Assessment Review, 37: 2-11.

Brovkin V, Boysen L, Arora V K, et al. 2013. Effect of anthropogenic land-use and land-cover changes on climate and land carbon storage in CMIP5 projections for the twenty-first century. Journal of Climate, 26(18): 6859-6881.

Dabberdt W F, Lenschow D H, Horst T W, et al. 1993. Atmosphere-surface exchange measurements. Science, 260(5113): 1472-1481.

Devaraju N, Bala G, Nemani R. 2015. Modelling the influence of land-use changes on biophysical and biochemical interactions at regional and global scales. Plant Cell & Environment, 38(9): 1931-1946.

Dommain R, Frolking S, Jeltschthommes A T D, et al. 2018. A radiative forcing analysis of tropical peatlands before and after their conversion to agricultural plantations. Global Change Biology, 24(11): 5518-5533.

Ellis E C, Ramankutty N. 2008. Putting people in the map: Anthropogenic biomes of the world. Frontiers in Ecology & the Environment, 6(8): 439-447.

Ellis E C. 2011. Anthropogenic transformation of the terrestrial biosphere. Philosophical Transactions of the Royal Society, 369(1938): 1010-1035.

Fang J, Zhu J, Shi Y, et al. 2017. The responses of ecosystems to global warming. Chinese Science Bulletin, 63(2):136-140.

Feldman D R, Collins W D, Gero P J, et al. 2015. Observational determination of surface radiative forcing by CO_2 from 2000 to 2010. Nature, 519(7543): 339-343.

Fyfe J C, Meehl G A, England M H, et al. 2016. Making sense of the early-2000s warming slowdown. Nature Climate Change, 6(3): 224-228.

Joos F, Roth R, Fuglestvedt J S, et al. 2013. Carbon dioxide and climate impulse response functions for the computation of greenhouse gas metrics: A multi-model analysis. Atmospheric Chemistry & Physics, 13(5): 2793-2825.

Kirschbaum M U, Saggar S, Tate K R, et al. 2013. Quantifying the climate-change consequences of shifting land use between forest and agriculture. Science of the Total Environment, 465(6): 314.

Knight J, Kennedy J J, Folland C, et al. 2009. Do global temperature trends over the last decade falsify climate predictions. Bulletin of the American Meteorological Society, 9(8): 22-23.

Knutson T R, Zhang R, Horowitz L W. 2016. Prospects for a prolonged slowdown in global warming in the early 21st century. Nature Communications, 7: 13676.

Lenton T M, Vaughan N E. 2009. The radiative forcing potential of different climate geoengineering options. Atmospheric Chemistry and Physics, 9(15): 5539-5561.

Liu Q, Wang L Z, Qu Y, et al. 2013. Preliminary evaluation of the long-term GLASS albedo product. International Journal of Digital Earth, 6(sup1): 69-95.

Mendoza V M, Garduño R, Villanueva E E, et al. 2015. Mexico's contribution to global radiative forcing by major anthropogenic greenhouse gases: CO_2, CH_4 and N_2O. Atmosfera, 28(3): 219-227.

Montenegro A, Eby M, Mu Q Z, et al. 2009. The net carbon drawdown of small scale afforestation from satellite observations. Global & Planetary Change, 69(4): 195-204.

Munoz I, Campra P, Fernandez-Alba A R. 2010. Including CO_2-emission equivalence of changes in land surface albedo in life cycle assessment. Methodology and case study on greenhouse agriculture. International Journal of Life Cycle Assessment, 15(7): 672-681.

Myhre G, Highwood E J, Shine K P, et al. 1998. New estimates of radiative forcing due to well mixed greenhouse gases. Geophysical Research Letters, 25(14): 2715-2718.

Perugini L, Caporaso L, Marconi S, et al. 2017. Biophysical effects on temperature and precipitation due to land cover change. Environmental Research Letters, 12(5): 053002.

Ryu Y, Jiang C, Kobayashi H, et al. 2018. MODIS-derived global land products of shortwave radiation and diffuse and total photosynthetically active radiation at 5 km resolution from 2000. Remote Sensing of Environment, 204: 812-825.

Schwaab J, Bavay M, Davin E, et al. 2015. Carbon storage versus albedo change: Radiative Forcing of forest expansion in temperate mountainous regions of Switzerland. Biogeosciences Discussions, 11(6): 10123-10165.

Tian H, Xu X, Lu C, et al. 2015. Net exchanges of CO_2, CH_4, and N_2O between China's terrestrial ecosystems and the atmosphere and their contributions to global climate warming. Journal of Geophysical Research

Biogeosciences, 116:G02011.

Wang L, Tian H, Song C, et al. 2012. Net exchanges of CO_2, CH_4 and N_2O between marshland and the atmosphere in Northeast China as influenced by multiple global environmental changes. Atmospheric Environment, 63(15): 77-85.

Yang X, Zhang Y, Liu L, et al. 2009. Sensitivity of surface air temperature change to land use/cover types in China. Science in China Series D: Earth Sciences, 52(8): 1207-1215.

Zhou L, Dickinson R E, Tian Y, et al. 2004. Evidence for a significant urbanization effect on climate in China. Proceedings of the National Academy of Sciences of the United States of America, 101(26): 9540-9544.